城市规划设计研究系列丛书

设计有道 / 城市设计创作与实践

Urban planning and design

东南大学出版社

江苏省城市规划设计研究院　编著

U0352441

图书在版编目（CIP）数据

设计有道：城市设计创作与实践 /江苏省城市规划
设计研究院编著. —南京：东南大学出版社，2015.12
（城市规划设计研究系列丛书）
ISBN 978-7-5641-6234-4

Ⅰ.①设… Ⅱ.①江… Ⅲ.①城市规划—建筑设
计—研究—中国 Ⅳ.①TU984.2

中国版本图书馆CIP数据核字（2015）第301941号

内 容 提 要

本书基于江苏省城市规划设计研究院的城市设计工作实践与成
果，结合中国城市化不同背景和阶段，系统梳理和总结了该院在城市
设计领域的持续探索。通过对国内、江苏省以及该院城市设计发展历
程的回顾，探讨我国城市设计的发展演变特点及其与国家宏观发展背
景的关系；在此基础上分六大主题类型，结合典型案例解析，总结相
关设计理念、思路方法等方面的创新探索以及存在的局限性。同时基
于我国社会经济发展全方位转型的新背景，展望城市设计的发展趋
势，提出城市设计未来研究方向的一些思考，希望与广大规划设计同
仁、建筑规划专业的大专院校师生共同探讨。

设计有道：城市设计创作与实践

| 编 著 | 江苏省城市规划设计研究院 | 电 话 | （025）83795627 / 83352442（传真） |
| 责任编辑 | 陈 跃 | 电子邮件 | chenyue58@sohu.com |

出版发行	东南大学出版社	出 版 人	江建中
地 址	南京市四牌楼2号	邮 编	210096
销售电话	（025）83794121 / 83795801		
网 址	http://www.seupress.com	电子邮箱	press@seupress.com

经 销	全国各地新华书店	印 刷	南京精艺印刷有限公司
开 本	787mm×1092mm 1/12	印 张	22.5
字 数	529千		
版印次	2015年12月第1版 2015年12月第1次印刷		
书 号	ISBN 978-7-5641-6234-4		
定 价	200.00元		

本社图书若有印装质量问题，请直接与营销部联系。电话：025-83791830

前言
Foreword

江苏省城市规划设计研究院成立30余年来，凭借雄厚的技术力量和领先的创新能力，在城市规划与设计领域取得了显著成就。其中，城市设计作为一个重要的专业方向，伴随我国现代城市设计的兴起，无论是项目实践的积累，还是理念方法的探索，均得到了长足的发展，居于国内前列地位，并呈现出我院鲜明的特色。

我院的城市设计发展始终与我国的宏观发展背景紧密联系，项目实践活动主要始于20世纪90年代以后。伴随城市化快速发展过程中的新区开发、旧城更新等城市建设活动的大量开展，我院的城市设计项目涵盖了从总体城市设计、到片区整体设计、到地段详细设计的不同层次，包含了新城规划、旧城改造和城市中心区、滨水区、特色产业区、居住区、交通枢纽地区、历史地段、街道沿线设计等众多类型，同时还有大量与城市总体规划、控制性详细规划（以下简称控规）融合编制的城市设计专题研究。作为省级规划服务机构，我院的城市设计实践与研究具有四方面特点：

（1）重视创意，体现创作性

创意是城市设计的灵魂。我院城市设计历来注重因地制宜，善于挖掘自然、人文、历史等特色资源以及新兴产业、现代科技的特色要素，寻求设计创意的源泉；同时非常强调策划思想的运用，不仅包括功能策划，也包括空间形态、交通可达性、开发模式、发展触媒、公共活动等综合策划内容，寻求市场环境下的发展突破点。我院很多城市设计优秀作品正是以其独特的创意构思和感性魅力获得了多方认同。

（2）面向实施，注重操作性

城市设计在强调感性构思的同时，也非常注重理性分析，包括城市形态分析、微气候环境分析、经济性评估、体现节能环保要求等方面，运用相应技术进行定性、定量相结合的分析，提高城市设计的科学性、可行性；注重与地方规划管理的结合，探索城市设计向规划管理语言的转译，体现可操作性；特别在与控规结合方面，进行了很多有益的探索，也形成了我院的一个鲜明特点，对于提升控规编制质量具有积极意义。

（3）关注热点，体现引领性

1998年8月我院携《江阴市市政广场规划设计》参加首次全国城市设计学术交流会；其后从新区大规模开发的概念性城市设计到高铁时代的枢纽地区城市设计，到生态城市时期的城市设计，再到存量地区的城市设计，我院城市设计实践与研究始终与时俱进，结合各阶段的时代背景和城市问题，不断探索城市设计的新理念、新方法，充分体现了我院在该领域的领先地位。

（4）多专业融合，凸显综合优势

现代城市设计的一个重要目标是为人们创造舒适、方便、卫生、优美的物质空间环境，必然涉及多专业、多工种的综合设计。我院具有综合专业优势，在交通、园林景观、建筑、低碳生态建设等方面都可对城市设计提供支持，从而实现各种功能设施的相互配合和协调、空间形式的有机统一和综合效益的最优化。

我院持续推动城市设计专业领域的发展，并于2005年成立了城市设计所，城市设计业务进一步拓展，涌现出一批高质量的成果作品。拉萨市拉萨河城市设计、南京市鼓楼区河西片区城市设计、南京市谷里新市镇城市设计、大庆石油学院新校区规划设计等项目获得了全国及部省级优秀规划设计评选高等级奖项，宿迁市湖滨新城概念规划、无锡市南长新城（古运河片区）概念规划、苏州市平江历史文化街区东南部地块详细设计等项目在国际、国内方案征集中获得第一名。结合项目，我院不断探索城市设计的新理念、新方法、新技术，并体现出与时俱进的特点，在省级以上期刊发表的城市设计相关文章主题涉及城市设计的理念、创作、管理、操作等不同角度，更有大量针对更新地区、乡村地区、枢纽地区、特色园区、重点地段（滨水区、中心区等）的城市设计的创作研究，成果丰富，体现了我院城市设计研究的宽阔视野以及紧跟时代的特征。同时，我院牵头于2004年4月与东南大学建筑系共同组成课题组，完成了省建设厅组织的"江苏省城市设计编制指引"研究项目；在此基础上作为主编单位，参与制定了《江苏省城市设计编制导则（试行）》，作为规范指导全省的城市设计工作。

随着我国新型城镇化战略的推进，城市发展步入新的阶段，更加注重内涵、品质与活力，城市设计也将发挥越来越大的作用。基于我院30余年丰富的城市设计项目积累和研究成果，很有必要进行梳理总结。一是对我院的城市设计实践与研究成果进行系统的阶段性回顾，总结不同发展阶段我院城市设计理念、方法、成果表达的演进，有利于明确未来的发展目标和提升方向，以更多优秀作品回馈社会；二是基于实践的角度，总结城市设计对于城市空间营造的意义，从技术的方向为转型发展阶段的城市迈入精细化管理提供一种新的视角和工具；三是基于经济快速增长背景下的城市问题，反思城市规划与城市设计的价值导向，修正当前社会对于城市设计的认识误区，展望城市设计的发展趋势。因此，在转型发展的大背景下，总结我院的城市设计实践与研究成果，对于促进我院城市设计专业领域的更好发展，提升城市设计在优化城市形态和空间品质方面的社会影响力很有意义。

本书是我院专业技术人员集体智慧的结晶，全书共分四章。王承华、周立、汤蕾撰写了第一章，周立撰写了第二章，王承华撰写了第四章，邵咪、李杨、周立、顾洁、杜娟、王承华、李苑常撰写了第三章，并负责相关案例的收集与整理工作。本书编写期间，陈沧杰副院长给予了悉心指导，多次讨论交流对于拓宽本书写作的思维和视野提供了很大帮助。

本书的编写不仅是我院城市设计工作实践与成果的总结展示和经验分享，还试图在此基础上，思考城市设计的发展演变与我国宏观政治经济背景的密切关系，跳出既往的角度去观察、理解和展望当下城市及其未来发展，进一步探讨中国城市的发展理念与模式，进而激发更多更深入的思考，这也是本书编写的初衷。

限于我们的认识和水平，本书的一些总结分析还很肤浅，或有"一叶障目"式的认识误区，但我们希望能进一步加强与各方面同行的交流与合作，得到学术界与实践者们的批评与指正，共同促进城市设计的创新研究和繁荣发展。

编者

2015.12

目录
Contents

第一章

1 国内城市设计发展背景

一、快速城市化背景下的中国城市

改革开放以来，随着工业化进程加速，我国城镇化经历了一个起点低、速度快的发展过程。根据《国家新型城镇化规划（2014—2020）》统计，1978—2013年，城镇常住人口从1.7亿增加到7.3亿，城镇化率从17.9%提升到53.7%；城市数量从193个增加到658个，建制镇数量从2173个增加到20113个，并形成了京津冀、长江三角洲、珠江三角洲三大城市群。这一时期中国经济飞速发展，城市规模迅速扩张，城市面貌日新月异。与此同时，也产生了资源耗竭、环境污染、文化灭失、社会不公等一系列城市问题并引起广泛关注。2012年党的十八大提出"新型城镇化"战略，2013年中央城镇化工作会议提出要围绕提高城镇化发展质量，推进以人为核心的城镇化。可以预见，未来中国城市将从追求数量的粗放发展转向追求质量和品质的内涵发展，并成为城市发展模式的新常态。

1 城市空间的发展变化

（1）新区建设助推城市空间迅速扩张

改革开放初期至20世纪90年代末，随着经济特区和沿海开放城市的设立，以深圳为代表的珠三角地区，率先成为我国城市新区建设的试验地；1992年上海浦东新区设立，标志着新区建设成为国家战略；同时期，我国先后批准设置了两个批次、总数近80个的国家级经济技术开发区以及国家级高新技术产业开发区，以基于市场经济和高新技术应用的产业新区建设，推动城市"跨越式发展"。

随着全国范围内的新区建设进入高潮，各地依据自身条件的差异，发展形成产业推动、大事件驱动、行政带动、资源引入、大型地产开发等类型的城市新区，有力地推动了地方经济社会发展与城镇化进程。城市框架不断突破，城市形态演变呈现跳跃性和非连续性，迅速改变着原有城市与自然山水格局的空间关系，新区面貌逐渐成为城市现代化形象的象征。然而由于各种原因，我国的新区空间建设粗放，普遍采用宽马路、大街区、低密度的设计模式，追求大尺度空间、地标性景观和现代化建筑形象，并逐渐成为一种标准模式，以致产生"千城一面"的问题。同时由于机械主义的影响，强调严格的功能分区，新区普遍活力不足，城市空间中看不见人的生活，更有"空城""鬼城"现象迭出。

（2）"大拆大建"主导旧城改造

伴随新区建设和功能疏解，旧城更新亦力度空前。20世纪90年代，随着土地与住房制度改革的启动到完成，很多大中城市在大力推进新区建设的同时，也以超常规的速度进行老城改造，且多以拆除重建的模式为主导。虽然老城面貌明显改善，但原有的风貌特征也发生了根本性变化。由于对传统文化价值的轻视，传统街巷肌理被强力抹除，取而代之的是拓宽的道路与大尺度街区、大体量建筑综合体；大量传统街区和历史建筑灭失，城市文化断裂，城市记忆再难寻觅；原有社区结构被破坏，城市多样性和包容性面临挑战，导致社会问题频出，社会矛盾日益尖锐。千篇一律的改造模式，体现的是一种"唯经济效益论"的单一价值观，大量代表城市特色的历史元素、地域文化的消失使得城市的特异性逐渐丧失，呈现出与新区越来越趋同的面貌。

（3）转型期的城市存量空间优化探索

基于经济发展主导的快速城市化不可避免地产生了环境、社会、文化层面的一系列问题。一方面，土地资源日益甚至是已经成为制约城市发展的主要因素；另一方面，公众的环境意识、文化意识、公民意识也在不断觉醒，原有的城市发展模式越来越难以为继。在这种背景下，以深圳、上海为代表的经济发达城市开始探索城市"存量"空间的再发展路径。首先以旧工业区转型为先导，通过对老旧工业用地的功能置换、建筑改造和整体环境创新设计，发展文化创意产业园、小微企业办公区等新兴产业载体，推动城市产业转型的同时，通过合理利用工业遗存实现城市文化记忆的延续。此外，城市历史地段的价值也越来越得到认同，通过整体保护传统肌理和历史建筑，植入现代生活功能，延续和展示城市的历史脉络和传统文化，强化城市特色，提升城市的魅力与竞争力。新型城镇化背景下，挖掘存量空间的潜力，探索城市发展由粗放增长转向精细发展的路径，更加关注城市发展的内涵、品质和活力，已逐渐成为当前城市发展的政策导向。

2　城市设计的现实需求

作为承载经济发展的主要载体——城市空间，随着中国经济的飞速发展，呈现出断裂式的演进态势。速度超常、急功近利的新区扩张、旧城更新使得城市形态、景观风貌、历史保护等逐渐失控，以致出现特色丧失、千城一面的"城市之伤"。这种背景下，基于开发导向的城市规划已难以应对，而城市设计作为对包含人、自然、社会人文在内的城市形体和空间环境进行策划和设计的一种手段，产生了与以往传统城市设计不同的现实需求。

（1）城市空间品质成为影响竞争力的重要因素

面对全球一体化的发展背景，城市政府越来越清醒地认识到城市的环境与文化对于提升竞争力的重要性；与此同时，物质生活水平和文化素质的提高也使得人们对自己居住的城市空间有了更高的要求，追求更加健康、舒适、便捷的城市环境和生活品质。城市设计以其集空间美学与人文关怀于一体的视角，作为提升城市空间品质、改善城市生活环境最为有效的手段之一，得到各地政府的重视，纷纷开展各类城市设计活动。无论新区建设，还是旧城改造，亦或存量空间优化，都期望能够通过城市设计研究提升城市形象，彰显城市特色，以此实现吸引人才及资金、提升城市竞争力的目标。

（2）法定规划对指导城市空间营造的局限性

我国现行的法定规划体系，侧重于传递土地使用功能性控制信息，明显缺乏对空间形态信息的传递。如作为土地开发的直接依据的控制性详细规划，虽然也有建筑密度、高度等涉及形态方面的内容，但缺乏对以公共空间为核心的建筑布局、体量、体型、色彩风貌方面的深入研究，不足以对控规的指标体系特别是城市特色方面的控制要素形成有效的反馈，难以保障城市整体空间环境的形成。城市设计作为一种引导、策划的手段和方法，对于空间形态的建构、优化具有实质性的技术作用，恰恰可以与法定规划相互补充，改善法定规划在城市空间营造方面的局限性。因此，近年来各层次城市规划，特别是控规越来越强调城市设计思想的运用，将城市设计融入法定规划，以加强城市空间形态建设的引导。

（3）市场经济条件下缺乏协调城市建设的有效手段

我国的经济体制向市场经济转化的过程中，城市建设受经济性的影响越来越深。一方面城市开发主体越来越多元化，由于经济利益的驱动，开发主体存在各种各样的利益诉求。另一方面，在快速城市化过程中，城市的开发建设面临诸多的不确定性。面对种种不可预见的变化，现行的法定规划体系缺乏从整体层面协调城市建设的有效手段，这是导致城市面貌杂乱、特色丧失的重要原因。城市设计强调立足周边环境整体角度，研究城市的空间形态、视觉形象乃至生态环境、人群行为活动，以及协调开发建设的各种手段，比如容积率奖励、开敞空间补偿等，通过建立一系列诱导机制，能够在一定程度上起到协调城市建设的作用。

二、国内城市设计的发展概况

现代城市设计在国内"本土化"的历程始于20世纪80年代，经过30余年的发展，逐渐形成相对独立的、系统化的学科体系，对指导我国城市形成富有特色的风貌形象与高品质的公共空间发挥了积极作用。

1 我国城市设计的发展历程

（1）理论引进阶段（1980—1990年）

20世纪80年代之前，我国并没有真正意义上的现代城市设计，一些有远见的学者提出运用城市设计的手段来解决城市风貌特色问题。1980年，周干峙先生和任震英先生在中国建筑学会第五次大会上分别发表了《发展综合性的城市设计工作》和《保护特色城市，发展城市特色》的报告，引发了现代城市设计在中国的产生，促使了在西方城市设计理论基础上逐渐开展我国的城市设计理论研究。与此同时，国内设计实践也开始探索，以《上海虹桥新区城市设计》为标志。该阶段特点：①重视城市设计基础理论以及设计方法研究，尚未关注实施和操作层面。②城市设计的对象主要是建筑外部空间环境，偏重于追求良好的视觉效果和体验感受。③城市设计的理论引进与设计实践对于我国的建筑学、规划学都产生了深远的影响。这一阶段，城市设计实践活动尚未大量开展，主要包括城市局部地段设计项目，如广场设计、街景设计等。

（2）实践探索阶段（1991—1997年）

1990年《中华人民共和国城市规划法》开始实施，随后制定的1991年版的《城市规划编制办法》明确提出"在编制城市规划的各个阶段，都应当运用城市设计的方法"，城市设计的影响力迅速提升。学术界针对城市设计理论与实践纷纷开展研究，城市设计实践活动大量开展。该阶段特点：①城市设计的实践促进理论的继续引进和"本土化"发展，并开始关注城市建设实际问题，初步形成了具有我国特色的城市形态和空间设计的研究方法体系。②城市设计的实践促进城市建设管理体系的改进，例如深圳市推行"法定图则"的新制度，也为之后很多城市将城市设计融入控规提供了借鉴。这一阶段城市设计实践呈现出纷繁多样的类型，既有新区开发项目，也有以旧城保护和更新为主的项目，并且设计活动已不仅仅停留在研究和方案阶段，相当一部分进入实施过程，如上海静安寺地区城市设计、西安钟鼓楼广场城市设计等。

（3）创新发展阶段（1998—2010年）

1998年8月，中国城市规划学会主办、深圳市城市规划学会协办的全国城市设计学术交流会在深圳举行，我院携《江阴市市政广场规划设计》参会交流。这是我国首次城市设计学术交流活动，探讨了城市设计理论、方法及实施过程的经验教训。会上吴良镛先生提出将城市设计分为整体城市设计和局部城市设计，分别对应城市总体规划和详细规划。由此现代城市设计正式与我国城市规划体系结合，也标志着城市设计进入了实施操作层面。该阶段特点：①城市设计运行机制研究成为热点，认识到城市设计应当关注设计的可操作性和实施管理问题。②城市设计的技术手段不断发展，随着GIS地理信息技术、Sketchup建模技术、

CFD热岛效应分析技术等技术手段的不断出现，城市设计也从感性思维走向感性与理性相结合的思维方式，提高了城市设计的科学性。③城市设计与规划管理的关系尚未达成共识，如城市设计的定位，有观点认为城市设计是介于城市规划与建筑设计的中间环节，也有认为城市设计应更多地作为一种理念贯穿于城市规划的各个阶段，还有认为城市设计应该转化为抽象的技术语言，通过法律化、规范化的方式予以实施。上述观点都存在一定的片面性，城市设计始终未能走出实施管理的困境。这一阶段城市设计活动方兴未艾，城市设计研究的对象、范围、类型等都有很大拓展。既有宏观层面如城市总体设计，也有中微观层面如片区城市设计、重点地段城市设计；既有概念策划型的城市设计，也有面向实施的城市设计。其间2008年颁布实施《城乡规划法》，并没有表达城市设计的内容，某种程度上城市设计的法定地位反而下降，这也使得城市设计迅速发展的同时也暴露出体系不清、分类混乱、缺乏规范性和严肃性等问题。与此同时，随着经济发展的热潮，城市设计的理念一度追求形式化而远离人的生活，如鸟瞰构图，机动化主导的功能布局，尺度失真的大广场、大轴线等，甚至成为形象工程的代名词，而忽视了"人"在城市中的主导地位及其体验感受，这些问题逐渐引起学术界的讨论和反思。

（4）理性回归阶段（2011年以来）

现代城市设计源于西方的城市美化运动，之后伴随西方城市更新运动带来的城市中心活力衰退、历史遗产遭受破坏等问题，逐步建立以"人—社会—环境"为核心的城市设计复合评价标准，城市设计逐渐由物质层面转向对城市社会、文化以及社区问题的研究，致力于提高城市的宜居品质。我国的城市设计伴随着大规模的城市开发建设热潮，城市设计的主流也逐步由环境整合转向开发设计，这一趋势与西方城市设计思想已然不同。随着我国经济转型，城市发展方式也由粗放走向集约，绿色低碳、品质提升成为努力的方向。城市品质不仅包括物质空间的改善，还应包含社会、文化等内容的综合目标导向。近年来，城市设计学术界已经针对这种新的需求展开讨论，城市设计的理念始终与时俱进，比如近年倡导的功能混合、交通引导、低碳生态、绿色更新等；反思快速城市化引发的一系列城市问题，认为城市设计需要回归人文价值，关注人的发展需求，关注历史和文化环境保护，关注物质空间背后的社会教育意义。同时，各地也在探索适合中国、适合不同城市的城市设计运作体系，规范城市设计的编制，完善城市设计的实施管理，切实发挥城市设计指导城市建设的作用。

2 江苏省城市设计发展特点

江苏省是我国东部沿海地区经济发达的文化大省，无论从经济发展速度还是城市建设水平来看，都走在全国前列。改善人居环境、提高生活质量已经成为社会关注的焦点，各地普遍比较重视城市设计，结合新区开发、旧城更新或者一些大型公共设施建设开展了大量的城市设计活动，体现出了城市设计在指导城市建设过程中的地位和作用。

（1）城市设计发展基本遵循从微观到中观、到宏观的渐进阶段

改革开放以来，伴随着旧城改造和新区开发的推进，江苏各地微观和中观层次的城市设计活动日趋活跃。其中，微观层次的城市设计主要针对具体地块，侧重于建筑与空间形态的研究，为开发建设提供参考；中观层次的城市设计主要针对特定区域如城市新区，内容一般偏重于策划性、概念性，旨在为城市未来的空间发展提供策略和思路，为法定规划的编制提供参考。针对城

市快速发展导致的空间无序扩张、城市意象逐渐模糊等问题，宏观层次的城市设计得到重视，各地纷纷开展总体城市设计或城市空间形态规划、城市高度规划等，从城市整体层面研究城市的自然、人文景观和整体形态，优化功能布局，引导城市未来的空间发展和形象塑造，并指导下一层次的城市规划。城市设计作为一种规划方法、理念得到了普遍认可，并贯穿于城市规划的各个层次。与此同时，城市设计实践过程中也暴露出一系列的问题与困惑。首先，城市设计一直以来都没有被赋予明确的法定地位，由于缺乏法律、法规的支撑，城市设计只能作为规划管理的参考性文件，给城市设计实施带来很大困难。其次，由于缺乏规范的技术指导，城市设计存在体系混乱、编制目的不清、可操作性低的问题，编制成果往往带有随意性，一定程度上影响了城市设计的严肃性。而这些问题均与制度环境密切相关，可以说制度环境已经制约了城市设计的进一步发展。

（2）制定《江苏省城市设计编制导则（试行）》规范编制与管理

2010年，为提高城市规划编制质量，规范各类城市设计的技术要求和编制管理，在前期我院与东南大学建筑系课题组共同完成的"江苏省城市设计编制指引"研究项目的基础上，依据《江苏省城乡规划条例》，江苏省住房和城乡建设厅主持、我院主编完成了《江苏省城市设计编制导则（试行）》（以下简称《导则》）。《导则》明确了城市设计的层次划分及其与法定规划的关系、实施管理要求，明确了各层次城市设计的任务、重点内容、成果和深度要求。在《导则》的指导下，江苏各地非常重视城市设计的规范编制和实施管理，强化了城市设计与法定规划的衔接，强调城市设计要面向实施，提高可操作性。南京市也在《导则》的基础上，结合自身实际情况，制定了《南京市城市设计导则》，以进一步提高城市设计编制的针对性和有效性。

（3）开展多样化的实践活动，探索提升城乡空间品质的路径

江苏地域特点鲜明，苏南、苏中、苏北城市格局风貌各具特色；文化底蕴深厚，历史遗存丰富多样，历史文化名城、名镇、街区、古村落众多。这些自然和历史赋予的遗产也是城市品质和吸引力的源泉，但是在快速城市化的过程中，很多文化遗存、特色资源也未能幸免地遭遇"建设性的破坏"。江苏城市化水平已超60%，城乡建设进入更加注重品质提升的转型阶段。2011年省住房和城乡建设厅印发了《关于提升江苏城乡空间品质的意见》，从规划、建筑、风景园林多学科联动的角度，提出了城市空间品质提升的总体思路与方略，旨在加强对城乡空间品质和特色塑造的研究和引导，并从区域和城市两个层面着力推进空间特色规划的制定和实施工作。区域层面，以环太湖地区为试点，编制了环太湖风景路规划，并指导环太湖五市编制完成了各市风景路详细设计，以此探索重点区域特色空间规划的技术方法。在此基础上组织编制了大运河、古黄河等区域特色空间规划，构建起全省最主要的特色空间体系框架。城市层面，组织全省13个省辖市开展城市空间特色的规划研究和编制工作，各市的城市空间特色规划成为引导提升城市空间品质、塑造城市空间特色的重要依据和支撑。2014年起，结合江苏省文化创意设计大赛，省住房和城乡建设厅组织了"建筑及环境"的专项竞赛，其中2014年以"历史空间的当代创新利用"为主题，2015年以"我们的街道"为主题，分别立足文化、生活的角度，唤起人们对城市文化、城市环境的关注。

"十二五"期间，江苏省以"美好城乡建设行动"为抓

手，基于城乡统筹发展的角度，制定了《江苏省美丽乡村建设示范指导标准》，陆续开展了村庄环境整治、江苏最美乡村评选等活动，旨在改善乡村人居环境，彰显乡村风貌特色。乡村地区设计逐渐受到重视，如南京陆续开展了新市镇城市设计全覆盖、美丽乡村示范区规划等，以此全面提升乡村地区空间品质和发展活力，实现"都市美丽乡村、农村幸福家园"的目标。

江苏各市结合自身实际，也在持续探索城市设计的创新实践，以解决城市发展的特定问题。如南京市针对城市轨道交通的快速发展，开展"南京轨道交通站点一体化城市设计"，以实现交通、用地、空间景观的一体化发展；无锡太湖新城为进一步凸显水乡风貌，开展"水岸空间城市设计"，旨在重新认识水城关系，引导城市亲水发展；苏州市为保护古城风貌、激发历史街区的活力，面向全国公开征集"苏州平江历史文化街区东南部地块详细规划设计"优秀方案。同时，各市控规编制都强调加强城市设计研究，将城市设计内容反馈于控规，增强控规对于城市三维空间的控制引导。

（4）城市设计在引导城乡空间品质提升方面成效显著

江苏省在中国城镇化转型发展的背景下，着眼于城乡人居环境的营造，充分发挥城市设计的作用，开展了一系列的城市设计制度研究、技术指引和实践活动，旨在探索提升城乡空间品质、彰显地域文化特色的有效路径。事实上，江苏省的城市设计实践探索，对于加强山水风貌、历史文化保护、塑造城市空间特色发挥了巨大作用，很多城市因此出现了一批具有独特魅力、融合传统记忆与时代先声的特色空间，大大提高了城市的吸引力和影响度，并对城市产业、市民生活带来深刻的影响。可以预见，城市设计还将在未来建设"美丽宜居新江苏"中发挥更大的作用。

三、城市设计对于提升城市环境品质的独特作用

城市设计通过感性创造与理性分析相结合的思维模式，在优化空间形态、促进历史文化保护、提升城市活力、塑造城市个性等方面可以有效弥补法定规划的不足，对于引导城市环境品质提升具有独特作用。

1 优化城市形态

城市设计的核心内涵是空间组织，对于城市空间形态建构、形成和演变的意义是显而易见的。城市设计从三维甚至四维空间角度关注城市各个尺度层面的功能布局、公共空间、社会活动、环境行为和空间形态艺术之间的关系，并有一系列的分析方法支撑，如空间句法、GIS技术以及二者的结合ArcView GIS技术、Sketchup等，加强了城市形态分析的定性、定量依据和直观模型视觉效果的表达。特别在宏观层面，城市形态的演变蕴含着多种力量的交互作用，尤其在快速城市化过程中，这种演变过程往往呈现急剧、随意、非连续的趋势并导致城市原有意象特征的模糊或消失，城市设计通过多因子分析手段预测城市形态的演变趋势并加以针对性的引导，可以有效避免城市形态的无序发展。如果进一步进行对法定规划的反馈和衔接，对于引导形成优美的城市形态和意象特征具有重要意义。

2 促进历史文化保护

历史文化作为城市的共同记忆，其所包含的风土人情、生活习俗、审美趣味等都能通过空间要素予以体现、延续，并为后

人所感知，成为城市空间特色的一个主要来源。城市设计历来重视历史文化遗存的价值，积极保护并利用，使其与城市的公共功能、公共空间相结合，塑造城市的特色空间，并能进一步带动城市特色产业的发展。如城市工业遗存的再利用，通过整体环境的再创造，很多遗存成为创意产业的聚集地。城市设计尤其重视整体脉络的保护，合理延续城市的山水形胜、历史轴线、传统肌理等，以保持城市原有的历史特征。如南京明城墙风光带的打造，既凸显了南京作为古都的历史价值，也大大促进了文化旅游产业的发展。同时，城市设计还强调对于传统文化内涵的挖掘和提炼，通过现代城市空间要素进行创新演绎，这一点对于缺乏历史文化遗迹地区的空间特色塑造十分重要。

3 提升城市活力

一座城市或一个地区的活力除了有经济、产业因素，还与空间状态关系密切，比如混合的功能、紧凑的尺度、多样的景观、步行友好的环境、丰富的活动等。近年来，城市设计十分强调策划思想的运用，针对特定地区的人群结构（文化背景、经济收入、年龄层次等）和市场环境，分析功能业态需求、空间场所需求以及活动交往需求等，通过营造社区归属感增进活力。城市设计基于人及人的生活体验，强调紧凑的空间尺度以及场所感营造，比如对于街道尺度及其建筑退让、街区肌理（路网密度、建筑密度）、街道广场等公共空间的界面控制研究等，力求创造有利公共交往的城市空间。城市设计致力于慢行友好环境营造，研究适宜的路网密度、慢行优先的路幅分配、人车分流系统、公交接驳措施等。城市设计还通过自然景观植入、历史资源激活等手段增强空间景观的多样性、丰富性，从而赋予空间独特的审美魅力和吸引力。所有这些都是基于人的不同体验需求进行的规划设计，自然能够吸引不同人群的参与，并因此使得城市空间富有生机和活力。

4 塑造城市个性

城市个性是城市发展积淀而形成的内在的、与众不同的气质特性，是城市差异性的最显著表现。城市个性既体现在形态格局、建筑风貌、空间形象等显性要素方面，也反映在市民生活方式、公共交往以及意识观念、思维方式等隐性要素方面，是城市自然环境、经济活力、文化底蕴、价值导向的综合体现。鲜明的城市个性与特征会为城市发展带来更多积极的机会，城市设计的过程其实也是城市个性的塑造和传播过程。城市设计强调尊重自然环境，或结合自然要素塑造独特的空间景观，或顺应自然地势地貌强化环境特色。城市设计重视历史文化的价值，通过活化历史资源、植入现代功能等手段延续传统文脉，形成城市排他性的特色空间。城市设计关注时代进步，通过创新思维拓展新的空间类型，城市设计本身就是一种创作活动，设计师的创意思维也会带来独具特色的城市空间。当然城市设计创作需要基于地域环境、地方审美以及人的生活需求才能获得公众认同。对于城市的主体——人而言，除了舒适宜人以及视觉美感之外，能够唤起人们内心的丰富情感，才是一座有生命、有思想的城市最为重要的特质，这也是城市个性的魅力所在。

第二章
2 我院城市设计实践概述

我院城市设计实践是依托于我国法定规划体系中的"详细规划"环节起步并逐步开展的。详细规划是我国法定规划体系中衔接总体规划（分区规划）与城市建设的重要环节，是指导城市规划管理与建设实施的重要依据。其中，修建性详细规划侧重于对具体的建设项目进行功能空间布局、基础设施管线、建筑初步方案的系统规划，直接指导项目建设。控制性详细规划侧重于通过土地利用、交通组织、设施配套等一系列的规划举措，以建设控制指标体系为核心，为城市土地的合理利用与有序建设提供依据与技术支撑。我院早期承接的城市设计项目主要有两类，一类主要针对城市的重要地段开展设计研究，为下层次规划与建筑设计提供参考依据；另一类结合控规编制，通过城市设计研究优化控规的建设控制指标并形成相互反馈的作用。其后随着城市化的快速推动和各类新区开发、旧城更新等城市建设的开展，城市设计项目无论数量还是类型都呈明显的增加和拓展态势。

自20世纪90年代以来，我院共完成城市设计、修建性详细规划等"详规"类项目300余项，主要包括城市设计、旧城（街区）改造详细规划、校园规划、城市风貌规划、街景整治规划、村庄保护/整治/建设规划等规划类别（居住小区规划设计未计入），以及一系列与控制性详细规划结合编制的城市设计。其中城市设计项目约90项，约占"详规"类项目总数的30%。

一、发展历程

20世纪90年代开始的土地与住房制度改革，拉开了我国持续20余年的高速城市化的序幕。随着旧城区的大幅改造以及新城区、开发区纷纷设立，城市规模急速拓展，城市空间形态与格局发生了巨大变化，也催生了大量的城市设计、详细规划类规划设计业务需求。我院的城市设计实践历程基本反映了这一历史时期

的城市空间发展趋势，并呈现出以下几个阶段性的特征。

1 1990—2005年：以城市局部地段改造及特定功能区设计为主导

经过20世纪90年代的高速发展，以上海为代表的特大城市在2000年前后已经开始了从"规模做大"到"结构做优"的逐步转变。但对于江苏省而言，这一时期大部分的中小城市旧城改造才基本告一段落，新城区建设刚刚启动，城市建设主要以具体的重点项目为"抓手"逐步推进。

旧城区以局部地段的整体改造为主，大量老旧住区（包括历史街区）、工厂企业被拆除，代之以居住小区及商业项目开发；一些重要街道沿线由于用地权属复杂、建设强度较大等因素，整体拆除重建有难度，因而主要采用沿街景观环境整治、建筑"穿衣戴帽"等方式改善形象。新城区的建设启动主要依托行政中心搬迁、市民广场建设、商业综合体开发、大学校园及特色产业园区建设等重点项目，通过基础设施及公共设施配套建设的大量投入以及较高品质的景观环境，带动新城区房地产开发，吸引市民入住，聚集人气，提升活力。

因此，这一阶段的城市设计实践多以城市局部地段、节点地区的设计项目为主，我院相继编制完成了《江阴市政广场规划设计》《大庆石油学院新校区规划设计》《南京师范大学新校区规划设计》《南京高新区软件园详细规划及软件创新基地设计》等代表性项目。这一阶段的规划设计项目探索了从城市整体角度出发研究局部地段的方法和思路，并在局部空间营造方面奠定了精细化的设计风格，项目建成均取得了良好的社会效益。

2 2005—2010年：以新城概念规划及新区城市设计为主导

2000年以后，各地大学城与行政中心建设逐渐降温，而以

南京河西奥体新城建设为代表的城市新区建设浪潮席卷省内大、中、小各级城市，城市空间拓展进一步提速。相应地，新城概念规划及片区级城市设计业务大量涌现，设计范围和尺度规模不断扩大：小至数平方公里，如《吴江市南部新城城市设计》《无锡锡山区宛山荡地区城市设计》等；大至数十乃至上百平方公里，如《宿迁市湖滨新城概念规划》《无锡市南长新城（古运河片区）概念规划》《广西钦州市滨海新城概念性规划》等；一些宏观层面的城市设计实践也开始出现，如《太仓市中心城区总体城市设计》《宿迁市空间形态规划》等，或作为专题研究内容纳入城市总体规划成果，如《拉萨市总体城市设计》。此外，围绕城市中心区、城市重要滨水地区及街道沿线开展的城市设计实践也不断涌现，如《淮安市城南片区中心区城市设计》《昆明草海片区城市设计》等。

基于全省新城建设的新形势，为了更好地指导新城规划建设，加强有序发展，江苏省住房和城乡建设厅先后制定了《江苏省控制性详细规划编制导则（2006版）》与《江苏省城市设计编制导则（试行）》，并于2006—2008年基本完成了省内各城市控制性详细规划编制全覆盖。我院作为编制主体，参与了上述两个导则的制定工作，并结合控规编制的工作实践，积极探索城市设计与控规的融合。

2008年，《中华人民共和国城乡规划法》正式颁布实施，城市设计的法定地位仍未得到明确，但由于城乡建设的大量现实社会需求，城市设计实践与研究仍得以进一步推进，并促发了城市设计实践与法定城市规划体系多层次、多方式的结合。特别是在控制性详细规划层面，城市设计结合控规编制、依托控规落实，已经成为城市设计获得"法定实施"的最重要途径。因此，2008年以后，"城市设计作为一种方法及理念融入控规编制的全过程"进一步成为共识，单独编制的城市设计项目相应减少，更多的则是与控规编制相互融

合、相互反馈，目的是提高控规编制水平并最终落实于城市建设，这也是江苏省以及我国城市设计实践展现出的不同于国外的新特征。

与此同时，区域高速轨道交通网络及枢纽建设、新农村建设、江苏省对口援助西藏和新疆以及汶川大地震灾后重建等一系列国家与江苏省级层面的政策实施与重大"事件"，进一步促进了我院在全国范围内城市设计实践的开展，完成了以《南京南站地区南北广场及中轴线地区城市设计》《拉萨市拉萨河城市设计》《霍尔果斯经济开发区口岸城市设计》《德阳市中心城区城市风貌规划》《苏州西山镇古村落保护与建设规划》为代表的一系列优秀设计项目。

这一阶段的城市设计项目强调以城市公共空间为核心的物质空间形态塑造，同时也不断探索与时俱进的设计理念，如生态保护、文脉传承、经济性评估等，技术手段不断丰富，成果表达日益成熟，并形成了我院的风格特色。

3 2010年以后：由空间扩展逐步向内涵提升的设计类型转型

2010年以来，受国家宏观经济形势以及城市发展自身面临的资源与环境约束的双重影响，依赖土地资源大量消耗的粗放式增长模式越来越难以为继，许多城市的新区拓展步伐开始放缓。党的十八大特别是2013年12月中央城镇化工作会议提出新型城镇化战略以后，城市建设由空间规模扩张逐步向内涵品质提升转型的总体战略进一步确立。城市规划建设行为逐渐趋于理性，不论是新城区建设还是旧城区存量空间挖潜，对综合效益不断提升以及高品质公共空间与人文环境的持续追求，已成为不可逆转的发展趋势。

在此背景下，城市设计实践开始回归其学科理论及认识本源，设计结合自然以及"绿色低碳"技术的可持续理念、城

市历史文脉的保护与传承、城市人文空间与环境的塑造等城市设计本应重点关注的"传统"领域得到了越来越多的认同，设计所倡导的价值观也日趋多元，并日益体现出与其他相关学科、相关专业的融合趋势。城市设计成果从"终极蓝图"式的"宏大场景"描绘，逐步向关注过程与实施的公共政策与行动指引转化。与城市建设转型相对应，如何留住"乡愁记忆"，为小城镇和广大乡村地区创造高品质的生态、生活、生产环境，塑造美好而鲜明的"乡村特色"，也受到了前所未有的高度关注。

由此，城市发展由空间扩张逐步向内涵提升转型、小城镇和乡村建设由"过度城市化"向塑造富有特色的乡土文化环境回归的"新常态"逐步形成。《无锡生态城示范区控制性详细规划（及城市设计）》《江阴市南门地区控制性详细规划（及城市设计）》《南京市鼓楼区河西片区城市设计》《南京市江宁区谷里新市镇城市设计》《苏州平江历史文化街区东南部地块详细规划设计》《苏州太湖核雕文化旅游区及舟山村特色村庄规划》等一系列优秀设计成果，体现了我院在"新常态"下城市设计实践的持续探索。这一阶段的城市设计项目体现了人文思想的回归，关注的视角逐渐从"宏大场景"塑造转向"平民叙事"的日常生活空间，并认识到城市设计作为社会实践活动的"过程引导"的重要性，探索了面向行动导向的理念、路径与策略。

二、实践特征

我院的城市设计实践具有面广量大、类型多元的总体特征。以编制层次分，包括城市或分区层面的整体城市设计、片区城市设计、局部地段的详细城市设计等；以题材特点分，涵盖了新

城规划、旧城改造、城市中心区、大学校园、滨水区、特色产业区、交通枢纽地区、历史地段、街道沿线设计等一系列类型；以编制方式分，既包含了独立编制的概念咨询类、地段实施类、管理导则类、专项研究类的城市设计与研究，也有大量的与总体规划、控制性详细规划融合编制的设计及专题研究。同时，随着计算机辅助设计以及地理信息系统等技术手段的不断进步，城市设计的分析与表达方式也更具科学性、直观性，有力支撑了设计意图的表达及实施。通过梳理、分析我院的城市设计项目，基本体现了以下三方面的技术特征。

1 因地制宜，目标与问题导向相结合

城市在不同发展阶段都会面临不同的要求与问题，我院城市设计实践基于国家宏观发展背景，也呈现出阶段性的研究特点，但总体上都体现了目标与问题导向的结合。首先，城市设计创作某种程度上属于一种主观的创意行为，具有"目标导向"特征，通过城市整体发展角度研判项目的目标定位，并以此指导具体的功能策划与空间设计，力求创造高品质城市环境；其次，城市设计作为优化城市空间的一种手段，需要立足城市自身的实际情况、资源特色，找准发展的制约因素，因地制宜研究优化改善策略。我院作为江苏省住房和城乡建设厅直属事业单位，主要以服务地方规划管理部门为主，相对高校研究机构、境外设计咨询机构，我院的城市设计研究更加强调针对性、合理性以及技术成果的可操作、可实施性，目标与问题导向相结合的特征更加鲜明。例如，我院针对新区的城市设计，既强调构建理想的空间结构与城市形态，也注重结合规划管理细化研究地块划分、土地使用、公共配套等问题，满足新区开发的实际需要；对于存量地区的城市设计，则以引导建成区环境品质提升为目标，重点针对复杂产权下的土地再开发、历史文化保护与利用、民生设施改善、空间特色重塑、交通微循环改善、老旧小区更新等问题进行研究，具

有鲜明的问题导向特征。

2 关注热点，与时俱进创新探索

城市设计实践活动与城市化进程紧密相关，因此城市设计的探索始终体现了与时俱进的特点，从新区大规模开发的概念性城市设计到高铁时代的枢纽地区城市设计，到生态城市时期的城市设计，再到存量地区的城市设计，我院城市设计项目紧跟时代发展的节奏。而在这一过程中，我院城市设计结合各阶段的时代背景，针对性地进行了创新探索。

空间扩张主导阶段的新区城市设计，重点关注新城与老城协调发展、整体空间形态的构建、优化与提升等问题，探索了交通引导、城市经营、触媒带动等设计理念，引导新区有序发展。

轨道时代的枢纽地区城市设计，重点关注枢纽定位及其与城市发展的关系、交通换乘、空间一体化开发等问题，探索了枢纽地区的功能构成、土地开发、立体空间利用、门户形象塑造等分析与设计方法，发挥枢纽整合带动周边地区发展、展示城市形象的作用。

生态城市时期的城市设计，探索了绿色城市设计的理念、方法与路径，包括紧凑型的布局模式、减碳型的交通组织、深绿型的绿地开放空间布局、节约型的资源利用等方面，并研究了定性定量相结合的指标体系，通过融入控规推动绿色城市建设。

转向内涵提升的存量地区城市设计，关注重点主要在于引导城市精明发展、精致转型，具体表现为：关注旧城更新过程中城市（历史）文化的保护、彰显与活化利用，关注城市特色空间及体系的塑造，关注小城镇与乡村空间品质的提升等，探索了微更新、微设计的理念与方法，旨在引导城市人居环境不断改善。

3 面向实施，逐步转向长效引导

城市设计实践来源于政府管控需要与市场需求的双重推动，

而城市建设是一个相对长期、延续性较强的过程，必然要求城市设计面向建设实施，注重长效引导。

其一，城市设计与法定规划的编制、管理与实施体制紧密结合。《城乡规划法》实施后，城市设计作为理念与方法融入控规，为规划编制与管理提供了全过程的有效支撑。江苏省进一步制定了《江苏省城乡规划条例》，对城市设计的法定地位作了一定的补充，并出台《江苏省城市设计编制导则（试行）》，面向实施进一步规范了城市设计的编制要求。我院此后承接的城市设计项目紧密结合法定规划，规范了各层次城市设计的编制深度和成果表达，使城市设计和法定规划能有效衔接、转化，这在控规层次的城市设计研究方面十分突出，也显著提高了控规的编制水平。

其二，城市设计与市场需求相结合，通过多学科、多专业的"跨界"合作，拓展自身的方法内涵，引入策划、城市运营、公众参与等方法理念，强调开放设计，充分关注市民需求，促进"自上而下"的控制引导与"自下而上"诉求反馈的结合，通过多元利益的平衡推动城市设计的动态优化与长效引导。

三、主要业绩与研究成果

20余年来，我院在城市设计领域持续不断地探索、思考与研究，成果丰厚，共有45个城市设计（修建性详细规划）类设计项目及研究课题获得全国部级、省级优秀规划设计奖项（居住区规划设计未计入），其中部级奖项14项、省级奖项31项（表1）。同时我院在城市设计国内、国际招投标竞赛中，获得第一名或中标超过50项（表2），并因此带来了业绩可观的后续设计项目。这些成果充分展示了我院在城市设计领域的先进水平。

表1　城市设计（修建性详细规划）类获奖项目一览表

城市设计（修建性详细规划）（24项）

项目名称	获奖年度	奖项名称	参加人员
江阴市政广场规划设计	1998年	建设部优秀规划设计三等奖	陈沧杰、王承华、胡海波、宋志能、相西如、黄富民、杨秀华、张涛
南京师范大学新校区规划设计	2000年	省优秀工程设计二等奖	王平纨、姜劲松、胡海波、曹国华、奚全富、张涛
仪征中学校园规划设计	2001年	建设部优秀规划设计表扬奖	陈沧杰、刘晖、郑钢涛、黄文云、朱建国、杨秀华、肖为周
	2002年	省优秀工程设计二等奖	
南通师范学院校园规划设计	2002年	省优秀工程设计三等奖	周一鸣、刘晖、黄文云、郑钢涛、顾军
南京高新区软件园规划设计	2002年	省优秀工程设计三等奖	茹薇、程炜、黄富民、赖江浩、朱建国、杨秀华等
大庆石油学院新校区规划设计	2003年	建设部优秀规划设计二等奖	陈沧杰、刘晖、郑钢涛、黄文云、申翔、徐松越、黄富民、顾军、杨秀华、肖为周、左根斌
	2004年	省优秀工程设计一等奖	
江苏商业管理干部学院江宁新校区校园规划设计	2005年	建设部优秀规划设计三等奖	袁锦富、梅耀林、刘志超、夏刚、汪晓敏、杨帆、华海荣、杨晔
	2004年	省优秀工程设计三等奖	
常熟理工学院东湖校区规划设计	2006年	省优秀工程设计三等奖	袁锦富、刘晖、赵毅、申翔、朱建国、杨秀华、裘峻
江苏大学新校区校园总体规划	2006年	省优秀工程设计二等奖	高世华、王承华、申翔、游涛、丁华夏、许炎、朱建国、杨秀华
靖江市人民路—南环路环境综合整治规划	2006年	省优秀工程设计三等奖	陈沧杰、姜劲松、萧明、汤蕾、陈清鎏、舒怀、卢春霞、陆新亚
中国药科大学江宁校区总体规划	2007年	全国优秀城乡规划设计三等奖	袁锦富、刘晖、闫田华、赵毅、萧明、刘卓、朱建国、杨秀华、王辛、魏郑栋
	2008年	省优秀工程设计二等奖	
太仓市中心城区总体城市设计	2008年	省优秀工程设计二等奖	吴新纪、申翔、沈政、李杨、姚秀德、方豪杰、张超、汤春峰
苏州市吴中区中心城区（北区）整治规划	2008年	省优秀工程设计三等奖	陈沧杰、胡海波、姚恭平、陈清鎏、张铁亮、陈栋
苏州工业园区星湖街斜塘段城市设计	2008年	省优秀工程设计三等奖	唐历敏、汤蕾、周立、莫栋升、蒋维科
拉萨市拉萨河城市设计	2009年	全国优秀城乡规划设计三等奖	张泉、刘宇红、姜劲松、王承华、游涛、顾洁、周立、杜娟、刘辉、尹超、陈燕飞、汤蕾
	2010年	省优秀工程设计一等奖	
南京航空航天大学将军路校区东区校园规划规划	2009年	全国优秀城乡规划设计表扬奖	陈沧杰、刘晖、赵毅、宋金萍、贺小飞、杨秀华、嵇卫东、王庆明、曹万春、刘卓、戴顺强
	2010年	省优秀工程设计二等奖	
东台市何垛河两侧城市设计	2012年	省优秀工程设计三等奖	游涛、萧明、尹超、熊健、焦姣、崔海、陈伟、江东梅
张家港市一干河风景路规划设计	2012年	省优秀工程设计三等奖	曹国华、王觉方、汤蕾、徐晓立、贾雁飞、文清泽、汪益纯、钱东蕾、尹力、舒怀、张琳、陆枭麟、赵宇
常州市淹城路周边地区城市设计	2012年	省优秀工程设计三等奖	吴新纪、郑钢涛、杨宇、黄国贞、宋敏、张园园、张培刚、周娜、臧磊、储君、何莺芝、王仕满、王薇、许宁
无锡市太湖新城贡湖大道北段两侧地区城市设计	2012年	省优秀工程设计三等奖	王承华、赵毅、杜娟、杨宇、谭伟、宋金萍、冯晓星、方缤霞
南京市鼓楼区河西片区城市设计	2013年	全国优秀城乡规划设计二等奖	陈沧杰、王承华、宋金萍、赵毅、顾洁、谭伟、姚迪、顾新辰、张进帅、杜娟
苏州市吴江区环太湖风景路修建性详细规划	2014年	省优秀工程设计二等奖	曹国华、汤春峰、袁金波、贾雁飞、夏胜国、夏韬、李杨、翟华鸣、施卫红、张涛、朱晨、蒋超君、李云刚、邱渭泉
宿迁市古黄河生态体育万米健身带规划	2014年	省优秀工程设计三等奖	郑钢涛、张培刚、安奕洁、祖京京、张量、魏凯、王江
宿迁市幸福路街道综合整治规划	2014年	省优秀工程设计三等奖	吴新纪、郑钢涛、张量、张培刚、蔡勇、陈小韦、卢光大、张雪、魏凯、王培、安奕洁、张士磊、马鑫、张雷

与控制性详细规划结合编制的城市设计（10项）

苏州独墅湖科教创新区低碳生态控制性详细规划	2011年	全国优秀城乡规划设计二等奖	张泉、程炜、叶兴平、萧明、黄伟、陈国伟、陈燕飞、王进坤、汤蕾、汤春峰、张园园、何常清、王磊、王树盛、宋敏
	2010年	省优秀工程设计一等奖	
	2011年	华夏科技三等奖	
无锡生态城示范区控制性详细规划	2011年	全国优秀城乡规划设计二等奖	张泉、赵毅、叶兴平、冯晓星、郑国栋、邬弋军、杨志、王进坤、何常清、曹万春、华海荣、王庆明、陈国伟
	2010年	省优秀工程设计一等奖	

项目名称	获奖年度	奖项名称	参加人员
江阴市南门地区控制性详细规划	2011年	全国优秀城乡规划设计二等奖	唐历敏、周立、刘辉、杜娟、贾正、杨宇、何忠喜、叶兴平、毕波、缪敏、计慧红、汪运志、马玉琴、徐志刚、龙海瑞
滁州市高铁站前区控制性详细规划	2012年	省优秀工程设计三等奖	曹国华、曹华娟、赵雷、戴霄、岳丹、王进坤、朱建国、陈锦根、姚恭平、张亚、梁碧宇、张晓冬、郑国胜、王海鹏
拉萨市东城区控制性详细规划	2013年	全国优秀城乡规划设计二等奖	陈沧杰、游涛、尹超、贾正、周立、贺小飞、杨宇、焦姣、何忠喜、曹万春、张涛、舒怀、孔孝云、何辉鹏、王建荣
苏州工业园区城铁商务区控制性详细规划	2014年	省优秀工程设计二等奖	姜劲松、吴新纪、周立、蒋维科、赵玉奇、刘慧、焦姣、杨宇、吴茜婷、袁金波、宋晓俊、曹万春、陈锦根
苏州西部生态城控制性详细规划	2014年	省优秀工程设计一等奖	姜劲松、游涛、宋敏、周立、焦姣、顾志远、潘晖婧、蒋瑞明、杜鹏达、刘慧、纪魁、朱建国、刘锋、王晓东、陈冬梅
新疆霍尔果斯经济开发区控制性详细规划	2014年	省优秀工程设计一等奖	袁锦富、赵玉奇、黄伟、刘伟奇、章飙、姚迪、谭伟、张建召、戴霄、王磊、华海荣、何健、陈翀、赵毅
张家港市杨舍核心区控制性详细规划	2014年	省优秀工程设计二等奖	高世华、王觉方、汤蕾、孟伟言、曹华娟、文清泽、林凯旋、戴翔、吴义士、赵东方、陈宗军、王磊、毕波、马志宇、张琳
徐州经济技术开发区高铁生态商务区二期控制性详细规划及核心区城市设计	2014年	省优秀工程设计三等奖	曹国华、申翔、郜卫东、汤蕾、夏坤、贾雁飞、王子鸣、李杨、张艳菲、孙华灿、毕波、王磊
城市风貌规划（1项）			
德阳市中心城区城市风貌规划	2012年	省优秀工程设计二等奖	陈沧杰、刘晖、黄毅翎、宋金萍、张超、郑国栋、高峰、沈政、赵小艳、杨志、李杨、张馨、岳丹、刘劲军、赵彬
村镇规划设计（8项）			
苏州市东山镇陆巷村村庄建设整治规划	2006年	省优秀工程设计一等奖	刘宇红、姜劲松、汤蕾、朱爽、华海荣、施卫红、刘劲军 等
新沂市北沟镇孔圩村村庄建设规划	2006年	省优秀工程设计二等奖	刘宇红、梅耀林、姚恭平、朱爽、华海荣、施卫红、刘劲军 等
苏州西山镇古村落保护与建设规划	2008年	省优秀工程设计一等奖	姜劲松、梅耀林、汤蕾、陈翀、周立、尹超、宋敏、吴蔚、施卫红、华海荣
徐州丰县大沙河镇陈庄村村庄建设规划	2007年	全国优秀城乡规划设计三 等奖	梅耀林、陈翀、李琳琳、施卫红、华海荣
	2008年	省优秀工程设计二等奖	
沪宁高速公路（南京段）、扬溧高速公路沿线村庄环境整治规划	2012年	省优秀工程设计一等奖	刘宇红、黄伟、汪晓春、樊欣、谭伟、段威、陆天、季友说
苏州太湖核雕文化旅游区及舟山村特色村庄规划	2014年	省优秀工程设计一等奖	姜劲松、宋敏、尹超、王佳、刘铨、陈继鹏、杜鹏达、赵悬悬
南京市江宁区谷里新市镇城市设计	2014年	省优秀工程设计一等奖	王承华、杜娟、谭伟、顾洁、潘之潇、宋金萍、姚迪、程娟
石棉县中高山受灾村落灾后恢复重建规划	2014年	省优秀工程设计三等奖	邹军、唐历敏、程炜、赵彬、陈清鋆、周海、刘辉、顾新辰
科研课题（2项）			
江苏省城市设计编制导则	2011年	全国优秀城乡规划设计三等奖	张泉、王承华、王学锋、刘志超、尹超、汤蕾、方芳、陈栋、陈清鋆、李琳琳
	2010年	省优秀工程设计一等奖	
古村落保护及其实施机制研究——以江苏省为例	2012年	省优秀工程设计三等奖	陈沧杰、姜劲松、尹超、陈栋、周立、宋敏、朱怿然、施旭、相秉军、张杏林、祁刚、姜伟、沈爱华

注：本统计截至2014年12月，居住区规划设计类项目未计入。

表2 城市设计国内、国际招投标（竞赛）中标（第一名）项目一览表

时间（年）	项目名称	项目主持人	项目负责人
2001	大庆石油学院新校区规划设计	陈沧杰	刘晖
2002	南京高新区软件园软件创新基地设计	吴新纪	程炜
2003	苏州市吴中经济开发区副中心设计	吴新纪	梅耀林
	江苏大学校园总体规划	高世华	王承华
	中国药科大学江宁校区总体规划	袁锦富	刘晖
2005	南京高新区泰山园区柳州路城市设计	袁锦富	王承华、刘辉
	丹阳市新民西路延伸段相关地块城市设计概念方案竞赛	陈沧杰	姜劲松、汤蕾
	无锡市南长新城概念规划	陈沧杰	王治福
2006	宿迁市湖滨新城概念规划	陈沧杰	王承华
	南京航空航天大学将军路校区东区总体规划	陈沧杰	刘晖
	无锡市马山地区概念性规划	姜劲松	郑钢涛
2007	常州市毛纺厂及周边地块规划设计	梅耀林	李琳琳
2008	苏州浒墅关经济开发区阳东新城概念规划	姜劲松	萧明
2009	苏州高新区城际站周边地块城市设计	陈沧杰	游涛
	绵竹市城东新区重要地段概念性规划	王承华	刘晖
	保定·中国电谷新区概念规划	吴新纪	曹华娟
	钦州市滨海新城概念性规划	唐历敏	游涛
2010	南京南站地区南北广场及中轴线城市设计	吴新纪	周立
	宝应大道两侧用地城市设计	刘晖	岳丹
	德阳市城市风貌专项规划及长江路、旌湖街景整治	陈沧杰	刘晖
	张家港市城北科技新城沙洲湖周边地区城市设计	王承华	周立
2011	东台市何垛河两侧城市设计	游涛	萧明
	常西湖及南水北调中线工程区域战略规划及城市设计	吴新纪	陈军
	太仓市沙溪新城控规阶段概念设计	赵毅	李琳琳
	苏州太湖国家旅游度假区概念规划	吴新纪	宋敏
	苏州太湖科技产业园城市设计	姜劲松	周立
2012	苏州·太湖科技金融城规划设计	申翔	曹华娟
	东台市弶港中心区概念规划及核心区城市设计	王承华	刘晖、黄毅翎
	镇江市李家大山旧城区城中村改造实践概念方案设计	刘晖	杨宇
	太仓滨江新城重点区域城市设计	刘晖	贺小飞
	南通市通州区通吕运河"一河两岸"城市设计	吴新纪	李琳琳
	苏州市轨道4号线同里站（原同津大道站）及周边地区规划设计	申翔	李杨
2013	镇江市官塘新城凤栖湖及其周边地块城市设计	陈沧杰	王承华、杜娟
2014	滁州月亮湾创新创业服务中心控制性详细规划及城市设计	袁锦富	周立
	苏州市相城区盛泽湖地区城市设计	王承华	尹超
	滁州高铁站区控制性详细规划及城市设计	袁锦富	周立
2015	苏州工业园区城铁商务区控制性详细规划调整及城市设计	姜劲松	谭伟
	苏州平江历史文化街区东南部地块详细规划设计全国方案征集	陈沧杰	王承华、周立

注：本统计以2000年以后项目为主，校园规划类选取代表性项目，居住区规划设计类项目未计入。

3

第三章

典型案例解析

一、理想空间——整体城市设计

1　理想城市与整体设计

回顾城市建设的发展史，从城市整体的角度出发进行城市空间形态规划的历史非常久远，概括起来有三种类型的城市具备强烈的整体城市设计特征。第一类是古典城市，包括中国的曹魏邺城、隋唐长安城、明清北京城，西方的希腊米利都城、罗马提姆加德城。反映在理论方面，中国以《周礼·考工记》为代表，西方则有维特鲁威的《建筑十书》等。古典城市的共有特征是"形态完整、轴线分明、主次有序"。第二类是新古典城市，包括朗方设计的华盛顿（1793年）、奥斯曼主导的大巴黎改造（1852年）、格里芬设计的堪培拉（1911年）以及20世纪初期的芝加哥、旧金山等城市的规划设计，新古典城市普遍具备庄严宏伟的城市空间与深远宽阔的轴线引导，城市空间布局充满秩序，形态感强。第三类是现代主义新城，以柯布西耶设计的昌迪加尔（1951年）、科斯塔设计的巴西利亚（1956年）为典型代表，现代主义新城崇尚严格的功能分区、高度机动化的交通网络以及超大尺度的城市开敞空间，空间设计深受现代主义建筑与规划理论的影响。这些历史案例从城市形态设计的角度可被称为"理想城市"，因为它们完整地贯彻了城市设计者对城市形态的整体构思与控制，实现了从整体到局部城市空间的有序安排，从而体现出鲜明的城市物质特征。但其背后的驱动力则是一种自上而下的政治上的绝对主义或称权威主义，即城市设计者借用城市空间将统治阶层的思想进行显化，借此实现政治意志的传递与灌输，最终利于统治管理。

20世纪90年代以来，整体城市设计实践在我国重要城市广泛兴起。在当代城市发展环境中，整体城市设计的驱动力与运作机制已发生了巨大的变化，更多的是为了解决城市急剧扩张带来的空间失序矛盾，寻求城市建设的规范和机制。快速城市化的过程中，过度追求经济增长的发展观念在空间形态上体现为城市用地规模快速扩张，各种类型的新区、新城建设如雨后春笋，老城更新如火如荼，城市被分片割裂发展，通过竞争和相对独立管理来促进超常规发展，以实现量的快速增长。由于缺乏对城市整体结构、发展秩序的关注，导致城市空间形态处于弱控制下的孤立、隔离、蔓延等发展现象不断涌现，城市原有的意象特征和风貌特色在此过程中日渐被淹没。随着社会经济发展方式的转型，城市文化和空间品质越来越成为竞争力的重要因素，因此借助产业结构转型促发的城市物质空间重构，宏观系统地整合城市形态、彰显城市空间特色成为规划领域新的命题。另外，随着国力强盛以及城市经济实力的不断增强，世博会、青奥会等重大事件的发生也是重构与彰显城市空间特色的重要机遇，通过整合城市自然、人文和建成环境的新老资源，强化整体的、系统的空间塑造与风貌引导，实现城市形象的提升和优化。

在以上背景下，针对城市或某一片区的整体城市设计不断得到重视。整体城市设计是对城市总体规划的补充、完善与深化，为逐步提高城市环境质量在宏观层面上提出的总体构思与安排，目的是保护城市自然、人文整体环境，优化形态格局，强化城市特色。近年来，随着对城市整体风貌形象重视程度不断提高，整体城市设计项目在编制数量增加的同时，编制类型和内涵也在不断扩展，除了总体城市设计、大尺度新区概念设计等城市整体空间设计类型外，城市景观风貌规划、城市形象设计、城市空间特色规划等侧重点不同的整体城市设计类项目也不断涌现。

2 整体城市设计的主要任务与研究重点

整体城市设计属于总体规划层次，是"在对城市自然、现状特点，以及城市历史文化传统深入挖掘提炼的基础上，根据城市性质、规模，对城市形态和总体空间布局所做的整体构思和安排"（《城市规划资料集》第五分册《城市设计（上）》），目的是加强对城市整体形态的引导，并与城市总体规划互相反馈，指导下层次规划编制与城市设计。整体城市设计侧重于结构性控制，研究重点一般包括以下四方面。

（1）功能结构

城市设计的出发点是人，因此城市的功能空间布局需要从人与城市的关系切入，首先应当分析城市中各类社会群体的行为特征，从构建符合行为习惯的城市空间角度出发，划分城市功能片区，组织各片区之间的交通联系。重点研究四个方面：一是依据主要行为活动划分功能片区，如居住与工作、供应与使用以及各类社会群体活动之间的相互关系，既要减少不必要的行为活动之间的相互干扰，又要兼顾适度合理的功能混合，方便以非机动交通方式以及公共交通方式达到出行目的。二是合理组织活动通道系统，建立居住、工作、休闲、服务等不同功能之间的联系，提出各类通道的功能、交通方式、两侧土地使用和景观控制要求。三是构建公共活动中心体系，研究各级公共活动中心的功能特点和空间需求，充分考虑与公共交通的有机结合，以促进公共活动中心功能的发挥。四是塑造特色空间，针对不同城市所特有的民俗、节庆活动，依据特定的行为内容和特征，梳理容纳相关活动的特色空间，成为展示城市文化特色的场所。

（2）景观风貌结构

从凸显城市特色、保持良好的城市空间景观角度出发，对城市景观风貌系统进行梳理、归纳、提炼，引导形成具有较强标志性和特征鲜明的景观风貌结构。重点研究三个方面：一是划定景观风貌分区，在保持整体景观风貌协调的基础上，强化特征性与标识性景观风貌。二是景观廊道控制，包括景观视廊和景观风貌带，前者为展示和观赏城市重要景观节点提供良好的视线空间，后者提供展示、观赏城市景观和风貌特色的连续的带状空间，通过对景观廊道的控制，有助于加强城市景观的系统性、连续性，更好地展示城市的基本风貌。三是景观风貌节点控制，景观风貌节点是城市景观风貌结构中具有代表性、能够集中反映城市景观风貌特色的空间节点，需要对其进行梳理，提出控制原则及保护、建设要求。

（3）空间形态控制

空间形态控制主要反映在天际线和高度分区控制两个方面。天际线是反映城市与自然山水环境的关系、体现整体形态特征的重要因素。天际线的控制应结合城市自身条件，选择适宜的观赏路径与视点，从展示城市自然及人文景观特征的角度出发，优化城市天际线及特定视野的观赏效果，对城市天际线及特定视野的整体轮廓和景观效果进行控制。高度控制应结合功能结构、景观风貌结构、历史文化保护、天际线塑造等要求，运用相关技术进行多层面、多维度的视觉景观系统分析，划定建筑高度分区，提出高层建筑布局原则。同时还应加强经济性评估，确保高度控制的可行性。

（4）开敞空间体系

城市开敞空间在提供人们户外活动场所、改善城市环境质量、维持城市生态平衡方面起着巨大作用。开敞空间体系的构建应立足城市与自然山水资源的空间关系，综合考虑生态保护、微气候调节、人的活动等要求，合理布局，引导城市形成疏密相宜的空间形态。整体城市设计应当研究各级开敞空间的布局、规模及其相互联系，对重要的城市广场布局、规模、功能提出控制原则和引导要求。

3 整体城市设计的反思与优化方向

整体城市设计是城市宏观尺度层面的城市设计，具有综合性和统筹性规划的特点，因此也容易产生贪大求全、要素罗列、重点淹没、特色不足的"泛化"现象，难以发挥其统筹与指导的效用。主要表现在以下三方面。

（1）规划尺度——要素把握不准

整体城市设计的研究对象是城市，即城市与自然山水、人文景观等资源所构成的宏观尺度关系，涉及要素层次、类型繁多，因而要素把控方面往往会忽略城市自身特色，陷入要素罗列、主次不分、逻辑混乱的误区，导致城市特色要素控制发生偏差，或者难以通过层次连贯的载体空间予以落实。

（2）规划内容——微观转译不足

整体城市设计最为关键的是满足人们对城市空间使用要求的同时，通过整体形态、景观结构、环境风貌的引导彰显城市特色。一方面由于研究深度、编制周期等因素，设计人员对于主要研究内容和构成城市特色的关键要素不能形成清晰的认识，难以提出定性或定量的控制要求与指标；另一方面，设计人员整体意识不强，将主要精力放在重点片区、重点地段的详细设计上，失去了编制整体城市设计的本来意义。上述两种情况都会使得规划成果难以传递有效的控制意图，对于下层次规划建设的指导意义不强。

（3）成果表达——特色体现不够

一些整体城市设计的成果过于泛化，缺乏针对性和指向性。有些成果内容笼统，缺乏基于城市空间发展特色和需求的专题研究或者研究不深，不能反映城市基本特色；有些成果由于缺乏宏观研究视角，制定过于细碎的控制条文，模糊了整体城市设计和详细城市设计的概念，整体城市设计的特点难以体现。

整体城市设计编制的局限使得其与规划管理之间难以建立起顺畅的衔接机制或传导途径。一方面源于城市设计不具有法律效力；另一方面，由于定位模糊以及编制方法体系的不完善使得整体城市设计与总体规划衔接互动不足，不能有效发挥城市设计对城市规划的补充完善作用，导致相关成果难以融入城市总体发展目标与战略之中去推动实施。因此，要将整体城市设计有效落实于规划实施管理中，必须在整体城市设计成果与规划管理之间建立有效的联系路径。

3.1 强化系统控制，把握特色要素

整体城市设计的主要任务是从城市整体角度研究城市空间，主要针对城市与自然山水、人文景观等资源所构成的关系，归纳、总结、提炼城市特色，研究、确定并引导控制城市层面的空间结构、风貌特色等内容，以优化城市空间格局和建立城市的整体印象。因此整体城市设计需要具有系统思维，理性建构城市的生长秩序，强化特色要素引导与控制。针对不同城市，其系统性城市设计要素的提取各不相同，一般包括以下五方面。

（1）城市形态控制目标：包括天际线与建筑高度分区、密度分区、开敞空间系统等。

（2）整体风貌控制目标：包括风貌分区、色彩分区、特色意图区控制等。

（3）公共空间活动网络系统：包括功能分区、公共活动中心体系、活动通道系统等。

（4）自然生态格局保护目标：包括山水格局、绿地公园、水系廊道等。

（5）空间景观结构控制目标：包括各类自然与人文景观节点及其相关视野、视廊控制等。

城市设计需要结合城市自身特点和发展中面临的问题，重点突出地把握要素控制。如特大城市需要重点关注城市高度、密度分区控制目标；风景旅游城市应当侧重关注景观体系、环境风貌等控制目标。只有准确把握关键要素，合理控制，才能最大程度地彰显城市特色。而在要素分解落实方面，一方面要能够将系统层面的控制要素分解落实到分区层面，自上而下地指导分区规划；一方面也要通过城市内部各要素之间的有机整合，自下而上地完善城市整体层面的系统构建。通过双向结合的要素分解—整合路径，完善导控系统，推动整体城市设计目标的实现。比如城市高度分区、密度分区的控制一般遵循由各级中心区—一般地区—过渡地区—生态地区（历史保护地区）递减的原则，同时综合考虑城市公交走廊、公共设施布局等诸多因素，使得高度分区、密度分区与城市总体发展结构、微观区位环境紧密结合，由此提出的基准建筑高度、容积率可以作为下层次控规指标体系研究的依据。

3.2 强化结构控制，探索转译路径

由于整体城市设计的宏观尺度特征，一般不能直接指导具体的开发建设，需要将宏观层面的控制要求通过下层次分区规划、控制性详细规划予以落实，才能具体指导开发建设，这就需要在整体城市设计与下层次规划或城市设计之间建立联系的桥梁——城市设计导则。整体城市设计导则应侧重于整体空间关系的结构性控制，一般包括城市空间特色定位、空间形态控制（山水格局、历史格局、天际线与高度分区等）、空间景观结构（景观分区、景观轴线、景观节点、视线廊道等）、特色空间系统（特色意图区）、开敞空间系统、活动通道系统等要素，提出相应的控制引导要求。为保证导则具有较强的针对性，编制整体城市设计需要对于城市有深入的理解认识，才能准确把握城市的文化特质和关键要素，最大程度地保护并彰显城市特色。

整体城市设计导则应简洁、清晰，定性和定量相结合，给参与城市建设的各方（政府、开发商、设计人员、公众）以明确的导向性。同时整体城市设计导则不宜过于僵化、具体，需要给下层次规划设计留有充足的弹性空间，以适应具体建设情况。

3.3 强化成果表达，体现整体城市设计的研究特色

整体城市设计的成果特色体现在两个方面：针对特定城市的成果特色和作为整体城市设计的成果特色。

（1）针对特定城市的成果特色

凯文·林奇在《城市意象》一书中提出城市空间的"可读性"是城市设计所追寻的目标。"可读性"即对城市场所的认知，这种对于城市感知空间的体验塑造主要表现为对城市特色的理解与对城市特质空间结构的把握，因此整体城市设计需要针对城市具体情况，选择对城市空间特色及形态发展有重大影响的课题进行深入研究，如生态格局研究、历史格局研究等。通过专题型的深入研究，可以对城市的特质空间系统进行更准确的把握，通过技术手段与城市的功能布局、开敞空间、公共交通和休闲旅游等相关的城市系统互动反馈，并最终反映到城市的整体意象构建之中，将城市的差异性显现出来，从而使得规划成果针对具体城市的指向性更为清晰、鲜明。

（2）作为整体城市设计的成果特色

随着城市设计学科的发展，城市设计的公共政策属性逐渐得到认同——基于公众利益的形体设计准则，这对城市设计成果的可操作性提出了更高的要求。加强整体城市设计的可操作性，可从两个方面推进：一是加强与城市总体规划的互动衔接，将城市设计基于人文思想的三维形态框架与总规的功能布局相结合，将公共空间网络与公共资源分配相结合，将空间形态特征与土地开发利用相结合，通过与总规的融合互动，优化城市空间发展的结构和意象特征。二是形成具有简单、清晰和明确指向的城市设计导则。这就要求城市设计成果表达既不能过于空泛，以致面向具体规划管理时难以形成明确的控制和引导；也不能面面俱到，过于僵化和细节化，导致实施过程中难以操作。要以可实施为导向，紧密结合规划管理，并能适应城市动态的发展与变化。要注重公众参与的作用，转变单向的自上而下的决策过程，实现自上而下与自下而上相结合的共同追求，只有拥有市民支持的城市空间才具有持久的活力和生命力，并通过市民的使用进一步彰显城市独特的气质。同时整体城市设计的实施还需要制定相应的后续跟进和落实措施，比如与总体规划相结合的近、中、远期行动计划，为整体城市设计的深化与落实提供可操作的路径。

案例解析

► 宿迁市湖滨新城概念规划与城市设计

1 项目背景

宿迁是苏北地区新兴的中心城市，徐州都市圈和东陇海产业带的重要节点城市。湖滨新城位于宿迁中心城区北部，西邻江苏四大湖泊之一的骆马湖，东连嶂山森林公园至新宿新公路，北至新沂河，南抵京杭大运河，总面积81平方公里（图1、2）。

基于城市发展阶段、发展机遇、资源条件的分析与判断，为增强城市发展动力，构筑富有特色、更加开放的城市空间结构，宿迁市委、市政府提出"引湖纳山"的空间发展战略，建设湖滨新城，并开展概念规划国际征集活动，为该地区的开发建设提供前瞻性的规划研究。该次方案征集共有五家国内外设计机构参与，江苏省城市规划设计研究院与法国PBA国际有限公司联合体的投标方案以全面理性的分析、独特感性的构思、独具特色的城市意象、全新理念的开发策略获得第一名。

2 基于理性思维的新城发展模式研究

2.1 立足区域、城市，研究新城定位与空间拓展模式

湖滨新城建设是宿迁城市"引湖纳山"策略之下的重要举措和未来发展方向，必须立足区域、城市，综合研究和理性思考新城在未来的城市总体格局中应承担的角色和发挥的作用，在此基础上探讨城市的发展模式与结构选择，对城市产业发展、功能定位作出判断。规划由此提出"生态空间核、湖滨休闲地、复合多

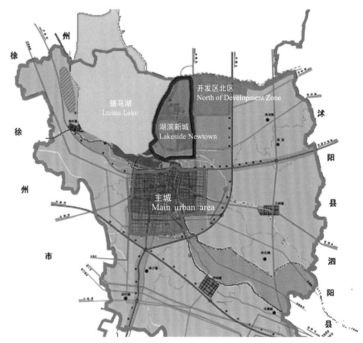

▲ 区位图（图1）

元城"的整体定位，城市发展目标将由"滨河城市"走向"滨湖城市"，形成环湖"一主一辅"的空间发展架构，体现三个特征（图3）。

（1）环湖"L"形城市形态：主城、新城、皂河古镇环湖布局，构筑山、河、湖、城有机共融的空间形态。

（2）"十"字形功能发展轴：利用主城的"十"字形功能轴构筑环湖城市发展轴，形成城市组团间的功能联系纽带。

（3）"双核"组团结构：新城是主城的有机延伸，主城和湖滨新城为双核结构关系。湖滨新城未来侧重于提供完善的、高品质的旅游环境和服务设施。

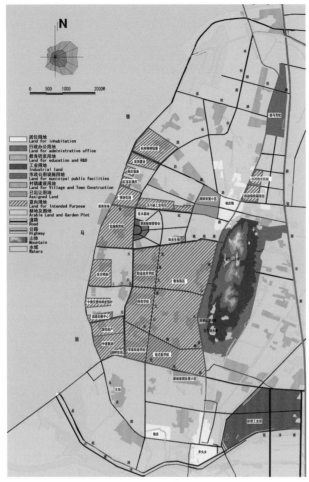

▲ 基地现状分析图（图2）

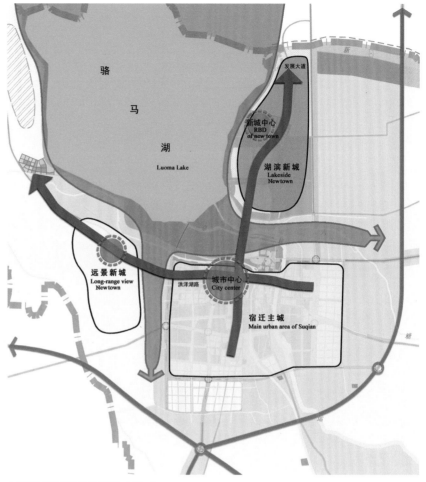

▲ 空间拓展模式分析图（图3）

2.2 以生态安全为导向研究新城规模与空间结构

规划分析影响新城规模的两个主导因素，即生态安全格局和发展驱动力，合理确定新城规模，并提出轴向发展的弹性组团式的空间结构，以充分适应发展的不确定性。功能相对混合的组团结构一方面能够提供各组团均等的发展机会，一方面有利于紧凑发展，并保持各发展阶段的相对完整性（图4）。

3 基于感性构思的城市特色营造

3.1 重视基地特征的解读，探索与自然融合的空间形态

通过对基地自然特色、城市发展特征的分析，提出湖滨新城规划的五个概念，探索与自然有机融合的空间形态（图5~8）。

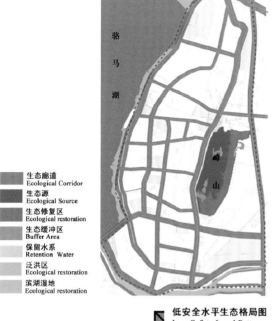
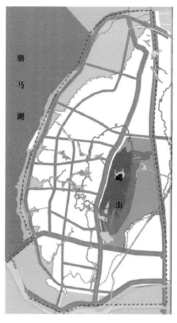
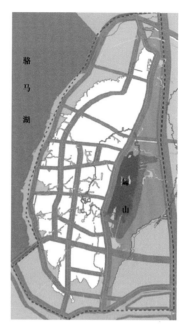

生态廊道
Ecological Corridor

生态源
Ecological Source

生态修复区
Ecological restoration

生态缓冲区
Buffer Area

保留水系
Retention Water

泛洪区
Ecological restoration

滨湖湿地
Ecological restoration

低安全水平生态格局图
Low Safety Level Pattern

中安全水平生态格局图
Medium Safety Level Pattern

高安全水平生态格局图
High Safety Level Pattern

▲ 生态安全格局分析图（图4）

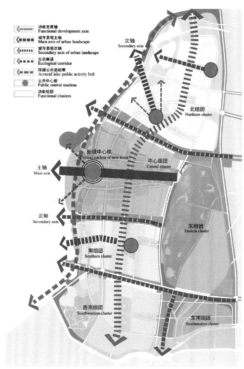
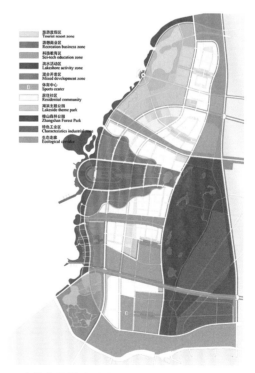

▲ 用地规划图（图5）　　　　　▲ 空间结构图（图6）　　　　　▲ 功能分区图（图7）

▲ 总体形态意向图（图8）

（1）构筑山、湖相依的生态绿廊——"绿掌"结构

利用道路、水系形成由山体至湖面放射状的绿色廊道，沟通山、湖空间，形成组团与自然肌理相互嵌合的形态，建立了以山、湖、河、城自然生态为基础的空间格局。

（2）塑造骆马湖之滨的现代化城市新景观——"霸王之樽"

挖掘宿迁的历史文化内涵（霸王故乡、著名酒都），提出"霸王之樽"的独特概念并贯穿新城整体设计，将宿迁的人文精神与自然特征完美地融合，形成独特的城市意象特征。

（3）打造富有趣味的水系网络与滨水岸线——宜人水岸

构建环湖公共活动带，将生态保护和休闲观光、岸线景观塑造相结合，结合内部水系梳理，提供不同尺度、不同体验的亲水场所。

（4）策划独特的游憩商业中心——魅力之核

呼应新城的休闲旅游功能，构筑新城游憩商业中心（RBD），与主城CBD中心错位发展，形成新城功能复合的多样化公共核心空间。

（5）建立水岸交融、南北呼应的城市轴线——联系之轴

确立联系新城、主城的公共景观主轴线，同时建立一系列通向湖滨的景观轴线，将滨湖空间与腹地功能紧密结合。

3.2 关注城市特色，塑造滨湖城市的独特景观

规划从宏观、中观、微观层面，对新城的总体空间脉络、风貌特征、开放空间系统、视觉廊道、街区发展模式进行了系统研究，重点针对滨湖地区开展城市设计，以强化滨水环境与城市生活的关系。

组织以水为中心的公众参与的城市生活：滨水地区的开放空间由一系列广场、公园、滨湖步道、通往湖滨的街道组成，塑造真正生活化的湖滨城市，达到赏水、亲水、嬉水、乐水的境界。

策划以水为特色的新颖互动的旅游生活：包括生态湿地、游憩商业中心、风情旅游街区、水上运动公园、渔文化主题公园等功能区策划。

新城的标志性核心区RBD的设计，将"霸王之樽"设计概念贯穿于整个中心区的平面形态、建筑意象以及环境意象，突出新城的人文气息（图9~12）。

3.3 整合资源，构筑新城独特的景观游憩系统

结合区域旅游发展趋势、旅游资源、产品与客源的分析，多层次地进行旅游项目策划和设施布局，构建由滨湖游憩带、嶂山森林公园两大部分组成的游憩系统，通过"轴、带、廊"的连接系统以及水上交通将滨湖休闲度假游、水上动感体验游、特色渔业游、嶂山生态游、观光农业游、怀古文化游等有机地串联起来（图13~15）。

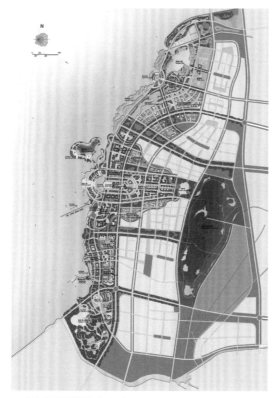

▲总平面设计图（图9）

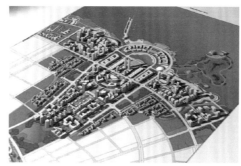

▲ 中心区城市设计意象图（图11）

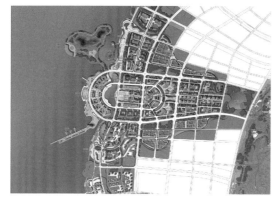

▲ 中心区城市设计平面图（图10）

▲ 中心区城市设计效果图（图12）

3.4　以公共交通为主导，构建安全高效的交通体系

　　通过对未来交通的预测、交通方式的分析，构筑以公共交通为主导、层次分明、功能明确的车流、客流走廊系统，营造均衡合理的交通出行环境（图16）。充分尊重地形地貌，以"半环放射+方格网"的路网形态呼应新城空间结构；注重加强东西向通湖路网密度，增强滨湖地区可达性（图17）；依托山、湖、生态

027

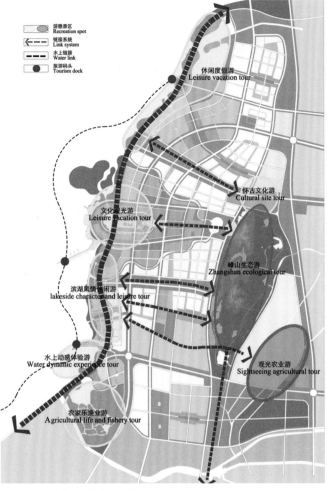

游憩景区
Recreation spot
链接系统
Link system
水上链接
Water link
旅游码头
Tourism dock

休闲度假游
Leisure vacation tour

怀古文化游
Cultural site tour

文化观光游
Leisure vacation tour

嶂山生态游
Zhangshan ecological tour

滨湖风情闲游
lakeside character and leisure tour

水上动感体验游
Water dynamic experience tour

观光农业游
Sightseeing agricultural tour

农家乐渔业游
Agricultural life and fishery tour

▲ 游憩系统分析图（图13）

滨湖开放空间
Lakeside open space
中轴开放空间
Middle axis open space
公园
Park
生态走廊
Ecological corridor
社区公园、绿地
Community park and green land
滨河开放空间
Lakeside open space

▲ 开放空间系统分析图（图14）

▲ 滨湖界面意象图（图15）

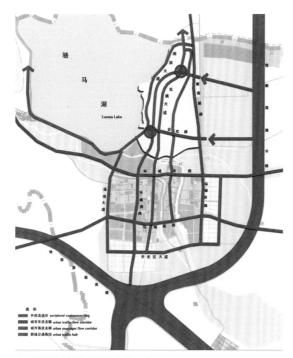

▲ 交通走廊分析图（图16）

▲ 道路系统分析图（图17）

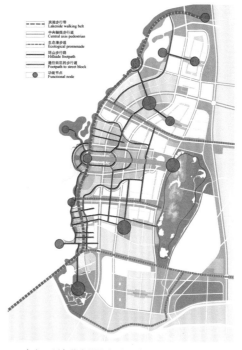

▲ 步行系统分析图（图18）

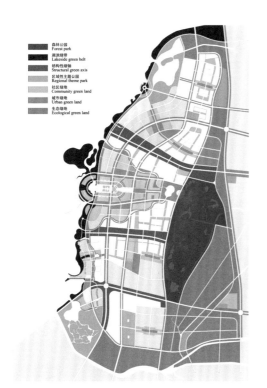

▲ 生态区域分级图（图19）

▲ 生态绿地系统规划图（图20）

廊道、景观轴线、通湖街道布置连续的人性化的步行系统，引导绿色健康生活（图18）。

3.5　立足生态保护，建构城市安全格局

骆马湖是国家南水北调工程中的蓄水库，属于生态敏感区域，规划在生态安全格局分析的基础上，通过对新城用地进行生态区域分级，制定相应的建设原则，保护区域整体生态功能。为确保湖滨新城的开发对区域生态价值造成的威胁降至最低，规划提出了一系列的目标和相应的指导原则，包括栖息环境、水循环系统、与景观的结合、适应性管理措施等，确保建设在资源的承受能力之内（图19、20）。

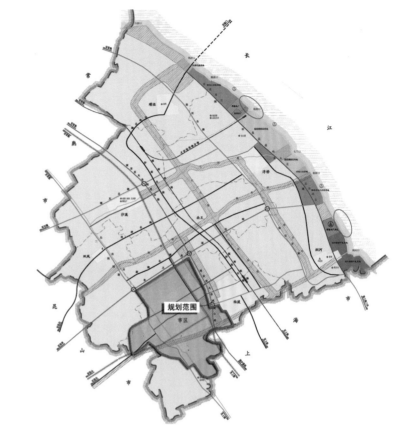

▲ 区位图（图1）

▶ 太仓市中心城区总体城市设计

1 项目背景

　　太仓市中心城区在快速城市化的过程中，形成了老城区、新城区、南郊新城、工业新区等多个城市片区，城市面貌发生巨变。但在城市建设中由于缺乏对城市形态、空间体系的系统整合与指引以及文化资源的发掘和利用，使得太仓城市形象中文化要素提升不够、地方特色不够鲜明。通过总体城市设计，挖掘自然、历史文化资源要素，强化太仓城市整体形态引导，彰显地域文化特色（图1）。

2 规划特色

2.1 基于多要素评价系统的总体形象定位

　　总体城市设计确定"显、延、扬、筑"的总体思路，目标是将太仓市中心城区建设成为江南生态之城、娄东人文之城、江海活力之城、临沪生活之城，以充分展现城市的资源与文化特色，延续地区历史文脉，体现与拓展城市内涵，增强城市活力，构筑宜人尺度的"工作沃土、人居典范"的空间形象（图2）。

2.2 基于形象目标的功能优化与布局调整

　　根据打造宜居城市的思路，围绕以休闲旅游促进城市增长，对中心城区的功能与总体布局进行优化与调整。整体协调各城市组团发展，制定"南

▲ 景观资源现状图（图2）

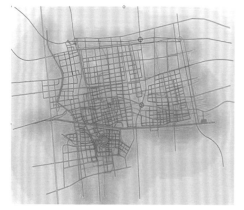
▲ 居住用地偏好的GIS分析（图3）

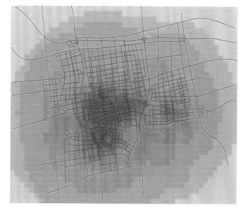
▲ 商业服务用地偏好的GIS分析（图4）

▲ 工业用地偏好的GIS分析（图5）

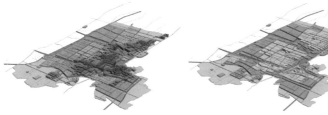
▲ 土地价格因子评价（图6）

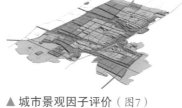
▲ 城市景观因子评价（图7）

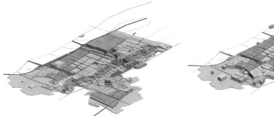
▲ 轨道与BRT因子评价（图8）

▲ 历史文化因子评价（图9）

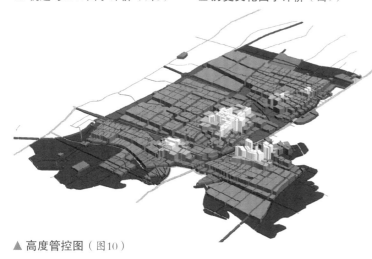
▲ 高度管控图（图10）

移、东联、北展、西合"的中心城区发展与调整策略；借鉴GIS技术，通过对用地各类影响因子叠加分析，判断居住、公共设施与工业三大用地的分布状态，明确用地空间布局的调整与优化方向，引导未来中心城区围绕休闲旅游培育优化空间结构，形成特色鲜明的滨水休闲城市（图3～5）。

2.3 基于模型分析的总体形象优化

结合功能布局优化，总体城市设计从更大尺度区域着眼，统筹城市与周边环境，采取GIS多因子综合分析方法，选取对评价目标起主导作用的城市景观、轨道与BRT、历史文化、土地价格四个因子，对上述因子影响下的城市形象进行合理化分析，建立高度分布评价模型，形成太仓城区空间形态高度管控，分为高层禁建区、高层严格控制区、高层一般控制区和高层适度发展区，确定了总体形象优化的基本概念（图6～10）。

2.4 基于结构要素整合的总体空间结构

规划选取主要的城市设计要素进行空间景观结构优化，确定了中心城区的总体城市设计框架为"一环、四廊道、三轴线、两区域、两节点"的重点控制要素和道路、河流、城市区域、主要节点及外围生态空间的一般控制要素，进而形成了未来中心城区的重点开放空间序列，提出中心城区未来的重点设计空间与标志空间，为指导下层次的城市设计工作奠定了基础（图11～13）。

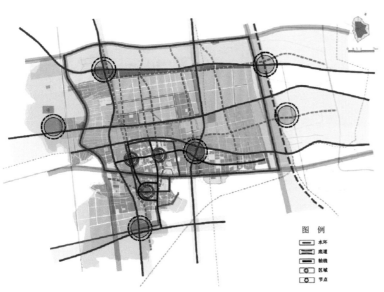

▲ 总体设计框架图（图11）

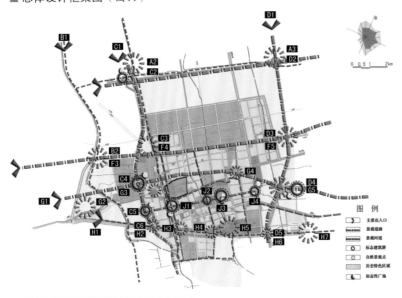

▲ 开放空间系统序列规划图（图12）

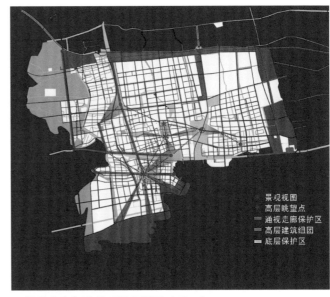

▲ 视觉走廊与眺望系统规划图（图13）

2.5 基于总体设计框架的分区引导设计

根据总体设计框架与功能布局调整，将规划区域按照主要设计框架要素划分为八个分区，结合各分区不同的空间特色与功能组织，编制分区设计导则，从而使总体城市设计能够转化为实际的城市管理工具。在此基础上，基于景观要素体系制定分类设计导则，包括建筑空间、街道空间、开放空间、视觉系统、标识体系、环境艺术及天际线等七个部分，充分挖掘与显示太仓文化内涵，体现城市的文化特色（图14~18）。

太仓市中心城区总体城市设计

引导分区导则图——现代生产混合区域

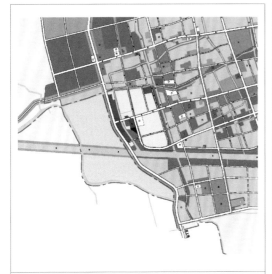

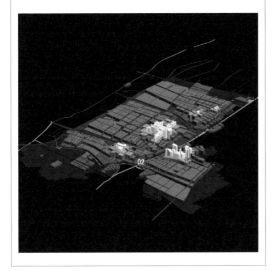

引导模式图

开放空间面向204复线，节点处可适当布置标志性构筑物

开放空间对新浏河与204国道充分展开，优化老城区微观空间结构

开放空间面向盐铁塘、新浏河、老浏河敞开

现状概况

该区域位于核心城区的西侧边缘地带，现状以工业、仓储和二、三类居住用地为主，沿204国道分布各类专业市场和厂房。在未来城市建设中，该区域中工业用地作为南郊新城规划产业区，未来发展方向应以高新技术为基础的新兴产业，采取调整、更新为主的策略

优化控制思路

南郊新城的产业配套地，以高新技术和创意产业为主。区域内应采取重点建设、多廊道控制的思路，对现状上海路和盐铁塘交叉处、204国道和新浏河交叉处两个节点进行重点建设，并依托现状主要河道控制绿化廊道，保持城市空间形态的相对优化

优化控制要点

①上海路和盐铁塘交叉处——该节点现状为居住区的配套商业服务中心，紧邻城市核心商业街区，在适度控制建筑高度的前提下，逐步更新建筑形式和外立面

②204国道和新浏河交叉处——该节点为老城区与南郊新城的衔接节点，是道路与河流、河流与河流的交汇处，应严格控制节点处的视觉通畅和空间开敞性，更新或拆除风貌较差的工业建筑，延续新浏河景观风光带风貌，优化老城区的微观空间结构和绿化体系

③多廊道控制——控制盐铁塘、新浏河、老浏河三条重要河道的滨河绿化空间，应预留充分的生活岸线和开敞空间，创造滨水休闲游憩空间，控制建筑高度和密度，保证滨河疏密相间、参差起伏的天际轮廓线

▲ 分区引导图则（图14）

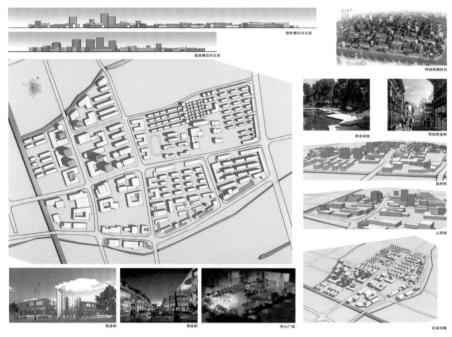

▲ 标识区域设计示范（图15）

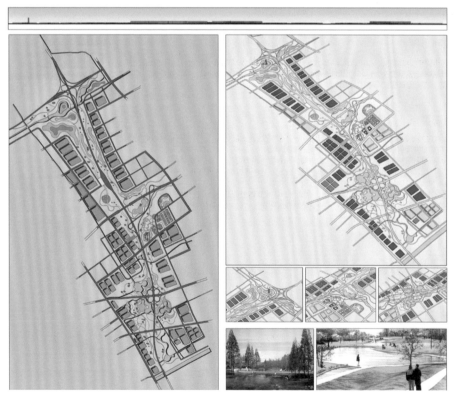

▲ 标识节点设计示范（图16）

2.6 针对重点空间提供设计意象的形象化指导

根据总体设计框架确定的重点开放空间序列，在引导分区指引与要素设计导则要求下，规划选择重点空间进行示意性的形体与空间布局设计，并形成重点空间意象，构成各片区建设的示范（图19）。

3 主要创新

3.1 构建多维城市设计引导体系，创新总体设计研究思路

规划创新地提出在宏观、中观、微观等多维层面上进行总体城市设计的研究思路。宏观层面，主要通过对城市总体结构与布局优化、总体形象优化等方面，提出具体的总体设计框架；中观层面，根据总体框架确定的重点要素对城市进行分区引导，提出各引导分区特色与设计要点；微观层面，根据总体框架要求与分区设计要点，提出设计要素分类体系，在此基础上编制城市设计导则，从而形成完整的多层次总体城市设计引导体系，创新了总体城市设计的编制思路。

3.2 引入多样化的量化评价技术，创新城市形象设计手段

规划在编制中引入了多种量化技术与模型，使形象的设计更具有量化的评价标准与

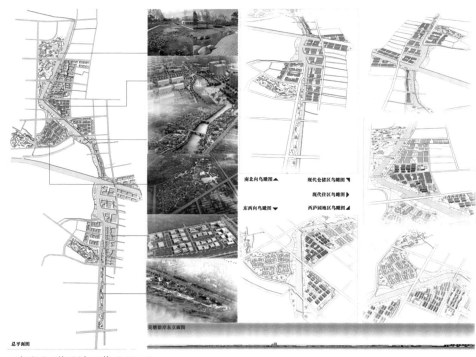

▲ 标识河道设计示范（图17）

说服力。在公众调研与评价分析中，通过SPSS等技术模型进行量化评价，从而更准确地找出总体城市设计中的问题；在总体形象优化中，借助GIS模型，通过多要素评价与叠加分析，使总体形象优化得到更准确地反映。

3.3 编制多层次技术管理图则，为实施总体城市设计管理提供可行性

规划改变以往单纯提供要素引导要求的方法，制定了包括分区引导图则与地块城市设计引导图则等不同层面管理图则，不仅为下层次规划编制奠定基础，也为规划管理实施提供了操作上的可行性。

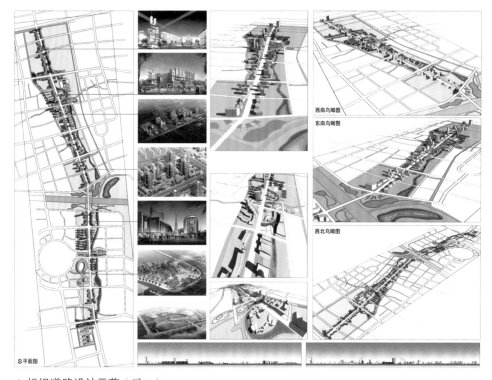

▲ 标识道路设计示范（图18）

太仓市中心城区总体城市设计 ----重点空间引导意象 | 编码--- J1

空间区位

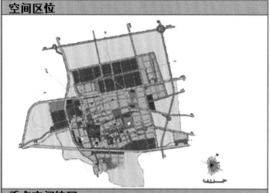

重点空间编码

J1

设计与引导说明

该节点位于人民路与上海路交汇处，规划设计为太仓城市重要的商业节点，以商业金融业为主，街口设置街头绿地，周边有居住用地。

对设有商业建筑进行整合改造，以体现太仓历史文化成强力宗旨，群房建筑以灰瓦白墙的传统风格为导向，或加入符号元素，以期与致和建历史街区相协调，注重水体的引入利用，多层住宅用地内部空间设计注重与滨水空间的沟通，建筑风格强调朴素淡雅，注重与环境的融合

江苏省城市规划设计研究院 2007.5
JIANGSU INSTITUTE OF URBAN PLANNING AND DESIGN

▲ 重点地区设计图则（图19）

▶ 德阳市中心城区城市风貌规划

1 项目背景

德阳位于四川盆地成都平原东北边缘，是中国重大技术装备制造业基地，素有"西部鲁尔""东方布达佩斯""古蜀秘境，重装之都"等美誉（图1）。为进一步推进城市空间特色塑造，提高城镇人居环境建设水平，2010年1月，在《德阳市城市总体规划（2008—2020）》的指导下，德阳市规划和建设局组织了"德阳市中心城区城市风貌规划"的招标，我院提供的规划成果以全新的理念和方法领先于竞标单位，被评为中标方案。

2 技术思路

城市风貌规划是通过对城市的自然环境的保护利用以及对历史文脉、人文特色的发掘，引导城市形成富有个性魅力的空间形态的专项规划。规划基于德阳具体情况，提出包括基础辨识、规划研究、规划实施三部分内容的编制框架，力求准确把握德阳城市总体风貌特征和各层面空间特色，使规划成果有层次、有重点，并具有较强的可操作性（图2）。

3 规划理念与目标

德阳中心城区风貌规划以"拼贴城市"所倡导的"尊重城市发展脉络，遵循城市渐进发展"的理念为主导，将城市风貌塑造视为城市长期更新和发展的过程，以特色风貌展示区的打造为契机，带动德阳的整体风貌塑造，更为以重装工业起步的德阳能够像德国鲁尔区一样实现城市形象的转型提供"叠合式的渐进改造策略"。

德阳在四川省的位置

▲ 区位图（图1）

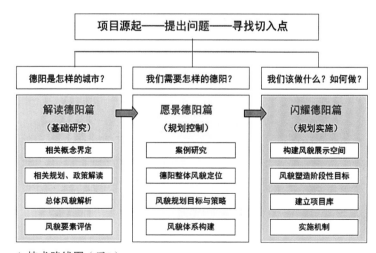

项目源起——提出问题——寻找切入点

德阳是怎样的城市？	我们需要怎样的德阳？	我们该做什么？如何做？
解读德阳篇（基础研究）	**愿景德阳篇**（规划控制）	**闪耀德阳篇**（规划实施）
相关概念界定	案例研究	构建风貌展示空间
相关规划、政策解读	德阳整体风貌定位	风貌塑造阶段性目标
总体风貌解析	风貌规划目标与策略	建立项目库
风貌要素评估	风貌体系构建	实施机制

▲ 技术路线图（图2）

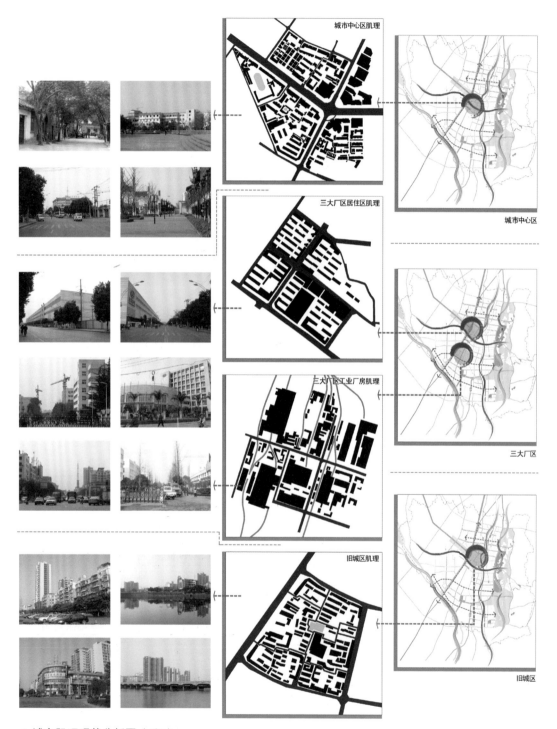

▲ 城市肌理现状分析图（图3）

整体风貌形象定位："显山以融景，畔水以融形，历史为底蕴，重装为特色"的"绚彩德鑫胜地"，突出德阳重装工业文化和山水景观特色。

规划目标：规划包含了城市生态格局协调、总体风貌格局控制以及各风貌区、风貌廊道和风貌节点的要素设计指引等内容，通过系统整体的研究，明确城市风貌构成的基本要素，强化城市空间特色塑造，彰显城市文化内涵。

4 技术特点

4.1 感性与理性相融，建立合理的风貌评估体系

规划在基础研究中重点从城市自然环境、建筑环境、城市空间、城市生活四方面对城市风貌潜力进行深入挖掘，结合城市发展脉络、人文空间特色对各类资源的风貌特征进行梳理和理性评估（图3）。

在风貌体系构建过程中，根据评估体系得出的城市风貌显性程度，确定需要重点塑造的特色风貌展示区、特色风貌廊道和核心风貌节点，形成三级风貌体系结构，制

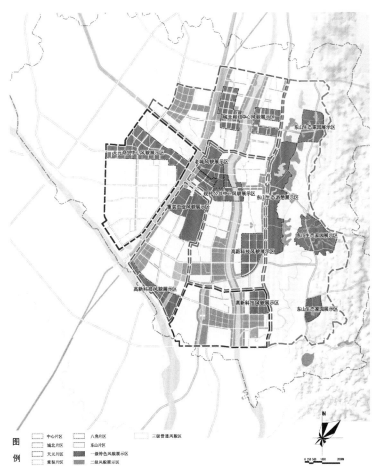

▲ 城市风貌区控制规划图（图4）

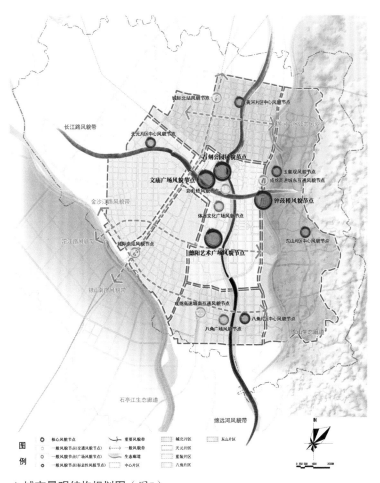

▲ 城市景观结构规划图（图5）

定相应的风貌整治和塑造策略（图4）。

4.2 从保护城市山水格局入手，确定整体风貌构架

规划以"链接历史文化，演绎现代工业文明的宜居胜地"为目标，系统整合城市风貌各个要素的关系，在保护自然山水格局基础上构建"江山相拥、两带绵延、四核闪耀、六区辉映、特色串联"的整体风貌结构，形成点、线、面有机结合的风貌展示

体系，将城市风貌形象定位多层次、多维度落实到物质空间设计（图5）。

4.3 策划与创建特色场所，建构"风貌游走圈层"

针对德阳中心城区的特色风貌展示区域，结合"石刻之乡""山水家园""德孝文化""重装之城""新型枢纽"等各类文化主题，重点凸显特色风貌节点，构建充满主题特色、连

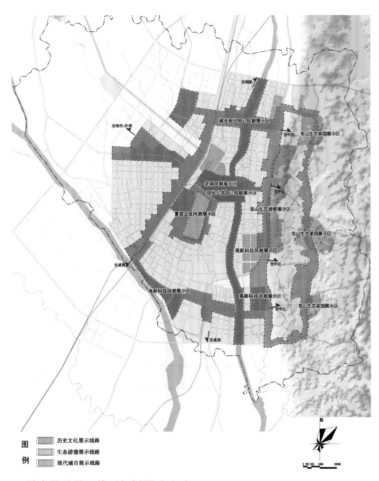

▲ 城市风貌展示体系规划图（图6）

图
例 ■ 历史文化展示线路
■ 生态游憩展示线路
■ 现代城市展示线路

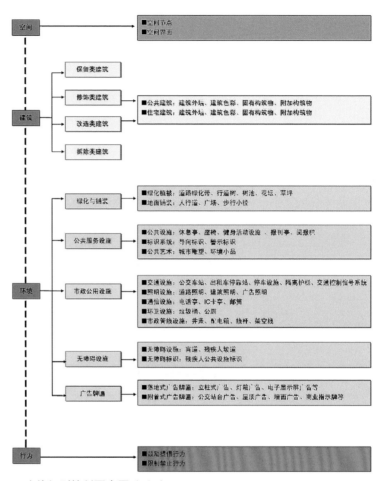

▲ 实施细则控制要素图（图7）

续、循环的"风貌游走圈层"，多样化彰显城市风貌特色。同时在风貌塑造的过程中，重视对民俗、节庆以及市民日常活动的策划与引导，并与特色空间塑造相结合，展现德阳独有的活力与风情（图6）。

4.4 强化规划的可操作性，引导有序实施

城市的更新、改造和风貌整治是一个渐进的过程，根据风貌整治目标，规划制定分期实施的项目库，落实近期行动计划，为风貌规划的有效实施提供可操作的平台（图7~10）。

▲ 长江路两侧（东段）街景整治效果图（图8）

▲ 长江路两侧（西段）街景整治效果图（图9）

▲ 旌湖两岸街景整治效果图（图10）

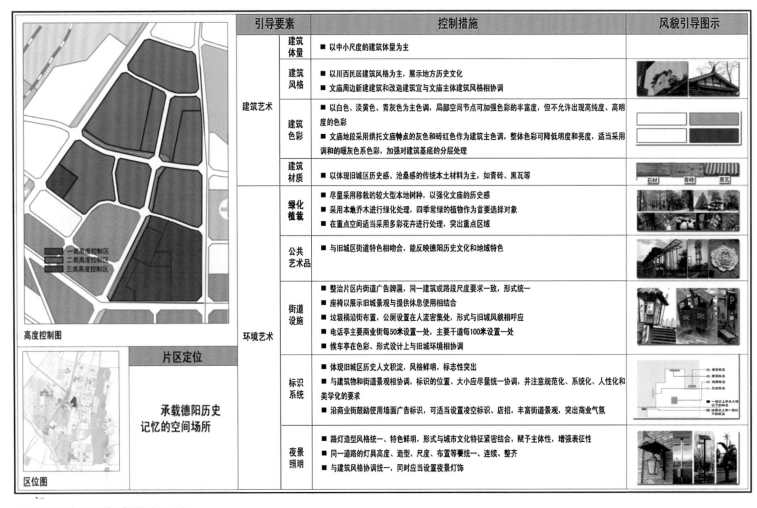

引导要素		控制措施	风貌引导图示
建筑艺术	建筑体量	■ 以中小尺度的建筑体量为主	
	建筑风格	■ 以川西民居建筑风格为主，展示地方历史文化 ■ 文庙周边新建建筑和改造建筑宜与文庙主体建筑风格相协调	
	建筑色彩	■ 以白色、淡黄色、青灰色为主色调，局部空间节点可加强色彩的丰富度，但不允许出现高纯度、高明度的色彩 ■ 文庙地段采用烘托文庙特点的灰色和砖红色作为建筑主色调，整体色彩可降低明度和亮度，适当采用调和的暖灰色系色彩，加强对建筑基底的分层处理	
	建筑材质	■ 以体现旧城区历史感、沧桑感的传统本土材料为主，如青砖、黑瓦等	石材 青砖 黑瓦
环境艺术	绿化植栽	■ 尽量采用移栽的较大型本地树种，以强化文庙的历史感 ■ 采用本地乔木进行绿化处理，四季常绿的植物作为首要选择对象 ■ 在重点空间适当采用多彩花卉进行处理，突出重点区域	
	公共艺术品	■ 与旧城区街道特色相吻合，能反映德阳历史文化和地域特色	
	街道设施	■ 整治片区内街道广告牌匾，同一建筑或路段尺度要求一致，形式统一 ■ 座椅以展示旧城景观与提供休息使用相结合 ■ 垃圾桶沿街布置，公厕设置在人流密集处，形式与旧城风貌相呼应 ■ 电话亭主要商业街每50米设置一处，主要干道每100米设置一处 ■ 候车亭在色彩、形式设计上与旧城环境相协调	
	标识系统	■ 体现旧城区历史人文积淀，风格鲜明，标志性突出 ■ 与建筑物和街道景观相协调，标识的位置、大小应尽量统一协调，并注意规范化、系统化、人性化和美学化的要求 ■ 沿商业街鼓励使用墙面广告标识，可适当设置凌空标识、店招，丰富街道景观，突出商业气氛	
	夜景照明	■ 路灯造型风格统一、特色鲜明，形式与城市文化特征紧密结合，赋予主体性，增强表征性 ■ 同一道路的灯具高度、造型、尺度、布置等要统一、连续、整齐 ■ 与建筑风格协调统一，同时应当设置夜景灯饰	

▲ 风貌区引导图则示例图（图11）

德阳市城市风貌系统要素分类指引

序号	项目名称	主要内容
01	德阳市广场规划设计指引	广场的分级、分类，规模配置标准和建设指引
02	德阳市绿地规划设计指引	对绿化用地进行分类以及一系列包括绿地管理、维护、经营、兴建的策略和措施
03	德阳市滨水空间设计指引	水环境治理的目标和措施，滨水断面形式、建设标准
04	德阳市城市雕塑指引	雕塑空间分布、题材、类型、艺术质量、材质要求
05	德阳市城市色彩指引	城市主导色调与分区色彩控制引导以及推荐城市建筑色谱
06	德阳市户外广告设置指引	户外广告设置基本要求、外观及制作规定
07	德阳市城市标识系统设计	城市标识分类、配置标准、形式指引

同时，针对各个片区的特征，规划采用引导图则的形式，从空间形态、建筑艺术、环境设施、行为引导四个方面提出控制导则，并与总体规划、分区规划及其他规划和管理条例配合使用（图11）。

溧阳市燕山片区概念性城市设计

1 项目背景

燕山片区是溧阳城市五大功能片区之一，设计范围总面积5.36平方公里。该片区地处城市南门户，随着宁杭城际铁路建设，枢纽优势激发的发展潜力巨大。通过开展燕山片区的城市设计研究，立足城市整体角度，发挥城际铁路对城市发展的带动作用，塑造富有特色的门户形象，科学合理地指导燕山片区的开发建设（图1）。

2 设计理念与思路

基于城市整体发展愿景分析，燕山片区的发展应体现两方面目标：发挥城际站点的集聚与辐射功能，打造城市南部地区中心，提升城市整体功能，延续城市整体形态与景观格局，整合山水资源，打造山水特色和现代化城市门户形象。由此提出燕山片区的设计目标为：山水门户、活力之城（图2、3）。紧扣"城市门户、山水特色、活力新城"的主题，提出以下策略思路：

（1）依托枢纽，集聚发展。

（2）功能复合，促进活力。

（3）点轴视廊，塑造特色。

（4）山水呼应，优化环境。

3 项目特色

3.1 基于多维角度的总体策划

（1）功能定位

基于城市功能的拓展轨迹，积极发挥客运枢纽对城市发展的综合带动作用，确定燕山片区的功能定位为：融合山水特色的城

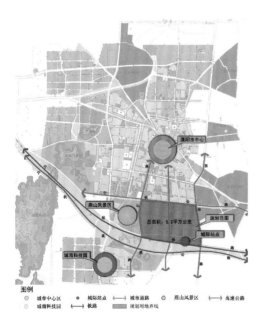

▲ 区位关系分析图（图1）

窗外青山、门前绿水、江南神韵、活力新城

▲ 总体鸟瞰图（图2）

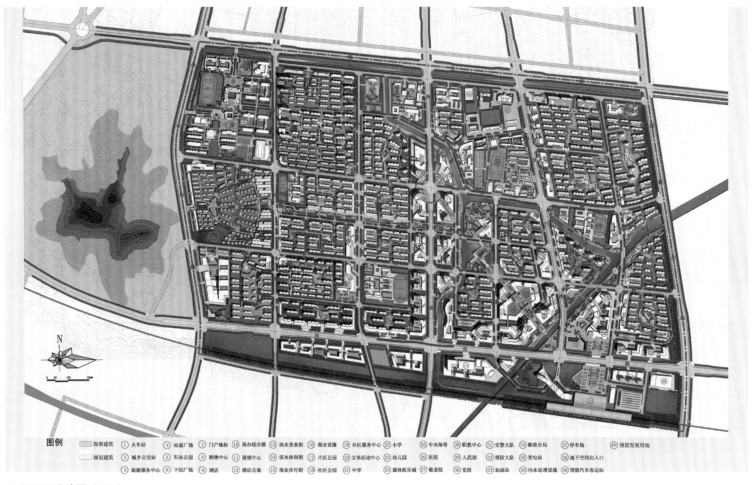

图例　■ 保留建筑　① 火车站　④ 站前广场　⑦ 门户地标　⑩ 商办综合楼　⑬ 滨水美食街　⑯ 商业设施　⑲ 社区服务中心　㉒ 小学　㉕ 中央绿带　㉘ 职教中心　㉛ 交警大队　㉞ 邮政分局　㊲ 停车场　㊵ 预留发展用地
　　　　□ 规划建筑　② 城乡公交站　⑤ 车站公园　⑧ 购物中心　⑪ 展销中心　⑭ 滨水休闲街　⑰ 片区公园　⑳ 文体活动中心　㉓ 幼儿园　㉖ 医院　㉙ 人武部　㉜ 消防大队　㉟ 变电站　㊳ 地下空间出入口
　　　　　　　　　　③ 旅游服务中心　⑥ 下沉广场　⑨ 酒店　⑫ 酒店公寓　⑮ 商业步行街　⑱ 社区公园　㉑ 中学　㉔ 康体娱乐城　㉗ 敬老院　㉚ 党校　㉝ 加油站　㊱ 污水处理设施　㊴ 预留汽车客运站

▲ 总平面设计图（图3）

市门户，集交通枢纽、商贸、休闲、旅游服务、居住于一体的综合性功能片区。

（2）总体结构

融合山、水、城之要素，形成"两轴、一心、一带、三点、四廊"的空间结构（图4）。

两轴：依托南大街、站前路形成"L"形公共服务轴；

一心：依托城际站点形成片区中心；

一带：依托水系构筑滨水休闲带，引导都市休闲新生活；

三点：形成燕山、站前广场、南大街和燕鸣北路交叉口三个空间节点；

四廊：包括重要节点之间的三条视线走廊以及中央绿带。其中中央绿带为贯通片区东西、融燕山景观视廊和休闲活动于一体的带状开敞空间。

（3）功能布局

包括交通枢纽区、商贸活动区、滨水休闲区、文化教育区、行政办公区、城市居住区六个功能组团，同时预留发展区（图5、6）。土地利用突出以下原则：

呼应城市总体结构，突出南大街、站前路等城市轴线的公共功能；

推进土地混合使用，集中紧凑、疏密有致，提供各种交流机会，增进新区活力；

完善城市功能，开发富有吸引力的特色项目；

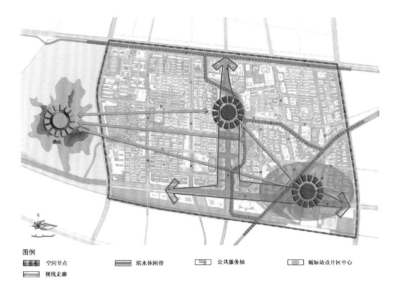

图例
空间节点   滨水休闲带   公共服务轴   城际站点片区中心
视线走廊

▲ 总体结构图（图4）

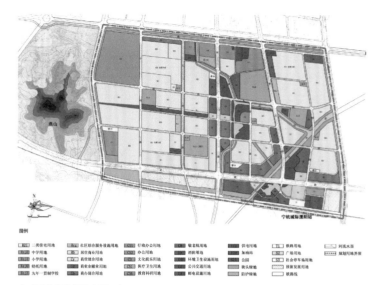

图例
二类住宅用地   社区综合服务设施用地   行政办公用地   敬老院用地   供电用地   铁路用地   河流水面
小学用地   居住商业用地   办公用地   加油站   广场用地   社会停车场用地   规划用地界限
幼托用地   商业旅游用地   文化娱乐用地   环境卫生设施用地   公园   预留发展用地
商业金融业用地   医疗卫生用地   码头用地   防护绿地   铁路线
九年一贯制学校   商办混合用地   教育科研用地   邮电通信用地

▲ 用地规划图（图6）

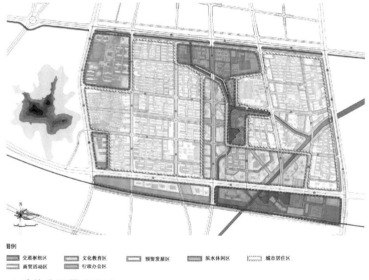

图例
交通枢纽区   文化教育区   预留发展区   滨水休闲区   城市居住区
商贸活动区   行政办公区

▲ 功能分区图（图5）

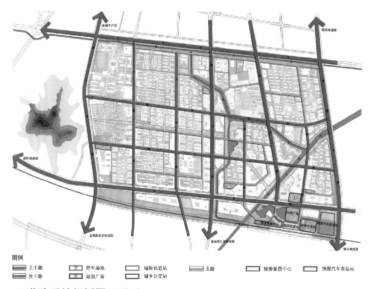

图例
主干路   停车场地   城际轨道站   支路   旅游集散中心   预留汽车客运站
次干路   站前广场   城乡公交站

▲ 道路系统规划图（图7）

利用开放空间系统作为组织土地使用的核心以提升土地的个性与价值；

注重土地使用的经济性、适应性。

（4）道路交通组织

依据上位规划，重点完善支路系统。结合片区公共活动节点设置环形自行车道，将生活区、公共服务设施、城际枢纽串联起来；依托滨水空间、公共绿化走廊形成"枝状+环状"的步行系统，串联社区级公共服务设施以及公园绿地、广场等休闲空间；采用地下步道和空中连廊相结合的方式加强站点地区商业活动空间之间的联系，促进交通和商业设施的互相支持（图7、8）。

（5）空间景观系统

以亲水纳山为原则，构筑与山水资源相结合的生态绿地系

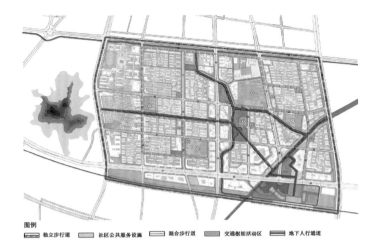

图例
独立步行道　社区公共服务设施　混合步行道　交通枢纽活动区　地下人行通道
▲ 步行系统规划图（图8）

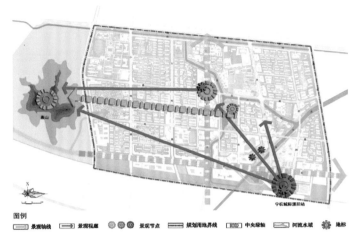

图例
景观轴线　景观视廊　景观节点　规划用地界线　中央绿轴　河流水域　地标
▲ 空间景观结构图（图11）

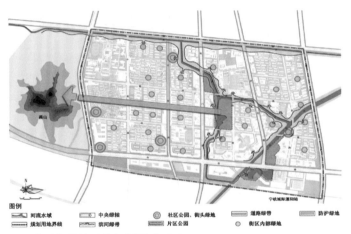

图例
河流水域　中央绿轴　社区公园、街头绿地　道路绿带　防护绿地
规划用地界线　滨河绿带　片区公园　街区内部绿地
▲ 水系与绿地系统规划图（图9）

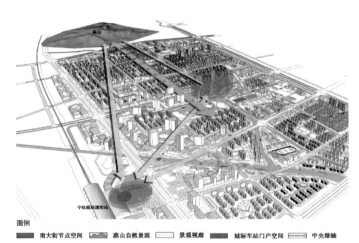

图例
南大街节点空间　燕山自然景观　景观视廊　城际车站门户空间　中央绿轴
▲ 视廊分析图（图12）

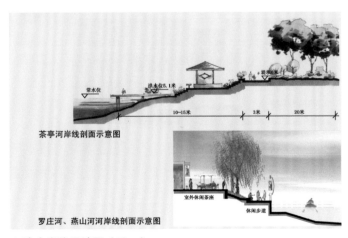

常水位　洪水位5.1米
10~15米　3米　20米
茶亭河岸线剖面示意图

室外休闲茶座　休闲步道
罗庄河、燕山河岸线剖面示意图
▲ 滨水岸线设计图（图10）

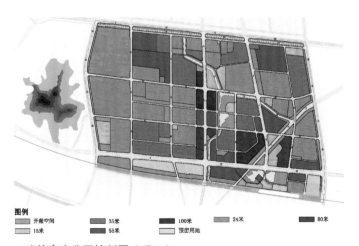

图例
开敞空间　35米　100米　24米　80米
15米　55米　预留用地
▲ 建筑高度分区控制图（图13）

站前路南立面效果图

站前路北立面效果图

南大街西立面效果图

南大街东立面效果图

▲ 主要界面效果图（图14）

统，形成富有特色的城市开敞空间；综合考虑片区与燕山、火车站、水系的空间关系，形成"两轴、四廊、三节点"的景观结构，在此基础上形成站前门户建筑、南大街节点建筑群两个地标空间（图9~12）。

3.2 凸显宜居环境的空间形态

（1）整体形态

通过选择最佳的观赏路径、观赏节点对天际线进行控制引导，彰显城市特色；按照TOD开发模式以及天际线、视野视廊等控制要求，燕山片区形成"核、带、面"相结合的高度分区，引

导高层建筑有序布局；结合片区土地使用、自然要素，控制高、中、低密度开发区域，形成张弛有度、富有对比的城市肌理（图13、14）。

（2）街区形态

规划采用街区化的开发模式，形成尺度宜人的城市空间，体现"小城故事多"的江南神韵；针对公共建筑街区，通过块状或周边式建筑布局，创造和谐统一的城市面貌和序列感空间；针对居住建筑街区，强调基于人的尺度形成多层次的公共交往空间，如街道、街区绿地、庭院绿地等，塑造统一而有变化的街区特征（图15、16）。

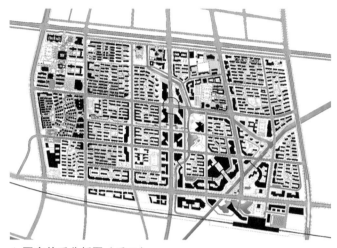

▲ 图底关系分析图（图15）

（3）重要节点空间设计

站前核心商贸区：打造"山水门户、城市之窗"的意象特征。通过两栋28层的双子楼作为标志性建筑统领全局，展现溧阳的山水特色和现代化风貌（图17）。

南大街空间节点：打造"空中街市、时代新城"的意象特征。结合三栋高层塔楼围合布局，连之以空中步道，形成南大街的序列高潮，并与站前广场双子楼遥相呼应（图18）。

中央绿带：打造"江南人家、小城故事"的意象特征。通过中央绿带串联居住、商贸、文体娱乐等活动空间，辅之以特色商业、休闲设施，营造促进人际交往、资源共享的绿色休闲空间（图19）。

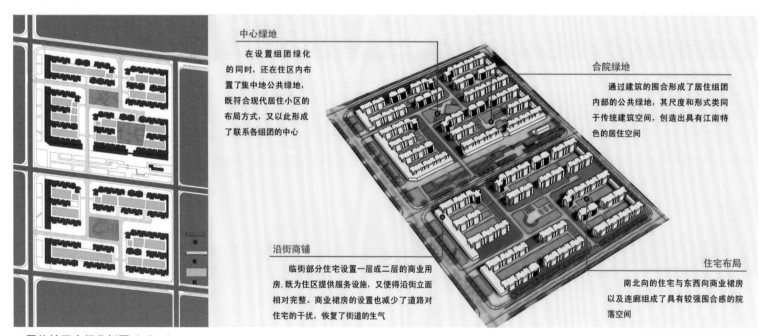

中心绿地
在设置组团绿化的同时，还在住区内布置了集中地公共绿地，既符合现代居住小区的布局方式，又以此形成了联系各组团的中心

合院绿地
通过建筑的围合形成了居住组团内部的公共绿地，其尺度和形式类同于传统建筑空间，创造出具有江南特色的居住空间

沿街商铺
临街部分住宅设置一层或二层的商业用房，既为住区提供服务设施，又使得沿街立面相对完整。商业裙房的设置也减少了道路对住宅的干扰，恢复了街道的生气

住宅布局
南北向的住宅与东西向商业裙房以及连廊组成了具有较强围合感的院落空间

▲ 居住社区空间分析图（图16）

▲ 站前核心商贸区节点效果图（图17）

▲ 南大街空间节点效果图（图18）

▲ 中央绿带效果图（图19）

3.3 体现地域特色的风貌引导

燕山片区建筑风貌定位主要基于两点考虑：作为城市的门户地区，应给人以强烈的城市特色印象，凸显江南地域文化和蒸蒸日上的现代化城市；作为未来城市重点发展的新城区，在空间上具有承接老城拓展的功能，在文化上也应该有承前启后的作用。因此燕山片区建筑风貌的基本定位是"传承与创新"，总体风貌特征定位为"窗外青山、门前绿水、江南神韵、活力新城"。强调建筑设计应体现两方面要求：一是吸收江南传统建筑文化元素，如建筑符号、色彩等，加以提炼运用；二是寻求突破，与现代设计手法相结合，创造具有地域特色的现代建筑风格，体现时代精神，给人以新的建筑感受。规划在此基础上重点针对商业办公、居住和文教三大类建筑分别提出城市设计引导要求（图20～22）。

3.4 具有可操作的实施策略

规划从两个层面进行了经济分析，即片区整体的投入产出分析和地块开发经济容积率分析，确保规划的经济可行性。同时基于城市经营的要求，合理制定空间推进策略，引导片区健康有序发展（图23）。

点轴结合、由点及面：以城际站点为依托，形成具有更大影响的触媒区；分阶段建立拓展路径，催化片区滚动开发。

功能混合、保持活力：土地利用倡导较高密度和适度混合，每一阶段功能都呈现多样化特征，以此促进公共交往，培育城市文化。

交通引导、集约高效：沿南大街、站前路公交走廊进行较高强度的公建开发，引导城市集约、高效地发展。

▲ 总体鸟瞰图（图20）

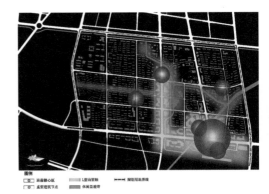

▲ 夜景规划分析图（图21）

▲ 南大街夜景效果图（图22）

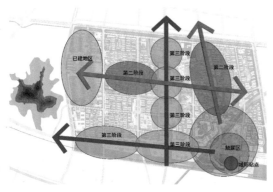

▲ 空间推进模式图（图23）

▶ 常州市武进西太湖生态休闲区城市设计

1 项目背景

常州市城市总体规划（2008—2020）提出中心城区形成"一体两翼多组团"的分散组团式空间结构，作为南翼组成部分之一的西太湖生态休闲区率先成为城市南拓发展之地，标志着常州滨湖发展时代的到来。规划范围地处常州市城市总体规划确定的西太湖组团延政路以南部分，总面积31平方公里，其中陆域面积17平方公里，拥有西太湖31公里长的岸线（图1）。

基地南侧为沿江高速公路，东部为常泰高速公路，内外交通框架初步形成。基地北侧地处圩区，曾为漏湖农场，20世纪70年代围湖造田而成，大堤与圩区之间高差5米左右。圩区内沟渠纵横，一派田园风光（图2）。

2 规划目标与总体思路

规划基于发展背景、区位条件、场地解读等综合分析，确定西太湖生态休闲区环湖地区发展愿景为"长三角地区休闲旅游目的地之一，武进区RBD，集生态、游憩、休闲、度假、科研、高档居住于一体的滨湖新城"。秉承"保护生态、展示形象、营造活力"的设计理念，形成传承地域生态脉络特征的"一体四翼"的总体格局（图3）。通过"生态、形象、活力"三位一体，实现"阅湖天一色，创诗意之城，纳四方往来，建活力之都"的未来蓝图（图4）。

3 主要特色与创新

3.1 内外水环境治理——寻求现状突出问题的解决方法

西太湖位于太湖的上游，全湖基本为V至劣V类水质（仅西南部水质接近IV类），因此，西太湖的水环境治理是必须要解决的首要问题。

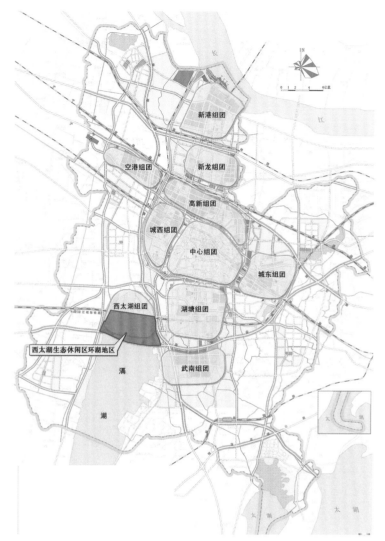

▲ 区位图（图1）

▲ 用地现状图（图2）

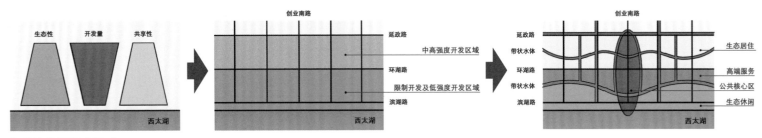

▲ 总体构思图（图3）

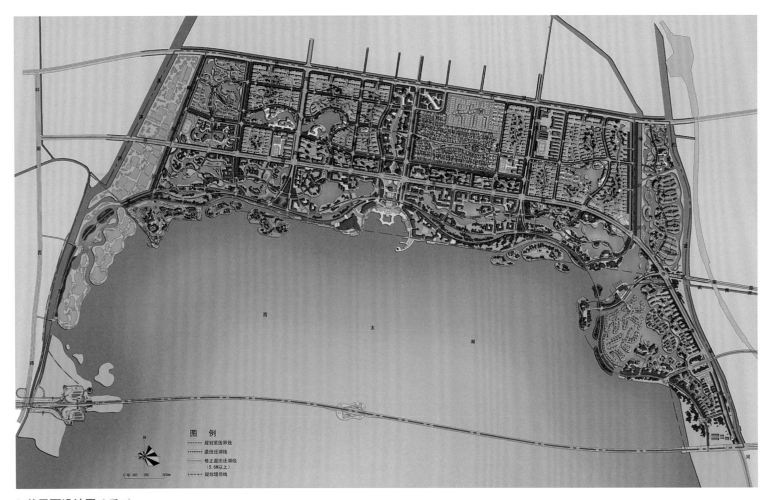

▲ 总平面设计图（图4）

首先是引江济太工程，优化清水通道的入湖口位置，减轻湖区淤积现象；同时通过建设生态湿地净化河道水体。

对于内河水系则进行疏导整理，形成"网状骨干水系——连接骨干水系的区域内部水系——局部放大水面"的水系网络，通过防洪闸和排涝泵站的调度，活化水体，改善和提高内部水环境质量。

3.2 滨湖岸线系统改造——强调生态、防洪、景观的有机结合

规划保持原有堤岸线，局部地段结合景观、功能活动予以改造，形成曲折有致、退让有序的湖岸线，营造类原生环境。通过堆岛建湾，缓解冲浪压力，丰富岸线景观层次（图5）。

竖向工程以关注生物迁徙、增加观湖区域、注重视线的自然过渡为出发点，并尽量减少土方工程，采取自南向北标高逐级递减的竖向处理方式，构成一幅丰富多变的竖向立体景观画（图6）。

3.3 功能区策划——注重项目的适度混合

规划在总体格局基础上结合丰富的"水态"进行针对性的功能区策划（图7）：环湖路以南区域和创业路沿线从生态整合的角度，引入泛旅游概念，结合宽窄有序、活泼灵动的水面打造尺度适宜、特色鲜明的滨水公共服务设施带，重点建设商办混合区、湖滨文娱区、商贸购物区、商务办公区、户外体验区、游艇休闲区、湖景居住区、商贸度假区、休憩疗养区、科技研发区、生态涵养区、湿地野趣区。环湖路以北区域则从住宅产品服务对象入手，建设水景住区，重点打造城市花园住宅、创意服务住区，并在社区中部形成一条贯穿东西的水景观轴，布设社区配套设施。

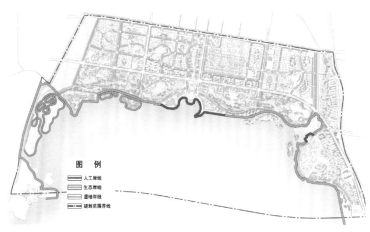

▲ 环湖岸线规划图（图5）

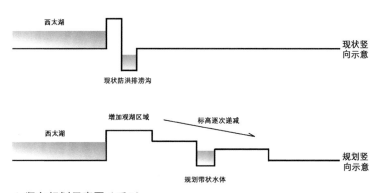

▲ 竖向规划示意图（图6）

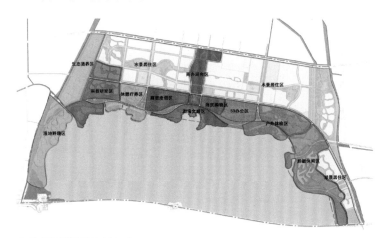

▲ 功能区策划图（图7）

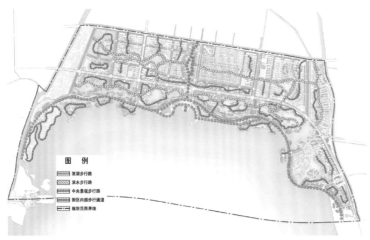

▲ 慢行交通组织图（图8）

3.4 绿色交通构建——体现便捷度与感知度的结合

规划倡导"公交优先"的理念，形成完善的绿色交通体系，道路网络注重与自然水体的结合，尽量河路并行，强调人对水体的感知度。重点加强慢行系统研究，结合游憩活动，规划沿滨湖岸线设置了专门自行车道，步行网络强调与内外水环境、公共空间的融合，提高慢行的趣味性、休闲性与娱乐性。另外，规划对水上游览交通也进行了系统组织（图8）。

▲ 中心区鸟瞰图（图9）

3.5 城市景观意象——实现城湖共生的和谐景象

规划对"环湖风光带——商务景观轴——社区景观轴"进行重点景观控制。环湖风光带(即滨湖岸线以北500米范围内)以限制开发和低强度开发为主,结合高差、水系、多功能的融合,形成丰富的滨湖景观。商务景观轴为通湖主轴线,通过较大尺度的商办综合建筑集群和开阔有序的系列广场空间,塑造强烈的城市中心感和标志性。社区景观轴则以不同形态特色的水景为主题,结合社区服务功能,沟通东西居住社区。通过不同强度的开发引导,形成"T"形高层建筑群,由此形成错落有致、富有层次的高度轮廓,实现城湖共生的整体形态(图9、10)。

本次城市设计有效指导了西太湖滨湖地区的开发建设(图11)。首先启动的是西太湖湖底清淤工程和滨湖岸线系统改造工程,建设揽月湾广场;随着道路系统完善、区内水系整理和环湖、滨河、沿路绿化景观等一系列基础设施建设,项目引进顺利发展,包括揽月湾广场周边的超五星万丽酒店、月光里水街、诺丁婚庆小镇、第八届中国花卉博览园、康检养生园等。西太湖迷人的"月光水城"风貌已展现在世人眼前。

▲ 整体鸟瞰图(图10)

▲ 滨湖地段实施效果(图11)

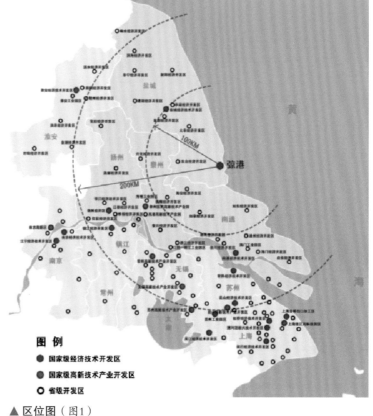

▲ 区位图（图1）

▶ 东台市弶港中心区概念规划及核心区城市设计

1 项目背景

弶港位于黄海之滨，盐阜之南，是江苏省沿海开发战略的重要节点（图1）。随着江苏沿海地区开发的深入推进，弶港因其滨海区位面临全新的发展机遇。

规划研究范围涵盖弶港镇域200多平方公里及其周边生长的滩涂区域，概念规划重点研究的中心片区范围规划面积约24平方公里，其中陆域面积约18平方公里，水域约6平方公里。

2 总体思路

针对生态敏感的滩涂地区，规划引入"精明保护"理念，将弶港地区生态基质的保护作为规划的前提要素，运用生态基质分析、用地适宜性分析等手法展开新城规划，实现低冲击与多平衡的新城开发（图2）。并由此提出弶港的总体定位为"绿色产业基地、沿海服务枢纽、新型滨海旅游目的地、生态宜居新城"，

▼ 生态基质分析图（图2）

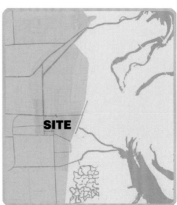

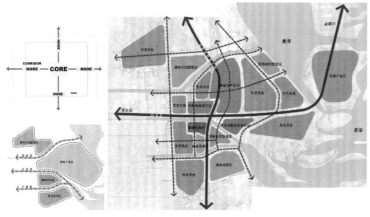

▲ 总体结构策划图（图3）

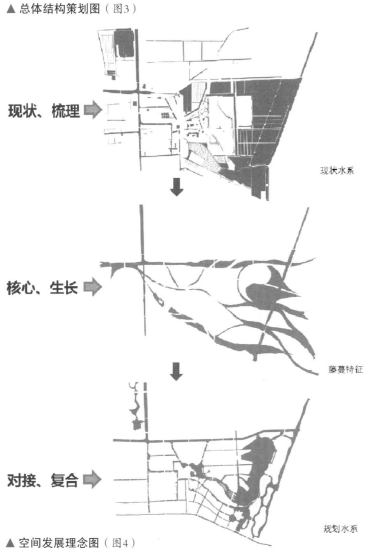

现状水系

现状、梳理 ➡

藤蔓特征

核心、生长 ➡

规划水系

对接、复合 ➡

▲ 空间发展理念图（图4）

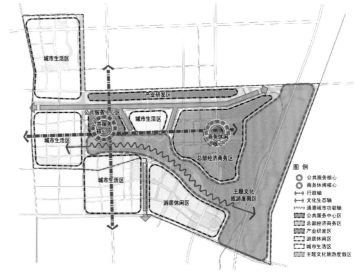

▲ 空间结构规划图（图5）

建设集旅游度假、漫居休闲、会议会展、公共服务等多功能于一体的"苏滩明珠、绿港弶城"，成为服务周边城市的绿色花园。

3　设计特点

规划立足生态禀赋，结合滩涂资源，将外围的入海口景观、滩涂湿地、风车走廊等特色要素引入基地，建设内港，改变"临海不见海"的现状，打造碧海蓝天、绿水相连、城融其间的空间格局。

3.1　顺应自然肌理的开敞结构

规划基于区域关系分析，提出"廊道延伸、簇团发展"有机聚合的整体空间架构，即以梁垛河、三仓河、方塘河三条入海河道为自然分隔，形成四大片区，分别为森林公园度假区、绿色产业区、港城特色区、湿地度假区，构建"核心引领、环轴相交"的总体结构（图3）。

在此基础上，基于辐射沙洲藤蔓生长的的形制特征和对现状水体的梳理，塑造若干"岛"状空间组群，形成"滩、港、湾、湖"各具特色的四大功能板块。各板块之间或隔河相望，或湖畔相依，共同组成水陆相生、功能复合的生态组团格局，并以"核心、生长、对接、复合"的理念，着力塑造"湾延黄海，港舞弶城"的港城空间形态与风貌特色（图4~8）。

057

▲ 总平面设计图（图6）

图例
❶ 花园商务区　　㉑ 精品酒店
❷ 滨海广场　　　㉒ 特色酒吧街
❸ 滩涂科技展示馆　㉓ 商住混合区
❹ 会展中心　　　㉔ 海洋科技博物馆
❺ 渔人码头　　　㉕ 龙王庙
❻ 帆影商务群　　㉖ 龙湾公寓
❼ 临港公寓　　　㉗ 图书馆
❽ 滩涂观光旅游区　㉗ 佛教文化园
❾ 文化艺术中心　㉘ 老镇风情水街
❿ 酒店综合体　　㉙ 新城综合体
⓫ 体育中心　　　㉚ 港龙广场
⓬ 美食广场　　　㉛ 行政中心
⓭ 度假庄园　　　㉜ 科技主题公园
⓮ 旅游集散中心　㉝ 产业研发区
⓯ 养生会所　　　㉞ 会议中心
⓰ 社区中心　　　㉟ 高级中学
⓱ 住宅区　　　　㊱ 医院
⓲ 高端住宅区　　㊲ 通海湖公园
⓳ 浮玉洲水上公园　㊳ 市场

▲ 总体鸟瞰图（图7）

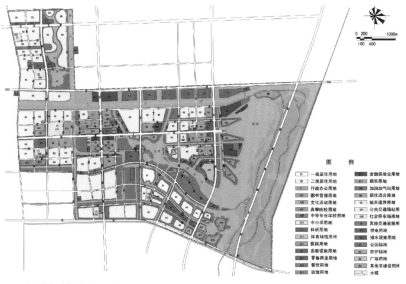

▲ 用地规划图（图8）

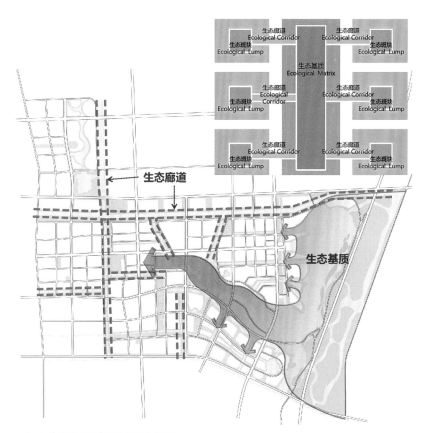

▲ 生态链接系统分析图（图9）

3.2 生态导向型的用地布局

规划顺应开敞结构划分了如下六大功能片区。

主题文化旅游度假区：结合东部的滩涂资源打造吸引旅游者的滩涂文化度假区，结合龙王庙、佛教文化园等现状文化要素，围绕中心"龙湾"建设RBD核心区。

游居休闲区：东南部对现状水系进行生态修复，逐步形成滨水生态湿地，营造独具魅力体验和异域风情的生态游居休闲岛。

总部经济商务区：东部结合现状水塘改造形成内港，建设由商务、商业、金融、酒店、公寓等功能组合而成的时尚风情商务港，强调开放、动感、鲜活的海港旅游体验。

公共服务中心区：港城大道与迎宾大道交汇处通过提供更高品质的城市公共功能，为未来高端产业聚集、经济能级提升打下基础，并通过极具未来感的建筑风貌设计提升城市形象。

产业研发区：三仓河以北，结合现状已有的产业区规划为环境优美的研发区，为绿色产业构建载体空间和服务平台。

城市生活区：借助中心河、新东河、三仓河、通海湖等滨水生态环境，以中、低密度住宅为主，形成多元交流和多彩文化的都市聚落。

3.3 全面多元的链接系统

生态链接：以基地内的湖、港、湾为生态基底，通过生态廊道串联，强化生态安全格局和独特的生态基质环境（图9）。

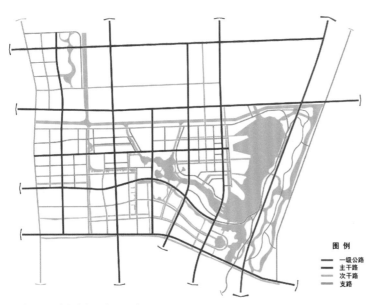

▲ 路网系统规划图（图10）

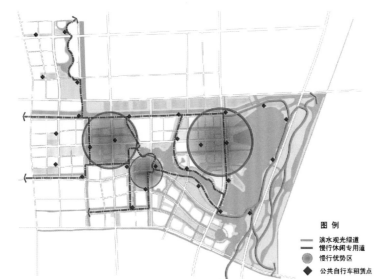

▲ 慢行系统规划图（图11）

▲ 公共活动系统规划图（图12）

▲ 游憩系统规划图（图13）

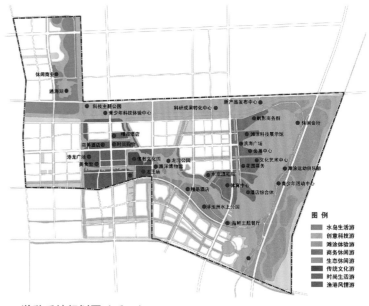

▲ 景观系统规划图（图14）

图 例
- 重点景观区
- 景观核心
- 地标
- 滨水景观廊道
- 城市景观轴
- 绿化景观带

交通链接：构建外达内畅、低碳生态、尺度宜人的的绿色交通系统，建立高品质慢行网络（图10、11）。

公共活动链接：通过"双核引领、双轴带动"的策略，重点打造"公共服务核""商务休闲核"两大城市公共活动核心以及"行政商务轴""生态休闲轴"两大公共活动轴，形成点线结合、有机联系的公共活动系统（图12）。

游憩链接：以"海洋文化"为主题，结合"港""岛"的塑造，融入文化体验、旅游度假、休闲娱乐等多元功能，形成具有区域特色的滨水休闲体验（图13）。

景观链接：立足生态基底，加强景观织补，建立"一轴两廊四区，四核五带多点"的空间景观体系构架，彰显"金滩、绿港、蓝湾、碧湖"的特色风貌（图14～17）。

▲ 龙湾夜景效果图（图15）

▲ 风情水街效果图（图16）

▲ 琼港空间效果图（图17）

二、轨道时代——综合交通枢纽地区城市设计

自21世纪初我国高速铁路、城际铁路、城市轨道的大规模建设伊始，城市发展借力交通枢纽，迎来了又一次契机。作为城市综合交通体系的重要组成部分，交通枢纽因其人流、物流、资金流的聚集效应而与城市功能的联系日趋紧密，地方也愈来愈深入地认识到交通枢纽对城市发展、空间结构的影响，枢纽及其周边地区的规划编制因此也成为城市设计类项目的一个新的热点，不仅要关注交通集散、合理配置换乘措施等功能性问题，也要加强研究枢纽与周边地区的土地利用、空间形态、景观风貌等内容，发挥其整合带动周边发展、展示城市门户形象的作用。

1 交通枢纽及其周边地区发展趋势

1.1 功能趋向综合化、多元化发展

城市综合交通枢纽的地位和作用不仅体现在交通功能"人便其行、货畅其流"本身，更体现在枢纽对区域城市经济发展的带动作用，以及对枢纽周边地区的土地使用与开发影响上。枢纽作为一个集人流、物流、信息流于一体的综合服务体，功能越来越呈现综合化、多元化的发展趋势，由单一的交通集散功能逐渐拓展到商业、商务以及文化娱乐、居住等方面，成为城市或局部地区的公共中心和市民日常公共活动空间，并为旅客提供全过程的服务。例如柏林中央火车站集高速铁路、城铁、地铁、电车、巴士、出租车、自行车甚至旅游三轮车的集中换乘于一体，功能涵盖交通换乘集散、商业、餐饮等，站房总建筑面积达17.5万平方米（其中站房主体9万平方米），为当今欧洲乃至世界上最具典型意义的大型综合交通枢纽。随着我国城市公共交通的发展，枢纽节点因其便捷的交通带来的区位经济价值，更加注重对站域周边地区的城市空间进行综合开发，提高枢纽及周边地区的土地开发强度，因此功能多元化、空间集约化必然成为枢纽地区的发展方向。

1.2 空间逐渐立体化，且更加人性化

国外发达城市大型客运交通枢纽的发展趋势集中体现在集多种交通方式于一体、并与商业办公等服务业联合开发、增强客运服务吸引力等方面。由于交通模式日益多元化，相应的枢纽空间越来越呈现出复杂化、立体化的特征，以高效解决各类交通模式、不同功能的衔接问题。北京、上海、南京等新建特大型客运枢纽均采用了立体衔接布局，如北京南站、上海虹桥、南京南站等综合枢纽，各种交通设施在地上（建筑二层或以上）、地面（建筑一层）、地下多层次进行功能划分，实现平面和立体衔接布局的高度综合和集约配置的一体化空间结构，以缩短旅客换乘距离。与此同时，基于功能衔接的人性化设计越来越受到关注。首先是提高交通枢纽的吸引力，合理引入多种公共交通模式，如地铁、公交、出租、旅游大巴等，发挥枢纽转换的作用；其次是"零换乘"需要，合理组织不同交通设施的布局与衔接，通过形态与空间的合理设计以及换乘辅助设施如自动扶梯等的应用，使得交通流线尽可能便捷、高效，实现多方式一体化；第三是功能的多样化和空间的舒适性，为旅客提供必需、多样的服务以及令人愉悦的环境。

1.3 枢纽体现等级化并与城市空间形态互动演化的特征

随着城市空间的扩大、交通运输的发展变化以及枢纽需求

的增长，我国大城市、特大城市由于功能分工而形成的多中心枢纽布局已成必然趋势。区域层面，大型交通枢纽可分为全国性综合交通枢纽、区域性综合交通枢纽和地区性综合交通枢纽三个层次；城市层面，综合交通枢纽可分为城市级、片区级、组团级等不同层级；根据枢纽主导功能，又可分为对外综合客运枢纽、城市交通换乘枢纽等，彼此间形成网络化发展。不同层级、功能的枢纽对城市发展的影响不同，但是总体来说，交通枢纽对城市空间形态的影响逐步呈互动演化状态，TOD模式即是对这种演化特征的总结。研究轨道交通发达的日本、香港的成功经验，无论是香港的"土地＋物业"综合发展模式还是东京的"车站城"（Station City）模式，均是利用综合交通枢纽整合交通及其他资源，构建交通区位、商业区位、居住区位等相互结合的综合经济区位优势，进而成为城市各级中心，不断优化土地使用，并体现在城市空间形态的演变上。

总之，结合国内外交通发展的趋势分析，现代化的城市综合交通枢纽越来越呈现出功能的综合化、空间的立体化与集约化和环境的人文化等特征。枢纽地区的规划设计需要顺应这一趋势，充分发挥其对于城市交通系统构建、用地功能整合、土地效益提升、空间形象塑造等综合发展方面的积极作用。

2 当前城市枢纽地区规划建设的主要问题

我国高铁发展迅速，加之城市公共交通的发展，很多城市提出兴建大型综合客运枢纽，并试图以此为契机，发挥其对城市发展的催化作用。虽然高铁、城铁、地铁的开通可以为城市建设注入动力，但这并不意味着是一个城市可以更好更快发展的充分条件，合理规划枢纽的定位、布局以及良好的功能与空间设计才是促进城市发展的关键条件。反思我国城市枢纽地区的规划建设，主要存在以下的观念误区：

（1）脱离城市实际，建设规模过大。高铁、城铁等交通方式的引入对于城市发展的影响、效益究竟如何，随着各条线路的相继开通，实际的情况远不如预期那样全是美好。特别是对一些中小城市，由于线路多以过境功能为主，客流量有限，带来的交通便利效应并不显著。如果脱离自身实际情况，大搞站点周边规划，盲目追求新城、新区的开发模式，实际建设当中就会陷入无力支撑、难以为继的困境。有些城市希望通过枢纽带动新城发展，站点选址远离城市中心，地理区位、周边配套、文化环境都不可与城市内部相提并论，交通与土地利用的互动很难形成，不能有效发挥枢纽交通便利的作用，而且偏居一隅难有足够的吸引力和竞争力，最终成为城市发展的负担。

（2）功能定位雷同，难与城市发展协调。交通枢纽作为城市空间的重要组成部分，其布局、功能发展和空间结构应充分考虑与城市的整体关系，与城市发展形成良性互动。目前，国内很多中小城市对高铁、城铁等场站枢纽持过于乐观的态度，对城市的区域分工与职能定位、自身能级规模、经济发展水平、枢纽本身的客流量、人流特征等问题缺乏深入分析和研究，盲目规划商务区、中心区，布置大量商业商务用地，试图创造高层、高密度的城市形象，结果难以推进，高端产业发展成为空谈。另一方面，部分大城市在规划建设地铁、轻轨等城市轨道枢纽时，忽视与土地使用的关系，导致枢纽周边出现土地使用效率不高、降低公交吸引力等问题。

（3）空间组织松散，人性化不足。随着交通枢纽的价值逐渐被认识，枢纽地区的复合化开发模式获得广泛认同，但是实际建设效果并不理想。一些城市的铁路站场枢纽依然存在功能单一、与城市交通特别是公共交通衔接差、旅客换乘距离长、交通标识不明显等问题，人性化设计考虑不足。同时由于传统观念的影响，部分城市仍然偏好站前大广场的模式，导致周边土地使用松散、空间联系不便，枢纽节点的价值难以发挥。

（4）枢纽地区形象单一，掩盖城市个性。纵观我国大量新建的高铁、城铁枢纽地区，大有"千站一面"的趋势。不论规模大小，枢纽及周边地区的建筑空间布局、建筑风格和城市形象普遍追求对称、气派和现代化，缺乏与城市文化、地域特征的呼应，面貌雷同。反观欧洲城市的火车站，城市地标和窗口形象十分鲜明，完全可以从中感受到一个城市独特的文化。枢纽地区如何延续文脉，并与时代气息相结合，塑造富有特色的城市门户形象需要引起关注和重视。

3 枢纽地区城市设计要点梳理

自2000年以来，我院编制了大量枢纽地区城市设计项目，涵盖了高铁、城铁、城市轨道等多种不同类型的交通枢纽。高铁站周边地区的城市设计主要有南京南站地区城市设计、徐州高铁商务区概念规划及城市设计等。城际站周边地区的城市设计主要有苏州高新区城际站周边地块城市设计、苏州工业园区沪宁城际轨道交通站点及周边地区城市设计等。城市轨道周边地区的城市设计主要有苏州市轨道4号线同里站（原同津大道站）及周边地区规划设计等。其中大部分均为国际招标的中标项目，反映了我院在此类项目编制方面的创新探索，形成了一套相对成熟的规划设计思路和方法。

3.1 立足宏观，把握枢纽地区发展定位

交通枢纽地区影响的范围一般远超项目编制的范围，需要从更宏观的视角审视区域、城市的发展态势，才能准确把握枢纽地区的功能定位。因此，枢纽地区的规划设计首先应当从城市及区域发展的宏观研究入手，分析城市及区域的发展格局及其与枢纽之间的关系，高屋建瓴地确定枢纽周边地区的定位、能级，准确地预判未来发展的方向和规模，从而合理构建枢纽地区与城市的空间关系，整合优化土地使用，提高城市综合服务功能，发挥各级枢纽对于城市发展的促进带动作用。

3.2 紧密衔接，空间交通一体化设计

枢纽地区作为城市重要的功能节点，往往与城市各级中心呈耦合关系，城市设计需要基于接驳交通、聚合功能、塑造空间的综合角度进行一体化设计，实现城市空间的高效复合利用。包括通过立体手段合理整合各类公共交通和私人交通方式，形成多维交通转换网络并锚固在枢纽核心，达到"零距离换乘"的目的；结合枢纽周边环境，将枢纽区域空间植入城市功能体系，形成以"换乘服务"功能为主体、以多种城市服务功能为外延的城市综合体；通过地上地下空间的复合利用，集约布局各类交通设施，改善地面景观环境。当然，所有设施的布局、规模需要基于各类交通流量的量化测算科学确定，因此城市规划与交通规划专业深度合作、整体设计，也是枢纽地区规划设计的一大特点。

3.3 文脉延续，注重城市特色空间塑造

枢纽地区作为城市的门户，虽然是现代化交通方式的产物，但依然是人们认知城市、感受城市的场所，因此，注重地方文脉的延续和城市个性的塑造，通过城市设计的方法将城市文脉落实于空间形态、建筑风貌等方面，保持城市异质性，使其真正成为

映射城市文化和个性的窗口。

城市枢纽地区的文化特征源于其独特的地理区位特征和它的开放空间环境。对于老车站改造的地区，整体空间形态、风貌特征应与其所在区域的城市肌理、整体风貌相协调，保护具有历史记忆的载体，延续传统文脉和城市生活。对于新建的枢纽地区，可以深入挖掘地方文化内涵，通过兼具地方特色和时代特征的建筑风格、环境营造体现地域特色和城市文化，塑造个性鲜明的城市新地标。

3.4 精致绿色，塑造人性化的精品空间

城市综合交通枢纽作为一个复杂的城市综合体，创造绿色的、人性化的公共空间是提高其吸引力的重要方面。首先是舒适的换乘体验，需要对人流、物流导向方式，各种问询、标识系统，各种商业、生活设施进行统筹安排，充分考虑乘客的行为活动特点进行人性化的设计；其次是愉悦的空间感受，包括构建完善的公共开放空间系统、尺度宜人的休闲交流场所、层次丰富且独具创意的环境设计等；第三还应体现绿色理念，包括各种交通方式的高度集约、功能混合、紧凑开发等，同时积极运用节能环保技术，通过创新设计，改善各类空间的采光、通风等，实现综合能耗的降低。

4 枢纽地区规划设计的理性回归

国外对于城市综合交通枢纽地区的研究已经相当成熟。其中最具影响的当属新城市主义代表人物Peter Calthorpe提出的"TOD"理论和1997年Cervero和Kockelman提出的关于"TOD"的"3D"原则，即"密度（Density）""多样性（Diversity）""合理的设计（Design）"，主要倡导交通枢纽

周边紧凑的用地布局和土地的混合使用，提高土地和公共服务设施的使用效率，弥补传统的功能分区带来的城市活力丧失，协调城市各系统，以获得效益的最大化。综合交通枢纽作为城市中的一个独特元素，对于城市发展具有触媒带动的作用，但是影响程度如何，是否能够"因站而兴"，更重要的还是取决于枢纽地区合理的布局与规划建设。

4.1 回归理性，科学研判枢纽地区的发展定位

影响枢纽地区发展的因素既包括宏观方面的城市功能定位、空间结构的选择、产业结构的特点等，也包括在其指导下的各种微观层面的规划设计。因此经过了前一阶段的枢纽建设热潮，需要理性反思枢纽对于城市发展的作用以及动辄数十平方公里的高铁新城、枢纽新区、城市副中心之类的开发模式。除了必要的宏观层面分析，更为重要的是应当基于自身资源优势，寻求特色、差异发展，避免"千城一面"倾向。比如台湾的高铁新城即是基于区域协作关系，根据自身区位、资源特质制定差异化的定位，如桃园是"国家商务城"，台中是"购物娱乐城"，台南是"学研生态城"，嘉义是"休闲游憩城"等，不同定位主题的高铁新城通过错位竞争，共同构建完整的区域网络体系。

4.2 多元复合，融入城市整体系统

现代交通枢纽因其便捷的交通区位必然带来周边土地的升值，刺激周边地区的综合开发，实现交通与商业、商务、展览、居住等各种功能之间的有机整合，从而形成一个多功能、高效率的城市片区。根据"TOD"理论，枢纽地区规划设计一般遵循"圈层模型"——核心圈层（步行距离5~10分钟）、影响地区（步行距离10~15分钟）、间接影响地区，并以此制定土地使

用、开发强度等内容。但在强调紧凑、混合开发的同时，更为重要的是通过合理整合周边资源环境，构建与城市有机衔接的空间系统。包括道路系统、公交系统、公共服务系统、绿地生态系统、城市文化等，使枢纽完全融入周边城市空间，并因其独特的功能成为特色鲜明的"城市客厅"。如德国的法兰克福中央火车站，通过一条步行街即可联系老城中心区，而其自身独特的历史风貌也成为步行街的风景，真正体现了枢纽与城市一体化的空间关系与设计思路。

4.3　以人为本，强化公共空间的一体化设计

　　人是一切发展行为的出发点和归属，同样，枢纽的建设目的就是为乘客提供便捷、安全、舒适的出行环境，因此必须突出"以人为本"的理念，加强一体化和人性化设计。一是换乘空间人性化。枢纽接驳交通系统未来发展以"轨道+步行"为导向，基于垂直空间复合利用的综合体模式通过地上地下立体化、无缝化的空间设计，力求各种换乘流线简洁、清晰，并应注意完善相关服务设施，如风雨遮挡设施、采光通风设施等，增加舒适性体验。二是空间尺度宜人化。枢纽地区的规划设计

需要把握好空间尺度（传统的站前巨型广场不仅浪费土地，还容易使人产生心理畏惧感），枢纽空间组织关键是建立良好的时空秩序，处理好枢纽内外、不同功能空间的过渡衔接，营造活动方便的空间体系。三是功能多元化。现代人的生活兼具"快节奏、慢享受"的特点，各种行为活动相互交织，因此发展多元化功能如商业、文化休闲设施等，对于增强枢纽吸引力十分重要。四是风貌形象特色化。枢纽地区需要尊重所在区域的历史文化、自然环境，合理保护与传承，结合自身定位，创造特色鲜明的城市窗口形象。

　　随着我国高铁、城铁以及城市轨道的发展，未来还会在城市中产生更多数量、更多类型的枢纽节点，需要更加清醒地认识各类枢纽对于城市发展的作用，既不能盲目夸大，也不能简单轻视其对于周边地区的辐射带动作用。枢纽地区的规划设计应当结合城市自身情况，科学研判发展定位，融入城市整体发展，以人为本塑造空间，深挖文化彰显特色，才能真正利用好枢纽这一新的城市元素，激活周边地区，给城市发展注入持续的生机和活力。

案例解析

▶苏州高新区城际站周边地块城市设计

1 项目背景

　　沪宁城际铁路苏州新区站位于苏州高新区北部，浒通片区中心东南，与规划苏州轨道交通3号线形成换乘，是未来苏州高新区乃至苏州市区重要的对外交通和换乘枢纽。站区周边规划范围面积约1.7平方公里，横跨沪宁城际铁路及沪宁铁路。研究范围主要针对站点辐射区，包括浒通片区中心区、浒关工业园等地区以及受到城际站点地区开发影响的相关区域（图1）。

2 功能定位与设计概念

　　规划基于区域综合分析，提出苏州高新区城际站周边区域的整体定位为"苏州市重要的综合交通枢纽、高新区北部现代服务业活力热区、浒通片区宜人的居住社区"（图2、3）。结合地区历史文化溯源，提出浒关"渡"的设计概念（图4、5）：

　　"渡过"：突破交通壁垒，联系功能空间。沪宁铁路、京杭大运河阻隔了基地与周边区域功能空间联系与发展，而实现交通跨越打破交通壁垒是保证城市空间一体化发展的重要前提。

　　"渡口"：焕发地区活力，延续历史记忆。从当年的"江南要冲地，吴中活码头"发展至今日的陆路"枢纽"，在塑造城市地标、重新焕发地区活力的同时，也是历史记忆的延续。

3 设计特色

3.1 功能渡——区域功能整合，基地功能策划

　　规划以枢纽建设为契机，积极拓展现代服务业功能，融入城市公共中心体系，实现片区中心一体化发展；同时通过土地混合开发，创造一个多种城市活动汇集的场所，激发地区活力（图6）。

　　（1）区域功能整合

　　规划形成"两廊三区，活力三角"的片区中心结构，实现片区功能的自然"植入"（图7）。两廊为运河水廊、轨道绿廊；三区为核心区、老镇区特色服务街区、现代服务业发展区；活力三角即打造三区功能互补、相互联系、一体化协调发展的片区中心体系。

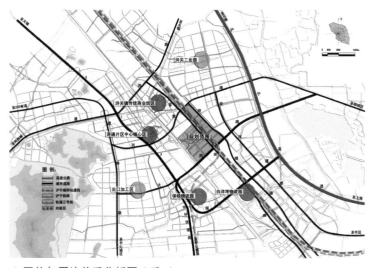

▲ 区位与周边关系分析图（图1）

▲ 总体鸟瞰图（图2）

▲ 核心区夜景鸟瞰图（图3）

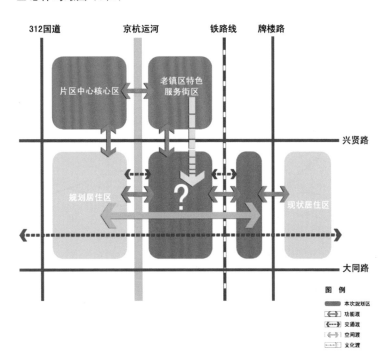

312国道　京杭运河　铁路线　牌楼路

片区中心核心区　老镇区特色服务街区

兴贤路

规划居住区　？　现状居住区

大同路

图例
本次规划区
功能渡
交通渡
空间渡
文化渡

▲ 浒关"渡"设计概念图（图4）

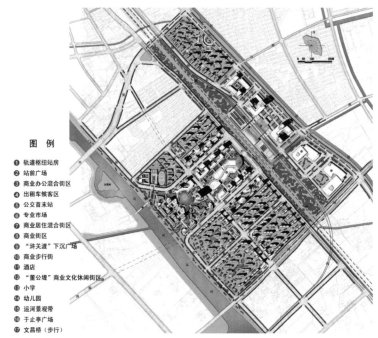

图　例
❶ 轨道枢纽站房
❷ 站前广场
❸ 商业办公混合街区
❹ 出租车候客区
❺ 公交首末站
❻ 专业市场
❼ 商业居住混合街区
❽ 商业街区
❾ "浒关渡"下沉广场
❿ 商业步行街
⓫ 酒店
⓬ "董公堤"商业文化休闲街区
⓭ 小学
⓮ 幼儿园
⓯ 运河景观带
⓰ 于止亭广场
⓱ 文昌桥（步行）

▲ 总平面设计图（图5）

（2）基地功能策划

参照TOD开发模式，兼顾城际高铁和城市轨道站换乘枢纽的特点，通过对站区吸引度、辐射区出行吸引力的分析，确立城际站区周边用地功能与业态，形成适合本地区的相对合理的各类用地功能比例，营造土地利用和建筑功能高度混合的活力地区（图8～10）。

交通功能：配套完善的交通枢纽设施，包括公交站（首末站、停靠站）、人流集散广场、出租车接驳场地、公共停车场等。

商务功能：包括金融、物流、电子商务、工业支撑服务以及中介和咨询等办公设施。

消费功能：结合地区人流消费特点，引入住宿、餐饮、文化娱乐、商品零售等服务业态。

居住功能：针对年青人群和商务人群，配套商业地产、酒店式公寓及社区公共服务等设施。

3.2 交通渡——外部交通衔接，内部通道优化

突破交通壁垒，打造多元立体的道路交通系统，并充分利用轨道站点建设形成与之相适应的复合功能空间。一是加强外部交通特别是跨运河交通衔接，完善城市道路系统，增设步行桥，强化运河两侧空间联系。二是优化内部通道，形成地下地上立体复合的步行体系（图11、12）。

3.3 空间渡——圈层发展，横向延伸，纵向延续

规划注重与城市空间的联系，从浒通片区中心区整体功能空间出发，提出"圈层发展，横向延伸，纵向延续"的空间结构，塑造高新区北部活力之窗。

圈层发展：以轨道交通枢纽为核心，遵循TOD模式圈层式组织各类用地功能。

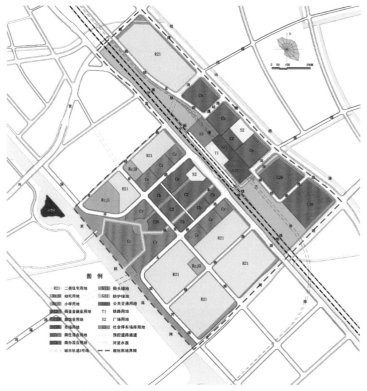

▲ 用地规划图（图6）

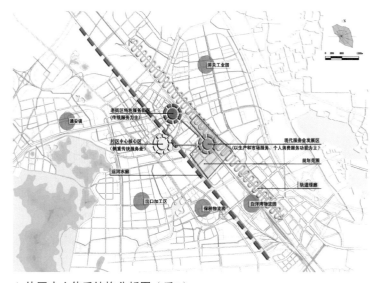

▲ 片区中心体系结构分析图（图7）

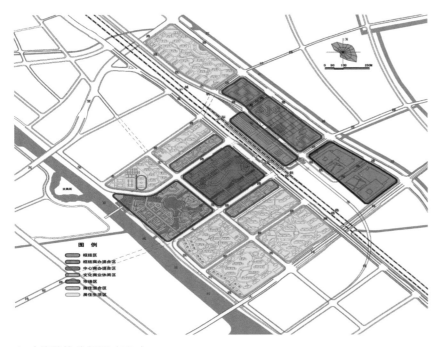

▲ 功能结构分析图（图8）

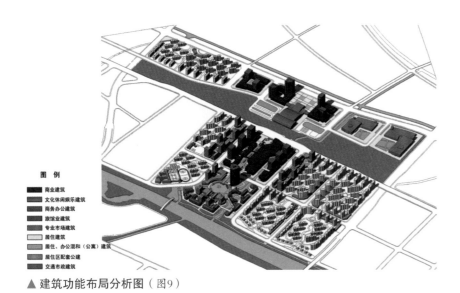

▲ 建筑功能布局分析图（图9）

▲ 核心区地下空间功能分析图（图10）

横向延伸：为满足片区及其周边地区现代服务业发展需求，站前核心区功能渡过铁路向西延伸，并与沿京杭运河的开放空间以及文化休闲街区形成联系，使核心区活力向运河拓展。

纵向延续：沿京杭运河片区发展轴，打造公共景观带，通过步行空间融入片区公共空间体系（图13~15）。

3.4 文化渡——打造董公堤文化休闲街区

利用京杭大运河景观资源，深入挖掘、系统整合地方文化资源，传承浒关镇历史文脉，将董公堤历史元素与浒关"枕河而居"的传统街区模式相融合，形成具有地方文化特色和时代感的步行休闲街区，提升文化内涵，强化地域特色，集聚人气与活力。同时，通过开敞绿带的预留，形成与城际站及运河对岸"文昌阁"的视觉对话关系，进一步彰显文脉流传、古今交融的空间意象（图16、17）。

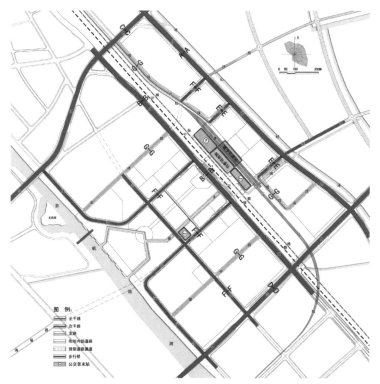

▲ 交通体系分析图（图11）

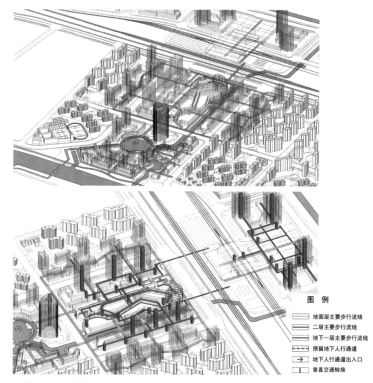

▲ 核心区立体步行体系分析图（图12）

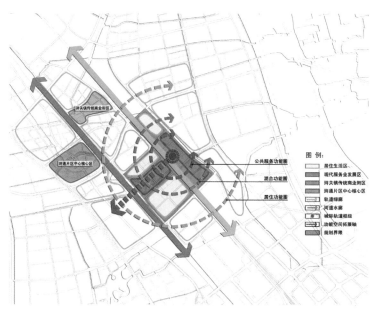

▲ 空间结构分析图（图13）

▲ 核心区鸟瞰图（图14）

▲ "浒关渡"下沉广场鸟瞰图（图15）　　　　　　　　▲ 文化休闲街区效果图（图16）

▲ 空间模型组图（图17）

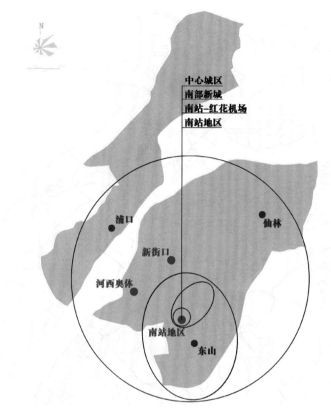

▲ 南站与南京中心城区空间层级分析图（图1）

▶南京南站地区南北广场及中轴线城市设计

1 项目背景

南京南站汇集了京沪高速铁路、宁杭城际铁路等四条国家、区域级铁路干线，是华东地区特大型铁路交通枢纽。南京南站的建设将进一步强化南京作为南京都市圈的商贸核心以及长三角地区商务、信息、旅游综合服务中心的地位。依据《南京市城市总体规划》及《铁路南京南站地区综合规划》，南站地区未来将经历"交通枢纽—经济枢纽—城市中心"的转变，最终成为南京城市"金三角"中心体系中重要一极（图1）。

本次城市设计范围约2平方公里，由南北广场、中轴线地区以及站北与红花机场轴线交汇地区三部分组成，是南站地区最为重要的核心区域（图2）。

2 目标定位与策略

愿景目标：融城市与生态、传统与现代、生活与旅游为一体，具有鲜明文化特色与时代气息，充满都市活力的城市中心。

形象定位："秦淮水脉，文化中轴"。基于南站地区的地域文化及场所特色分析，"新街口—中华门（夫子庙）—雨花台—南站"是城市主要的空间发展与历史文化轴线，而秦淮新河则是串联红花机场地区、南站地区、奥体南部滨江地区等城市未来发展重要节点的脉络，南站地区正处于"轴"与"脉"的交汇处（图3~5）。

▲ 研究与设计范围示意图（图2）

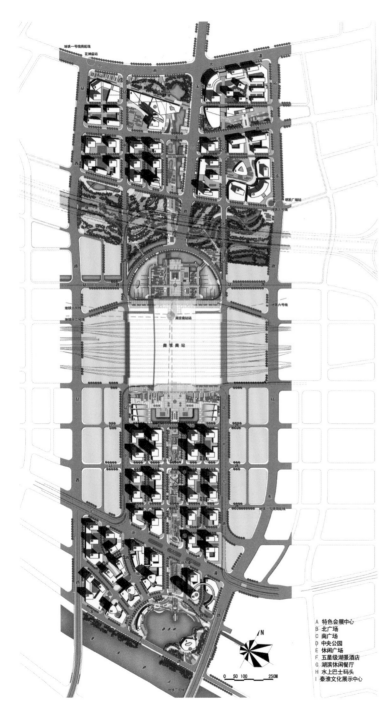

A 特色会展中心
B 北广场
C 南广场
D 中央公园
E 休闲广场
F 五星级湖景酒店
G 湖滨休闲餐厅
H 水上巴士码头
I 秦淮文化展示中心

0 50 100   250M

▲ 总平面设计图（图4）

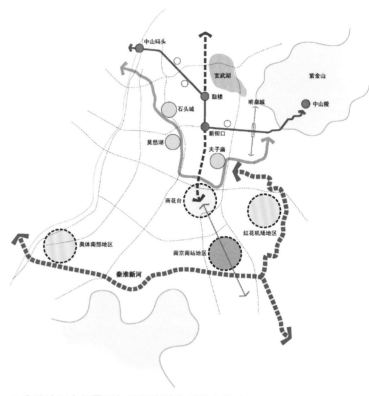

▲ 南站地区空间景观与场所特质分析图（图3）

▲ 整体鸟瞰图（图5）

设计策略："缝合、链接、延续、激活、融绿"。通过功能、交通、空间、景观等各方面的具体措施与手段贯彻落实，融汇秦淮景观水脉、金陵历史文脉、华东交通动脉，激发都市活力脉络（图6）。

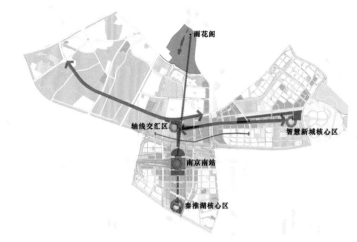

▲ 南部新城核心启动区整合策略分析图（图6）

3 设计特色

3.1 区域互动

分析大型客运综合枢纽周边功能构成的一般规律以及城市发展对南站地区功能设置需求，同时考虑与周边区域错位发展，确定本区适宜引入的主导功能（图7、8）。

站北地区：以中小型、创业型商务办公，SOHO混合开发以及特色主题会展为主。

南北广场：主要为枢纽客流设置便利商业、专卖店、餐饮等服务设施。

中轴线地区：围绕枢纽及南广场形成商贸信息服务中心，结合南部滨水区设置城市中心所需的高端商业商务、文化休闲、旅游服务功能。

以此为基础，加强路网衔接，完善接驳公交，协调公共开放空间，使南站地区与周边特别是与红花机场地区整合协调发展，共同推动整个南部新城的崛起。

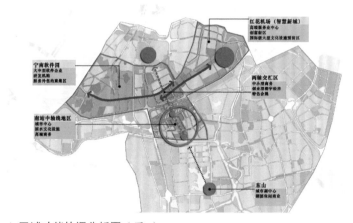

▲ 区域功能协调分析图（图7）

3.2 南北一体

突出南站枢纽对周边地区的强大统领作用，将南站地区空间景观主轴向北侧延伸至宁南大道，以绿化开敞空间为载体完善沟通支路网及步行体系，再以连续的建筑空间界面限定开敞空间，从而强化轴线的空间意象，实现站南站北地区空间形态与秩序上的整体化，解决站北地区游离于南站地区整体格局以

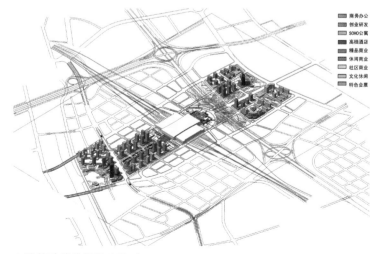

▲ 建筑功能分析图（图8）

▲ 轴线界面分析图（图9）

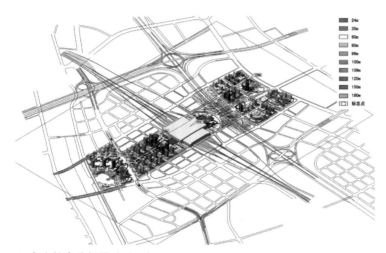

▲ 高度轮廓分析图（图10）

▲ 夜景鸟瞰图（图11）

外的问题（图9～11）。

3.3 文脉传承

规划紧扣基地的场所特质，提出"历史轴线""城墙与水"的景观设计概念主题，以实现地域文脉传承，凸显"秦淮水脉，文化中轴"的形象定位。

历史轴线：南京城建史上两条重要的历史轴线：南朝、南唐历史轴线与明代历史轴线，分别从南站地区两侧延伸而过，是南站地区重要的历史文脉。

城墙与水：新街口—中华门（夫子庙）—雨花台—南站这条主要的城市空间轴，贯穿了传统意义的"老城南"和未来的"新城南"（即南站地区），进而形成了"老城南—秦淮河（内、外）—明城墙"与"新城南—秦淮河（新）—明外郭"这一组相对应的空间关系（图12）。

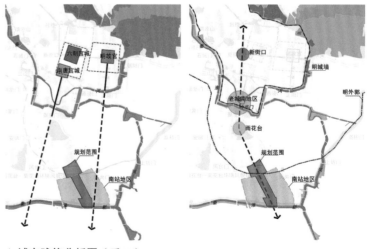

▲ 城市脉络分析图（图12）

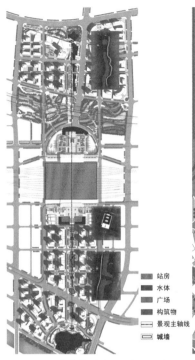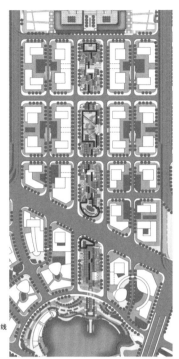

▲ 景观设计意象分析图（图13）

站房
水体
广场
构筑物
景观主轴线
城墙

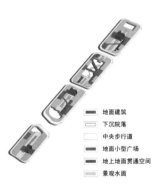

▲ 景观空间要素分析图（图14）

城墙
景观水面

地面建筑
下沉院落
中央步行道
地面小型广场
地上地面贯通空间
景观水面

▲ 中轴线景观效果图（图15）

在中央景观轴线的设计中，通过下沉广场与地面景观构筑物的虚实交替变化，对历史轴线空间序列的特征进行了比拟，并以景观水体作为统一的景观要素贯穿整条轴线空间，进一步强化轴线空间的形态特征。同时依托南京城墙与水系的多种结合方式，汲取若干典型地段的特征，融入中央景观轴线各区段的具体设计，以此营造各自的景观环境特色（图13～15）。

3.4 活力汇聚

规划强调地下地上功能的多元混合，一体化设计开放空间体系，重点打造北部两轴交汇区和南部秦淮新河滨水区的空间景观形象，树立场所地标。

站北两轴交汇区以开敞空间廊道划分形成不同功能与空间特征的组团，核心地段设置特色会展与高档商务酒店的建筑综合体，通过标志性的建筑形象以及底层大幅度架空等建筑与景观一体化设计处理手段，使其成为站北地区最具特色的标志性空间（图16）。

秦淮新河滨水区以半环形滨湖道路为骨架组织路网与建筑空间，形成向心、汇聚的滨水城市中心意象。环湖以湖景五星级酒店为核心地标，布置形态独特、高度有序变化的高层建筑，形成优美的滨水天际线。结合防洪、景观与空间形态要求，设计人性化的亲水岸线，设置水上旅游巴士站、文化展示中心、湖滨休闲餐厅，使滨水区成为城市水上旅游线的活力热点（图17）。

3.5 生态示范

南北广场设计针对站前广场人流的行为与心理特点，重点分析地上地下的行人流线，力求动静分离；并通过覆土建筑、雨水收集、被动式能源利用等多种技术措施，集中体现生态、节能的绿色设计理念（图18）。

▲ 两轴交汇区鸟瞰图（图16）

▲ 秦淮新河滨水区效果图（图17）

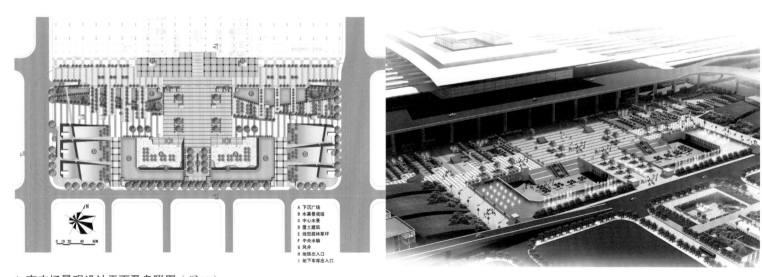

▲ 南广场景观设计平面及鸟瞰图（图18）

苏州工业园区城铁商务区控制性详细规划与城市设计

1 项目概况

苏州工业园区站作为沪宁城际、苏嘉杭城际轨道交通站点，未来将成为连接南北、通达东西的长三角区域性换乘枢纽，对于带动工业园区和城市发展具有重要作用。项目基地位于园区城际站北侧，控制性详细规划范围约1.52平方公里，核心区城市设计范围约57公顷（图1）。

2 目标策略

规划基于园区城际站及其周边环境整体分析，提出"门户枢纽、都市逸站"的主题定位，构建集交通集散、商务商业、文化休闲、生态居住等多元功能于一体的园区北部副中心，成为交通与用地一体化开发的典范。

2.1 谋功能——统筹协调的功能布局

依据高铁新城发展经验，利用同城化效应，并与园区金鸡湖西岸的CWD、东岸的CBD等高端商务办公错位发展，园区城际站周边重点发展中小企业总部、花园式办公、SOHO以及商业、文化娱乐、酒店、公寓、住宅等配套功能，打造城际商务区，填补园区北部副中心的功能留白（图2、3）。

▲ 整体鸟瞰图（图1）

▲ 园区主要中心空间关系分析图（图2）

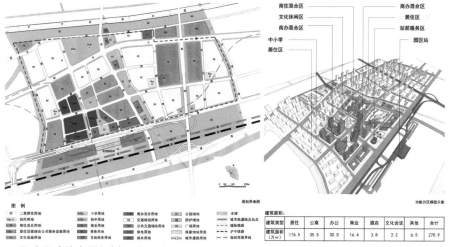

▲ 用地及功能布局规划图（图3）

▲ 交通流线模拟分析图（图4）

▲ 开放空间系统分析图（图5）

珠泾河沿线厂房现状与规划　工业构建的保留和设计

业态构成
1 商业休闲（餐饮、酒吧、零售）　2 创意办公（工作室及手工制作）　3 展览展示（展览馆、博物馆）

▲ 特色资源利用分析图（图6）

2.2　增活力——情景模拟的交通组织

通过对城铁以及轨道交通到达人群的情景模拟，针对换乘、商务、访客、邻里等不同人群模拟各类流线，优化交通接驳（BRT站点、出租车、轨道站、公交等）和路网组织，实现无缝换乘，并通过地下空间、慢行系统的打造提供舒适便捷的活动联系，为增进地区活力提供保障（图4）。

2.3　塑空间——多元体验的空间塑造

通过高品质开放空间的建设提升地区体验，结合轨道站点和公共区域建设，打造立体步行系统，串联广场、公园、屋顶平台及地下公共空间，为市民交往提供安全丰富的空间体验（图5）。

2.4　显特色——场所复兴的文化演绎

塑造具有苏州文化特征的建筑与空间，彰显门户形象和地域特色。此外，通过对基地内工业厂房和建筑构件的保留改造和再利用，如打造滨水酒吧街、发展创意办公区等，以延续场所记忆（图6）。

3　设计特色

基于地区整体发展分析，规划总体形成以轨道站点为发展引擎的"一核两轴、一环五片"圈层式发展结构，提出多线链接（交

通）、多元混合（功能）、多维体验（空间）、多样关怀（情
感）的设计理念，通过枢纽核的打造为周边地区发展注入持续动
力（图7）。

3.1　人流多线链接

地下枢纽设计：统筹考虑城际站、城市轨道交通站、未来
市域轨道交通线的建设，打造地下换乘枢纽，合理布局公共停车
场、出租车停靠点以及公交首末站等交通设施，实现高效便捷的
换乘衔接。通过站前下沉广场、地下步行街与周边地块建立联
系，实现人车分行（图8、9）。

地面流线组织：优化对外交通的进出能力，增加支路，提
升地区内机动车集散水平。此外，采用"完整街道"的理念对地
面步行流线进行组织，重塑道路的公共空间，满足市民休闲、小
聚、交往等多元化需求（图10）。

3.2　空间多维体验

结合特色功能片区打造"逸、尚、乐、雅、趣"五大主题场
景，彰显地区空间特色（图11～15）。

商务中庭（逸）：围绕城际站形成商务中庭。通过站前下沉
广场分流人群，同时也能减少站前高架的视线影响；利用地下商
业街自然衔接地面街巷，并与地面园林景观融为一体；同时设置
空中步廊联系各商务组团，总体形成一处睿思静逸的庭院。

商业广场（尚）：通过设置半地下商业街与交通枢纽联系，
将人流直接引入综合体内部中庭，通过垂直交通与一层广场及屋
顶花园相连，提供文化演绎、商业展示、公共交往的平台，打造
一个锋尚活力的港湾。

文化公园（乐）：商务中庭往北通过极富动感的步行天桥

▲ 总平面设计图（图7）

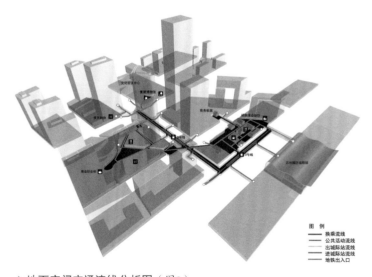

▲ 地下空间交通流线分析图（图8）

▲ 地下空间关系示意图（图9-1）

▲ 商务中庭效果图（图11）

▲ 地下空间关系示意图（图9-2）

▲ 商业广场效果图（图12）

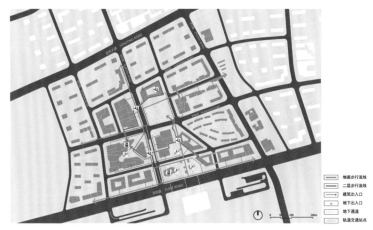

▲ 地面层交通流线分析图（图10）

▲ 文化公园效果图（图13）

▲ **都市邻里效果图**（图14）

▲ **缤纷水廊效果图**（图15）

抵达文化公园。开阔的草坪为市民提供亲地亲绿的场所，并可举行商品发布会和市民文艺表演等活动，成为地区重要的公共开放空间。

都市邻里（雅）：文化公园向东，结合特色商业街打造都市邻里，通过生态景观和时尚小品的设计，塑造悠然水绿之间一段风情雅致的街巷空间。

缤纷水廊（趣）：沿珠泾河打造滨水景观带，将沿线工业建筑改造为创意酒吧街，打造一条浪漫闲趣的特色水廊。

3.3 情感多样关怀

规划通过立体空间设计、多样公共空间、宜人街区尺度，为不同人群提供具有归属感的空间样式；通过运用过街天桥、遮阳挡雨走廊、无障碍设计、交通稳静化等措施体现人本关怀；建筑高度和立面设计充分考虑周边居住区，避免日照影响和炫光污染，营造舒适的生活氛围。

滁州高铁站区控制性详细规划与城市设计

1 项目背景

  滁州高铁站位于滁州中心城区南端，京沪高速铁路、规划合宁城际铁路、规划滁宁城际快轨均在此设站。站区历经多轮规划与建设，高铁站场及站前核心区交通基础设施已基本配套完成，本次高铁站区规划范围面积13平方公里。新一轮滁州城市总体规划定位高铁站区为商务商业中心，是滁州城市主中心的重要组成部分，如何进一步集聚人气优化发展，是本次规划面临的核心任务（图1）。

2 综合分析与目标定位

  区域层面：对处于南京都市区外沿的滁州而言，未来将受南京特别是江北新区的"扩散"影响而出现明显"同城效应"。因此滁州需要主动融入滁宁一体，加强与南京江北新区一体化、网络化发展，实现由"城市边缘"到"区域极核"的转化，建设"核心城区"（图2）。

  新城层面：滁州高铁站区距离城区较远，新城建设必须充分挖掘自身资源潜力，结合交通区位优势及科教园区资源，加强创新型产业空间预留，以产促城，尽快融入滁州城市及开发区的整体发展进程。

  站区层面：滁州高铁站区应具体分析各类交通流的不同特征，与周边组团协同发展，建立城市公共空间的系统联系（图3）。

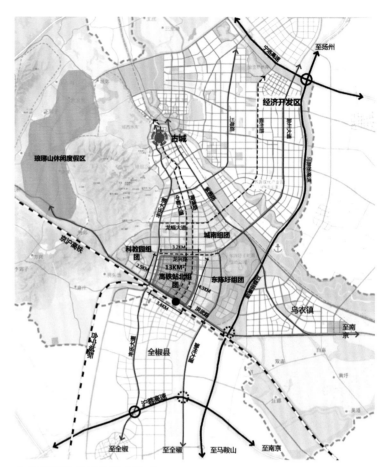

▲ 滁州高铁站区位图（图1）

▲ 区域发展分析图（图2）

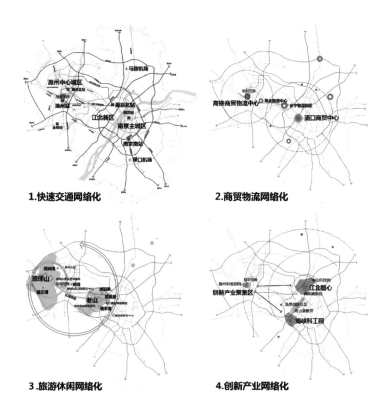

1.快速交通网络化　　2.商贸物流网络化

3.旅游休闲网络化　　4.创新产业网络化

▲ 滁南片区布局优化分析图（图3）

▲ 整体鸟瞰图（图4）

▲ 城市中轴线鸟瞰图（图5）

基于以上不同层次的梳理分析，提出滁州高铁站区的功能定位为"汇聚城市活力的产城融合新区，引领滁州发展的商务金融中心，呼应滁宁一体的现代服务高地"（图4、5）。

3　规划理念与特色

3.1　"有机网络"的规划概念

规划提出"有机网络"的核心概念，通过"绿色、交通、活力、创新"四网复合，展现"滁州门户，创新智城"形象特色（图6～8）。

基于现状水体提炼"水绿珠链"系统，并与周边组团加强联系，将各零散水体，转变为开放、网络、复合利用的多元系统，构建高铁站区"绿色网络"。

依托城市轨道交通站点引导重点开发，补充穿梭巴士接驳系统；优化街区尺度，疏导机动交通，依托"绿色网络"组织慢行休闲，完善"交通网络"。

以开敞空间为核心组织用地功能，围绕轨道站点集聚公共服务，形成生态景观、交通换乘、多元功能有机衔接的"活力网络"。

利用交通区位与景观优势，灵活布局创新园区、创意社区、创智楼宇等多元载体，形成"创新网络"。

3.2　活力荟萃的特色空间

基于"有机网络"重点打造景观与活力荟萃的特色空间（图9、10）：

（1）活力水廊

结合滨水资源利用，形成创智动力带、宜居生态圈、商娱活力环三个主题。

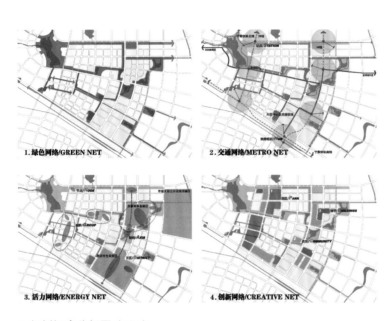

▲ 规划概念分析图（图6）

▲ 用地规划图（图8）

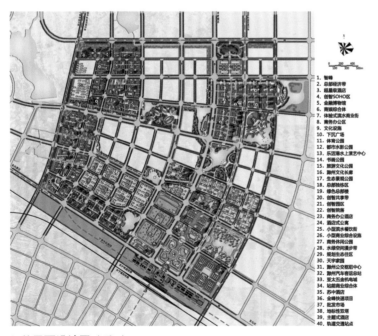

▲ 总平面设计图（图7）

▲ 空间设计意象要素分析图（图9）

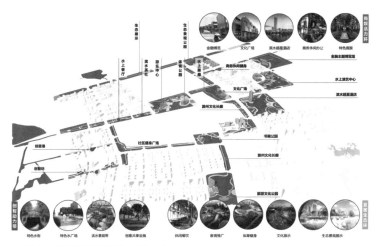

▲ 活力水廊设计意象图（图10）

创智动力带以特色水街道、水广场串联创新园区内的共享设施与景观带，重点营造交往休闲空间意象。

宜居生态圈结合居住社区布局，设置休闲餐饮、体育健身、文化展示、教育推广等特色节点，突出社区休闲主题与共享空间营造。

商娱活力环围绕未来滁州商务金融中心，串联商务健身休闲、金融主题博览、滨水超星酒店、特色商娱体验等功能，提升城市中心景观品质。

（2）滁州智心

围绕轨道交通站点建设商务金融中心，外围布局总部经济带、创智SOHO区以及体验式滨水商娱综合体，以地标建筑"智峰"为核，引领高端现代服务业的集聚，彰显未来滁州"智慧之心"形象特色（图11、12）。

3.3 保障实施的行动计划

通过合理的组团划分、适度的功能混合、公共服务设施及景观的共享，以"交通引导、分期开发"的原则确保规划的可实施性。

近期利用已建成基础设施配套，带动特色商贸功能发展，并引入企业总部、创新孵化等产业，配套居住等功能。

中期推进创新园区及总部经济带建设，精心打造"宜居生态圈"景观带，配套文体等公共设施，带动居住开发。

远期结合轨道站点建设，推进工业用地更新，提升高铁站区商贸能级，助力商务金融中心建设，使高铁新城成为宜居宜业宜游的创新型综合新城。

▲ 商务金融中心及创新产业区鸟瞰图（图11）

▲ 滁州智心夜景鸟瞰图（图12）

三、绿色转型——低碳生态型城市设计

1 生态化成为城市发展的趋势

城市是人类文明和进步的标志。从田园城市到工业城市，再到可持续发展的生态型城市，城市发展先后经历了"生态自发—生态失落—生态觉醒"的发展阶段。从古至今，无论是基于理论还是实践，人类从未间断过对城市未来的探索，寻求妥善处理人与人、人与自然之间关系的方法。虽然众多的思想家和学者并未在未来城市发展的具体目标和实现途径上取得完全一致的观点和找到具体的解决办法，但可以发现他们之间的一个基本共识，即城市发展不仅仅以经济为基础，并且包括了人类活动的方方面面，是人类生存质量和自然、人文环境的全面提升；不能仅仅以满足当代人或者少数人的需求为目的，而要顾及全人类的长久发展，只有可持续的发展才是真正的发展。

然而，随着城镇化进程的加快和城市空间的快速扩张，人工建筑系统与自然生态系统的矛盾日益尖锐，高碳城市建设模式已经成为制约我国可持续发展的主要因素，主要表现为三种问题：一是城市功能结构和空间格局的不合理，就业—居住—服务空间的错位配置，职住分离导致诸如低效出行等一系列不集约状态；二是私人汽车无节制的发展造成城市的离散化、郊区化，"摊大饼"式的蔓延模式大大增加了城市的出行难度，"堵城"现象在我国已经司空见惯；三是城市产业发展高能耗、生活方式高消耗和严重的环境污染，导致城市运行的高碳化。

面对越来越突出的城市生态问题，城市规划需要重新审视目前城市形态构成的基础，以生态学的视角去重新发掘城市日常生活场所的内在品质和特性，低碳生态型城市设计成为城市设计发展的新方向。事实上，城市设计并非简单地寻求一种可以塑造的城市空间之美，在某种意义上其一直追求着包含人与人赖以生存的社会和自然在内的、以舒适性为特征的多样化空间。当前背景下，低碳生态型城市设计既不同于以奥斯曼、西特为代表的，讲求城市空间环境视觉有序的城市设计发展第一阶段，也不同于以柯布西埃为代表的注重城市功能和效率的城市设计发展第二阶段，而是以城市的绿色转型发展为目标，通过把握和运用以往城市建设中所忽视的自然生态的特点与规律，创造人类舒适生活场所的同时促进自然资源的节约和生态环境的保护，推动建设人工环境与自然环境和谐共存、可持续发展的理想城市环境，进而发挥城市设计联系生态建筑设计、生态景观设计和生态城市规划的桥梁作用。

2 低碳生态型城市设计的价值维度

20世纪60～70年代，业界刚刚开始进入对生态型城市的探索阶段，专家学者大都从各自的学科背景出发（如自然、经济、社会、科技等方面），或者专注于城市运转过程中的某一方面，对城市的生态化发展进行研究，他们的研究成果都为城市生态化发展奠定了坚实的基础。然而城市的发展是受诸多因素影响的，单独就某一方面的研究无法解决整体的问题。随着自然科学的兴起和多学科的交叉，人们越来越意识到城市的发展涉及各个方面，开始对城市生态化发展进行全面的探索研究，强调社会、经济、文化、资源、环境、生活等各方面的协调演进，以使城市的当前发展能与长远发展有机结合。麦克哈格的"千层饼模式"分析技术以及"生态规划"概念的提出，为城市发展的美好"愿景"提供了一条可实现的路径，关于生态城市规划的研究成果日益丰富。针对中国城市发展阶段与特点，探索具有中国特色的生态城市规划与设计具有重要意义。当前生态型城市设计的思考角度具有以下四个特点：

（1）从物质景观塑造向和谐环境转变

加拿大学者M·荷夫指出，"以往那种对形成城市物质景观起主导作用的传统设计价值，对于一个健康的环境或是作为文明多样性的生活场所的成功贡献甚微"。城市作为人类生活居住的载体，不仅需要视觉上的美观、精神上的愉悦感、功能上的合理性，更需要在整体环境上的和谐，并随自然演进和人工环境建设而保持动态平衡。生态型城市设计突破了传统城市设计追求秩序美学的单一视角，更多地基于系统和谐的角度考虑城市空间的塑造，尽可能利用当地的自然条件，融入当地的风土文化来改善城市环境质量，营造更加丰富多彩、文明健康的生活场所，实现人与自然、文化环境的和谐发展。

（2）从单向设计向"再设计"转变

生态型城市设计以城市生态学作为重要的科学基础和指导思想，致力于研究人类之间以及人类与环境之间的相互作用和相互关系。因此，生态型城市设计需要转变传统的单向设计过程，强调开放的设计原则和动态发展的设计过程，采取调查—反馈—再设计的方式，对设计方案不断评价、反馈和调整，即"再设计"贯穿过程始终，体现对于城市多元价值体系的包容性。

（3）从环境产品向过程引导转变

当代城市设计的目标已经从物质形态的环境产品结果，逐渐向控制引导发展的过程转变。生态型城市设计同样也是一个逐步引导城市良性发展的过程，更要考虑设计过程的组织以及开发过程的导控，以适应城市多变的发展环境。

（4）从单一学科向多学科融合转变

城市是一个由自然、经济和社会三部分组成的复合系统，生态城市的主要特征就体现在整体性、和谐性、高效性和多样性等方面，因此生态型城市设计必然是在生态城市发展趋势下的一项跨学科活动，需要探索全新的多学科融合以及市民广泛参与的设计方法，研究以人为核心的城市空间环境的生态基础、人工改造技术、科学管理、生态文化等诸多内容，提出相应的生态策略、生态技术引导和城市空间优化手段，创造自然和谐、高质量的城市生活环境。

3 低碳生态型城市设计的路径策略

相较于传统的城市设计，生态型城市设计以生态视角研读城市空间，更加关注城市建设的内在质量，追求融合自然、历史、社会、文化等多元复合的生态美学观驾驭的绿色城市理想，因此在理念、目标、美学和设计方法方面，均表现出不同特点：尊重自然，强调环境友好；注重功能混合，促进交通减量；强调公交主导、慢行优先等绿色交通理念；注重资源循环利用和节能减排，关注绿色街区和绿色建筑等。我院近年承接了若干生态城、生态示范区、城市绿道等不同类型的城市设计项目，积累了一定的经验，与同行共同探讨。

3.1 基于人与自然和谐共生的宜居环境创造

生态型城市设计以生态学原理和可持续发展理念为核心指导思想，致力于协调人与生态环境的关系，强调充分尊重城市的自然环境、气候特点，发挥环境特质，减少资源消耗，促进自然环境的保护与再生。宏观方面，城市设计应理解城市的自然生长过程，基于大的山水格局、历史景观、生态保育等因素，控制城市空间的增长边界，限制无序蔓延，并根据城市的基础条件、发展潜力与政策导向等，选择适宜的空间结构类型，优化形态格局，控制好开敞空间体系以及链接系统，如风道、绿道等，保护好城市的生态基底，使城市发展与生态环境始终保持不断协调、有机演进的态势。中微观方面，城市设计应当结合场地特点、地形地貌，巧妙地融入自然元素，进行艺术性的创造设计，形成自然与人工和谐共生的城市空间，既满足功能要求，又能进一步优化原有的自然景观；通过生态技术的运用，比如提取传统建筑文化中的生态处理元素，利用适应当地气候环境的传统建筑技术等，以"低冲击"手段减少对环境的破坏，促进节能减排和资源循环利用，并因此形成相应的空间特色。

3.2 基于混合紧凑的人性化空间设计

生态城市的建设归根结底是要体现以人为本的原则。生态型城市设计需要立足人的生理、心理和行为活动需求，对城市活动、功能空间按照生态学理论进行有机整合，提高城市运转的效率。首先是功能混合，从城市整体到片区、社区、地块，从平面到竖直方向，都可体现功能混合的理念，不仅仅是平衡职住关系、就近就学工作的需要，通过混合布局，各种城市功能紧密联系，各种社会经济活动高效地交流互动，促进交通减量的同时更丰富了人们的公共交往，也更有利于营造多样化的景观风貌。其次是宜人的尺度，设计中应将人置于城市空间的主导地位，关注人的心理和情感需求，根据人的行为活动特点进行环境适应性的设计，比如适宜的街道宽度、街道间距、街区规模以及与之匹配的建筑高度、体量等，小尺度和相互连通的街道网络具有非常高的步行吸引力，并会因此让城市具有活力。同时还应关注城市密度，较高的城市密度不仅能提高土地和基础设施的利用效率，更有利于营造紧凑的城市空间，创造适合行人的城市体验。

3.3 基于公交主导、慢行优先的绿色交通体系

机动车主导的交通模式对城市环境的影响和不可持续性已引起广泛关注，转向公交主导、慢行友好的交通模式成为趋势。生态型城市设计应以创建慢行友好城市为目标，并从功能布局、路网密度、路权分配、人车分离等方面综合考虑，营造连续、安全、舒适的慢行体系。比如，按照TOD原则，发挥公交走廊、站点的区位经济价值，加强公共交通与土地使用的一体化开发；构建功能、层次分明的慢行网络，按使用功能可分为通勤性慢行系统、休闲性慢行系统；按重要程度可分为联系城市组团的慢行廊道、组团内部的慢行廊道等，并提出相应的慢行通道宽度、自行车停车等配套设施的引导要求；根据需要还可划定慢行优先区，如城市中心区、历史街区等，提出限制机动车通行的措施；整合公共交通和慢行系统，实现无缝衔接；结合地下、空中等立体空间开发，构建立体有盖步行系统，改善步行环境的同时可进一步丰富空间趣味。总之通过多种措施手段，充分体现对行人的尊重，吸引人们绿色出行，助推环境保护。

3.4 基于文化生态的城市特色塑造

传统城市设计主要基于图底关系理论、联系理论、场所理论等，对城市三维物质空间进行塑造，强调主从有序的虚实空间关系、城市形态与空间结构的内在联系以及人的活动与空间的结合模式。生态型城市设计在传统城市设计基础上，进一步运用文化生态学的理论，深入挖掘文化内涵并通过空间载体予以体现，对于旧城更新地区尤其适用。生态型城市设计强调从每一座城市的

独特历史文化环境出发，去认识城市的文化生态基质、形态特征与发展方向，把握地域文化与环境意识、民族意识、生活习性等的有机联系，创造富有地域文化特色的城市空间；注重保护文化多元性，通过分析城市中传统与现代、本土与外来等"文化生态丛"，运用城市设计手法传承延续，有机融合，塑造多元混搭、新旧对话、具有丰富多样性和文化魅力的特色空间，有机更新、工业建筑再利用、社区营造等均是文化生态观的体现；遵循生物进化的特性强化规律，城市在发展的过程中也一样需要不断提炼城市的特色文化要素，比如城市独特的天际线、传统肌理等要素都是城市历史发展的积淀和市民的共同记忆，随着城市的发展应该得到保护和不断强化，成为城市象征的空间特质。同时，生态型城市设计还强调城市特色空间的文化生态恢复与再创造，比如城市的历史街区，通过静态保护与动态激活的原则，延续历史文脉，并能充分适应现代生活需要。我院承接的一系列绿道设计项目，通过挖掘、提炼沿线以及城市的自然、历史人文要素，合理融入沿线的空间与景观设计，使其成为融合文化溯源、传承和发展的复合型生态廊道。

3.5 基于节能减排的生态技术运用

当代生态工程技术的不断发展进步为生态型城市设计提供了强大的技术支撑。生态型城市设计应因地制宜，加强生态技术应用，并与城市空间塑造与景观优化相结合。如通过CFD技术的运用优化城市空间形态，减缓热岛效应；滨水岸线的生态化改造，道路断面的生态化设计，污水净化、雨水收集与绿地公园景观营造的有机结合；绿地公园、环境铺装的海绵式设计；可再生能源利用与建筑、景观的有机结合等，通过生态理念、技术的多方位渗透结合，不断优化形成新的城市空间特色。同时通过城市设计研究，提出具体可行的生态技术指标，如屋顶绿化率、地面透水率等，反馈于控规编制和图则单元控制，指导开发建设。这方面我院在无锡生态城示范区、苏州独墅湖科教创新区等项目中都进行了有益的探索。

随着可持续发展理念的深入人心，以生态理念指导城市规划建设已经成为全球共同的行动目标。生态型城市设计基于传统和现代城市设计的演进和发展，以生态学理论为基础，以可持续发展为目标，更加突出城市建设中与自然相关的环境属性和可持续发展的价值取向，也为解决未来城市环境建设的问题提供了一个新的视角，即通过生态观的引入和规划建设，使得城市始终处于留有余地、富有弹性的发展状态，并保持动态的和谐与平衡。

案例解析

无锡生态城示范区控制性详细规划及生态型城市设计　/092
完成时间：2010年，江苏省优秀工程设计一等奖（2010年度），全国优秀城乡规划设计二等奖（2011年度）

苏州市吴江区环太湖风景路规划设计　/097
完成时间：2013年，江苏省优秀工程设计二等奖（2014年度）

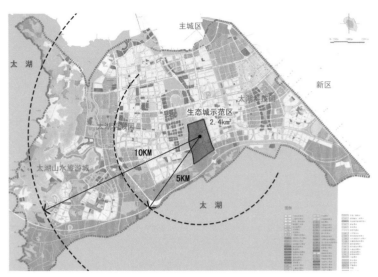

▲ 区位图（图1）

▶ 无锡生态城示范区控制性详细规划及生态型城市设计

1 项目概况

无锡生态城示范区项目位于无锡太湖新城（住房和城乡建设部、无锡市政府签约共建的国家低碳生态城示范区）核心区域的东南角，规划范围面积2.4平方公里，是中国、瑞典在低碳生态领域开展的合作示范试点（图1）。

2 总体思路

规划针对"业态、动态、形态、生态"四个方面，以低碳生态视角，提出了"混合布局引导功能复合利用，绿色交通引导低碳出行行为，多元景观引导城市特色塑造，节能减排引导低碳生态建设"的发展策略，构建"功能复合利用的活力区，交通外畅内达的宜居区，景观特色鲜明的标志区，绿色集约发展的实践区"，最终实现建设"低碳生态模式示范区"的总体目标（图2）。

▲ 城市设计空间意象图（图2）

3 规划重点与特色

规划在编制过程中全面贯彻了低碳生态理念，在低碳生态指标体系、空间布局、交通组织、生态建设、资源利用、节能减排、地块指标控制和引导等方面具体予以落实。

3.1 低碳生态指标体系

从无锡经济社会发展阶段和资源环境特点出发，借鉴先进地区经验，按照"可操作、可推广、可管控"的原则，从建设科学、生态健康、资源节约三大领域选择具体指标，构建低碳生态指标体系，并通过地块控制图则予以分解落实。

◀ 用地功能规划图（图3）

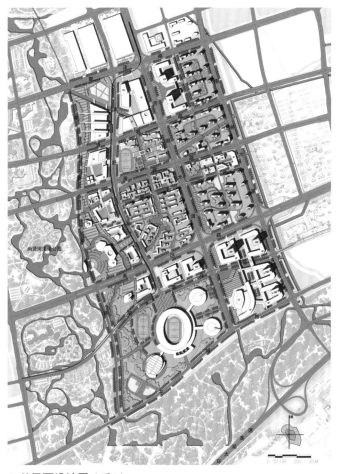

▲ 总平面设计图（图4）

▲ 城市设计空间意象夜景图（图5）

▲ 低碳住区空间引导图（图6）

3.2 空间布局

（1）设置混合用地，提高土地使用效率

规划将文化娱乐、商业服务、休闲旅游等功能设施沿西侧湿地走廊混合布局，形成具有活力的高效开发区域（图3、4）。

（2）均衡布局社区服务设施，满足就近服务

针对以往社区层面公共设施多头管理、分散建设带来的居民使用不便、规模效益差等弊端，将社区层面的公共服务设施沿生活性道路集中组合布局于居住组团的核心位置，使居民能就近享受基本公共服务。

（3）市政设施集中布局，节约土地

规划将能源中心、公交首末站、社会停车场等市政设施用地集中布局，建设市政综合体，减少对周边地区干扰，也有利于集约用地。

（4）以城市设计研究引导形体空间低碳布局

城市设计研究特别针对微气候环境，进行通风和热环境模拟，优化建筑布局，提出建筑密度、建筑高度、建筑形态规划以及利用绿化廊道形成微风通道等措施，反馈于控规，指导城市建设（图5、6）。

3.3 交通组织

（1）构建网络化慢行体系，提升慢行空间品质，实现慢行友好

规划将慢行系统布局与人的行为特征相结合，强化慢行廊道与出行产生点和吸引点的衔接，以慢行廊道串联广场、公共交通

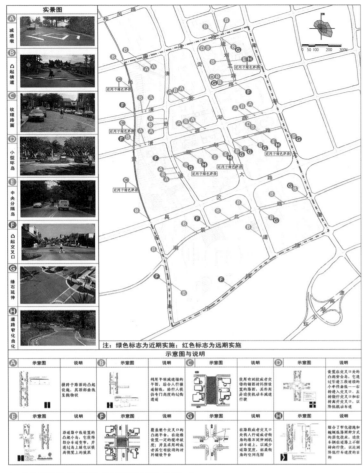

▲ 交通稳静化措施规划示意图（图7）

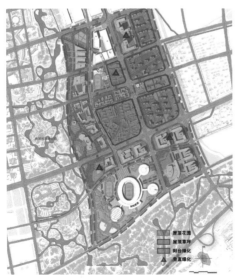

◀ 立体绿化布局
引导图（图8）

换乘点及公共服务设施，并与外围慢行系统有效衔接。形成由慢行廊道、慢行连接道、滨水休闲道、街坊内部游憩道等组成的网络化慢行体系，提高慢行易达性。同时对部分城市支路及重要慢行节点采用交通稳静化措施，创造安全的慢行环境（图7）。

（2）建立立体换乘枢纽，促进无缝换乘，实现交通减量

规划以"集约高效利用土地、促进地下空间开发"为出发点，结合用地和公交线网布局，布置立体换乘枢纽，集约布置地铁站点、架空独轨站点、公交首末站、自行车租赁点、电动汽车充电站、机动车停车场等设施，形成无缝换乘环境，引导绿色出行。

3.4 生态建设

按照"总量适宜、布局合理、低碳高效"的原则，结合居住和就业人口，综合考虑区内碳氧平衡和污染物净化等要求，确定绿地总量，构建完整的生态框架和系统化、网络化的水系与绿地系统。并将每100平方米绿地乔木量、可上人屋面绿化面积比例、本地植物比例、地块绿化物种数、硬质地面透水面积比例等作为地块规划设计的控制性指标，有效增强绿地系统固碳和改善城市生态环境的能力（图8）。

3.5 地块指标控制引导

通过控规与城市设计的互动反馈，建立地块控制性详细规划和城市设计双控图则，特别针对地下空间利用、生态环境、资源利用等方面，新增建筑节能标准、硬质地面透水面积比例、再生水设施配建方式等控制性指标和停车调控系数、直饮水净化设施布局引导、可再生能源利用占比等引导性指标，指导地块的低碳生态建设（图9、10）。

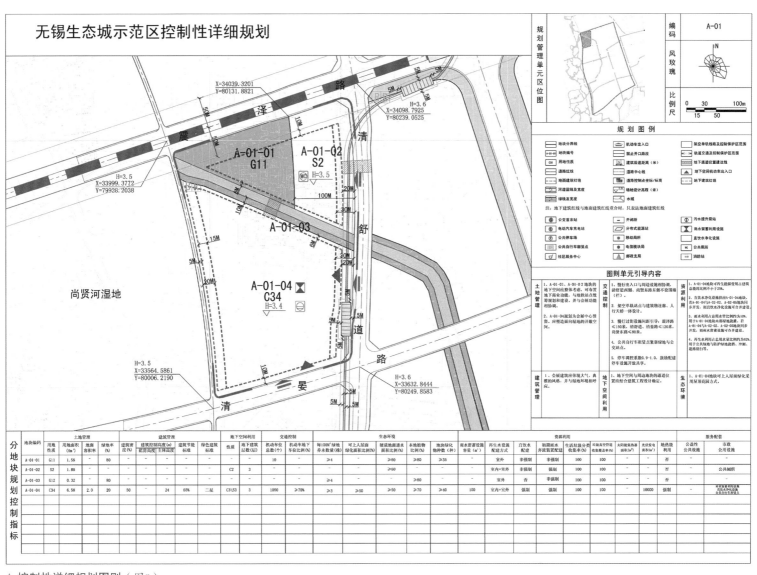

▲ 控制性详细规划图则（图9）

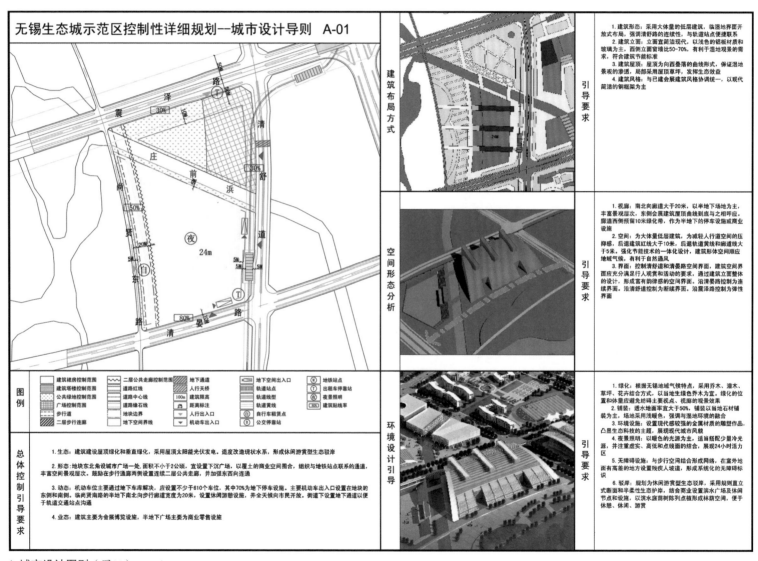

▲ 城市设计图则（图10）

▶ 苏州市吴江区环太湖风景路规划设计

1 项目背景

苏州市吴江区环太湖风景路是整个环太湖风景路的重要组成部分，以太湖大堤为风景路载体，南起江浙界，北至吴中区太湖梢大桥，全长42.7公里，途经吴江城区、七都镇区以及大量的乡村地区（图1）。

规划首先基于区域及周边历史文化、自然景观资源进行系统梳理，提出区域风景路体系构想；其次重点分析临湖地区的基本情况，对临湖线的定位、走向、景观、设施等提出总体设计引导，对驿馆驿站、重要的景观节点以及不同的主题段进行详细设计，最后通过分图则的形式将所有内容整合起来。

风景路的设计秉承以人为本、生态优先和文脉传承三大理念，以"轻绸墨舞水映吴江"为设计主题，形成三大段、十小段的空间结构，主要设施包括一个驿馆、九个驿站（图2、3）。

2 需求分析与功能策划

（1）基于时间需求的游憩活动分析

规划从时间需求角度分析使用人群、分布区位、设施需求特点，通过多元的主题打造、差异化的景观环境塑造、配套不同的服务设施来满足各类使用人群需求。以"太湖之舞"段为例，其定位为主要承接一日游及多日游的人群，景观上以自然生态特色为主，设施上布局了户外活动、休闲娱乐等场所，交通上则加强与自驾交通的衔接及转换（图4）。

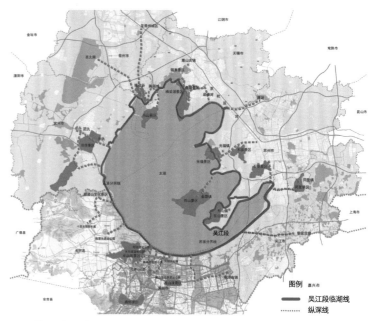

▲ 区位图（图1）

基于时间需求的行为分析与空间设施列表

时间需求	人群特征	空间分布	设施需求
短时休闲游	沿线居民，利用早晨和晚间进行晨练、散步等休闲健身活动	邻近城镇	座椅、休憩亭、小型广场等
一日游	临湖线周边城市居民，利用双休日进行聚会、家庭出游、休闲放松等活动	郊外、公园、乡村、景区	户外运动场所、农家乐、公园、自行车租赁等
多日游	旅游人群，具有一定经济实力和空闲时间，以外地游客为主，以度假酒店等设施为中心开展活动，活动范围广	以驿馆或酒店为落脚点	特色旅游资源

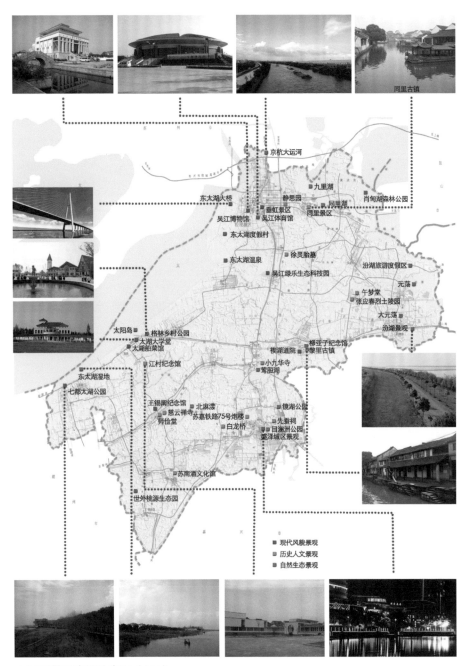

▲ 区域景观资源分布图（图2）

▲ 总平面设计图（图3）

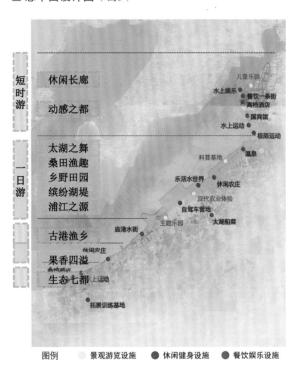

▲ 设施布局规划图（图4）

▲ 游线组织图（图5）

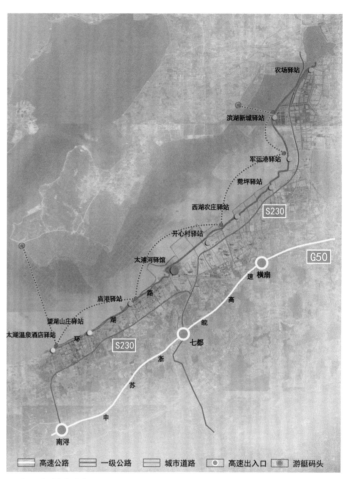

▲ 交通衔接规划图（图6）

（2）基于不同出行方式的绿道空间分析

出行方式的不同，对路面的要求也有差异。规划通过多种路面铺装形式以及合理的组合满足不同人群的需求。

（3）基于多元组合的旅游需求分析

通过组织丰富的陆上及水上游线，将湖荡游、美食游、农业游、文化游等不同旅游主题整合串联起来。

（4）基于不同交通接驳方式的设施需求分析

风景路内外交通的转换主要通过步行、自行车、公共交通、私家车等形式实现，规划以驿馆、驿站为枢纽，配套停车场、自行车租赁、公交站等设施，构建交通换乘系统（图5~8）。

混凝土/砖石铺装路面　　透水铺砖路面　　　新建木栈道

彩色透水沥青路面　　透水铺砖+彩色透水沥青路面

▲ 风景路铺装设计图（图7）

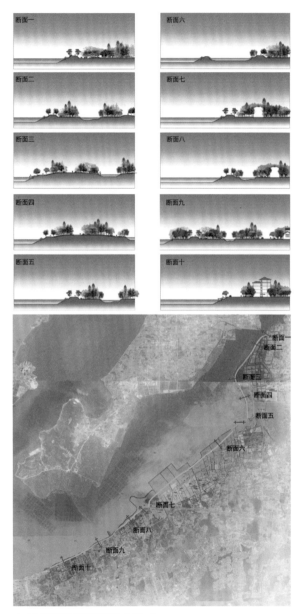

▲ 风景路道路断面图（图8）

3 生态优先与景观塑造

针对江南地区的水系网络、临湖地区的水生态环境进行重点分析，突出水乡特质，并在空间上通过湿地生态维护、滨水休闲空间打造、水街特色再现、湖荡风光塑造来体现（图9、10）。

▲ 生态缓冲带划定图（图9）

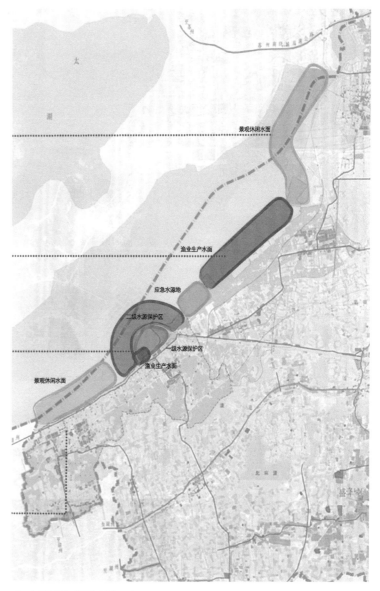

▲ 水系统分析图（图10）

▲ 节点设计——生态七都（图11）

▲ 节点设计——古港渔乡（图12）

4　文化特色与节点设计

　　挖掘吴江丝绸文化内涵，引导村民种桑养蚕，提供游客缫丝、桑葚采摘的体验，展现吴江千年绸都的文化底蕴。在节点的设计中，强调对古村落、特色街区等传统空间的保护，对于新建的设施尽量采用园林式的布局模式以及江南传统建筑形式（图11、12）。

5　项目落实与可操作性

　　按照因地制宜的原则，风景路线路主要利用现太湖大堤进行改造，其次利用既有的乡村景观道路及未来规划的景观道路，完全新建的风景路只占总长度的10%左右。整体设计以可操作、可落实为原则，充分利用现有设施如现状农家乐等，体现节约、原味和地域特色鲜明的指导思想（图13～18）。

　　目前，吴江区环太湖风景路已经全线贯通，滨湖岸线的生态化改造也已基本完成，生态公园景观显露雏形，湖荡湿地景观逐步恢复，沿线村庄通过整治村容村貌明显改善。当地开展了一些以自行车为主题的企业宣传、特色婚礼等商业策划活动，沿线的农家乐、主题公园人气渐旺，风景路的建设取得了良好的经济及社会效益。

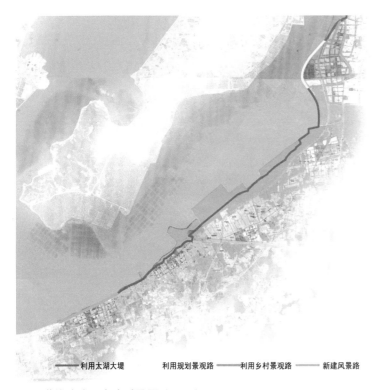

利用太湖大堤　利用规划景观路　利用乡村景观路　新建风景路

▲ 绿道线路建设方式引导图（图13）

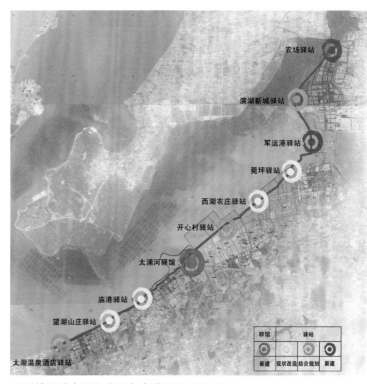

农场驿站

滨湖新城驿站

军运港驿站

菀坪驿站

西湖农庄驿站

开心村驿站

太浦河驿馆

庙港驿站

望湖山庄驿站

太湖温泉酒店驿站

驿馆	驿站		
新建	现状改造	结合规划	新建

▲ 驿馆驿站布局及建设方式引导图（图14）

图例　●桥梁节点　■建构筑物　●干扰景观　●过闸口

▲ 立足问题导向的细节设计图（图15）

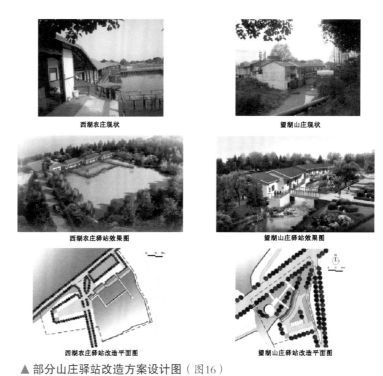

西湖农庄现状　　　　望湖山庄现状

西湖农庄驿站效果图　　望湖山庄驿站效果图

西湖农庄驿站改造平面图　望湖山庄驿站改造平面图

▲ 部分山庄驿站改造方案设计图（图16）

江陵大桥改造方案一：架设栈道　　江陵大桥改造方案二：桥面专属路权　　江陵大桥改造方案三：专属路权+路面抬高

▲ 桥梁改造方案设计图（图17）

▲ 标识系统设计效果图（图18）

四、空间再生——城市更新地区城市设计

2013年中央城镇化工作会议提出新型城镇化战略，要求紧紧围绕提高城镇化发展质量，提高城镇土地利用效率，不断改善环境质量，推进以人为核心的城镇化。在此语境下，我国城市经过快速发展的浪潮后，将从规模增长逐渐转向提高空间资源利用效率、提升城市功能和激发城市活力等方面，城市建设也逐步从空间扩张转向存量经营，存量地区成为提升城镇化发展质量的重点区域，城市更新迎来新的机遇。城市更新不应仅仅关注经济功能与物质形象的提升与改善，而应基于城市复兴的理想，寻求更新地区持续增长的要素。"成功的城市复兴，一定是以设计为先导的（design-led）"——城市设计作为创造空间的一种手段及其源于人文思想的追求，对于助推更新地区复兴、塑造和谐的城市经济文化社会形态具有独特作用。

1 城市更新成为城市发展的新常态

进入2010年以后，随着国际环境改变、国内社会经济结构调整以及可开发土地资源的日益紧缺，传统的数量型、粗放型的土地开发模式难以为继，挖掘存量潜力、盘活存量空间成为越来越多的城市空间拓展、促进经济增长的主要途径，城市更新将成为城市发展的新常态。一方面，旧城区由于形成历史久，普遍存在人口拥挤、交通不畅、用地低效、功能混杂、公共设施和基础设施配套滞后与老化、建筑与城市面貌破旧等问题，严重影响居民生活质量与城市发展，亟待更新改造；另一方面，城市空间经历超常快速发展之后，如今先发展地区的城市空间基本建成，由于当时的发展理念、经济水平等限制，很多地区也已面临结构性、

功能性的衰退和物质性老化等问题。这些存量地区的再开发或者说再发展已经成为现实问题，城市规划也逐步从关注大尺度的战略规划和新区设计转向关注精细化的存量规划和城市更新。

快速城市化过程中，我国几乎所有大中城市都经历过以房地产开发为主要模式、大拆大建的城市更新过程。虽然城市面貌得到改善，但也引发种种问题招致社会诟病，如急功近利的拆旧建新、整体改造模式导致原有空间尺度、人文环境消失，历史文化和传统风貌遭受破坏；经济利益驱动下过高的再开发容积率又带来人口、基础设施的更大压力；绅士化改造方向使得原有邻里结构解体，文化多样性丧失；忽视居民利益，恶性拆迁事件屡有发生等。之所以产生这些问题，一个重要原因就是城市更新过于服从速度、效率优先，片面强调提高土地使用经济效益和现代化形象塑造，而对包括以人为本的空间改善、文化保护、社区维护等综合内容在内的宜居品质重视不够。因此针对更新地区，既要研究产业升级、提高土地使用效益、完善基础设施等规划对策，以实现振兴经济和城市发展的目的；同时也需要加强城市设计研究，通过功能、环境和空间品质的综合提升，满足人们对城市环境、生活品质乃至城市精神更高的追求，实现更高层次的城市更新。

2 更新地区城市设计的主要理念

城市更新有其自身的发展规律，与城市发展水平、产业结构调整、人口结构变化等紧密相关。西方国家城市更新自第二次世界大战以后开始，尽管不同国家社会经济条件和历史背景不同，城市更新实践过程中遇到的问题各异，发展历程却大致相同，基本经历了从大规模推倒重建的物质改造，到小规模、分阶段渐进式的社区更新，从政府主导的具有福利色彩的住区更新，到市场

主导、公私伙伴关系为特色的城市更新，再到公、私、社区多方合作的多目标综合性城市更新。伴随这一过程演变最核心的变化是城市更新关注的对象从区域到区域中的人，更新的目标从单一的物质空间改造过渡到多元化、综合性的人居环境改善和城市复兴。我国城市更新地区有其自身特点，一般包括旧城区、旧工业区、棚户区、城中村等类型，以及改革开放以后建成但已面临结构性衰退的新区，不同类型的更新地区面临的问题与诉求各异。但普遍存在功能发展滞后、用地效益低下、公共设施与基础设施短缺落后、历史资源未能有效保护与利用、城市形态与风貌特色随着局部地块的更新改造日益模糊等问题；更为重要的是，这类地区土地权属分散、牵涉权利关系复杂、建设活动频繁，如何平衡各方利益实现"共赢"，成为城市更新的关键问题。与此同时，伴随中国经济市场化、社会多元化、政府权利的下放和职能的转换，私人利益得到承认和鼓励，市民意识极大增强，越来越关注城市环境、生活品质和社会公平。城市更新语境下，基于增量发展的自上而下"蓝图式"的城市设计已然不能适应，必须摒弃以往偏好大拆大建、专注展现城市地标和显赫形象的惯性思维，要从关注"宏大场景"塑造转向关注"平民叙事"的日常生活空间改善，致力于促进更新地区环境改善、生活品质提升及特色重塑等综合目标，探索以政府引导、公众参与、社区合作为支撑，以公共空间和特色资源精细利用、民生设施改善为主导，通过"微空间""微环境"的"微更新"方式实施积小胜为大胜的精明转型策略。

（1）综合目标

更新地区城市设计需要转变侧重经济功能提升、物质环境改造的单一目标，转向助推城市复兴、社区活力提升、经济持续发展以及文化传承的综合目标导向。一是优化功能。由于权属关系复杂，各方利益分配成为更新地区规划设计的主导价值取向，需要合理平衡地区整体发展理性和个体开发理性之间的关系，将政府目标导向与个体利益要求、整体发展秩序与市场活力相结合。二是保护传统文化。更新地区往往是各类资源尤其是历史文化资源最为富集的地区，规划设计需要充分考虑开发与保护的平衡，合理保护并活化利用历史资源，使其适应现代功能发展要求，延续城市文脉。三是提升生活品质。更新地区的城市设计应当致力于改善公共服务，既包括完善公共配套，建设更为人性化的出行系统，增加公共开放空间等物质性方面，也包括促进社区自治、提供更多就业机会等社会性内容。四是强化或重塑特色。规划设计应深入挖掘更新地区的特色资源及其价值，精细利用，结合城市功能或公共空间塑造，彰显地方特色。

（2）人本主义

城市设计的最大价值在于对人的关注，更新地区的城市设计尤应坚持营造与特定地域和现代生活相结合的可持续城市空间的追求和探索。回归人本价值，首先是创造人性化的空间体验，包括宜人的街道和街区尺度、紧密的建筑肌理、连续性的场所空间等；其次是营造步行友好的城市环境，转变机动车主导的交通模式，关注步行权利，让街道回归生活；同时更新地区规划设计特别应当摒弃盲从"规范""指标"的机械主义做法（比如我国城市道路"红线+绿线+退界"的僵硬做法造就了很多空旷乏味的街道空间，既浪费了土地，也给人们生活带来许多不便），尊重历史环境，尊重人的行为特征，为人的生活服务，切实提高人居环境品质。人的需求包括功能需求和精神需求，应当贯穿于设计全过程，特别应当借鉴国际城市倡导的社区营造理念，满足不同人群的归属感需求，并以此创造具有吸引力和充满魅力的特色区域。

（3）渐进过程

简·雅各布斯主张"小而灵活的规划"，"从追求洪水般的剧烈变化到追求连续的、逐渐的、复杂的和精致的变化"。过去基于速度、效率优先的大拆大建模式已被认为是不可持续的，尊重历史环境和传统生活，分阶段、精细化和渐进式的改善成为城市更新的主要方向。相应地，更新地区城市设计需要从追求全面、综合地预设终极式发展蓝图转向过程规划，突出行动导向，强化公众参与，紧密结合规划管理，建立协调开发建设、保障公共利益的诱导机制，以渐进式的更新模式不断优化城市空间。

3　更新地区城市设计的关注重点和方法路径

中国城市正处于转型发展的历史阶段，城市功能升级和空间结构优化任务迫切。更新地区的城市设计一方面应当呼应城市转型发展需要，充分挖掘发展潜力，与城市整体发展建立互动关系，促进城市产业升级、空间优化，带动旧城复兴和人口就业；另一方面城市更新地区不同于新建地区，需要立足问题导向，解决各种历史遗留问题和欠账，引导城市充分利用现有基础和资源进行整合和创新，促进空间再生。

3.1　土地再开发与空间重构

城市快速发展以及市场带来的不确定性，容易导致存量空间的发展逐渐呈现无序的状态，需要结合环境变化不断修正发展秩序，优化土地使用。由于权属关系复杂，更新地区的土地再开发需要更多地考虑产权主体及相关利益诉求，但这又容易导致单个地块碎片化的更新倾向，影响城市整体功能与形态，城市设计需要合理平衡二者关系。一方面基于城市整体视角，纠正上位规划和建设过程中出现的结构性的缺陷，整合或重建空间架

构，明确未来发展秩序；另一方面，基于市场发展要求，梳理用地潜力，针对更新地块加强用地策划，力求地尽其用。通过将自上而下的政府目标导向与自下而上的市场发展要求相结合，既要维护城市整体发展秩序，保护公共利益，如城市整体形态意象、视廊控制、高度控制等；又要充分尊重个体开发动力，保护各方权益，激发地区活力，引导建成环境不同类型空间的有序更新。

3.2　文脉延续与城市特色塑造

更新地区往往历史积淀深厚，人文资源富集，但是由于时机、市场、认识等因素，一些特色资源在城市发展过程中未能得到充分保护、利用和彰显，资源价值没有得到体现。城市设计需要从这些地区独特的自然和历史文化环境出发，把握更新地区的形态特征与发展方向，深挖资源价值，与消费产业、城市功能、公共空间相结合，通过精细化的利用塑造城市的特色空间或新的旅游目的地。

空间赋予文脉意义才能称之为场所，文物古迹、历史建筑、传统街巷等都是记载历史信息的物质实体，城市设计不仅要保护这些单个的历史遗存，还需要更进一步，强调城市历史脉络的保护。通过梳理历史的基本结构，运用城市设计手段，如控制视廊、街巷串联、织补植入等进行空间链接，构建相连相通的历史空间网络，将分散的点、中断的线和不协调的面组织成一个系统的有机整体，最大程度彰显片区的历史脉络和文化价值，增强地区的文化特征和场所感。其中尤应重视更新地区的尺度肌理，强调尺度可控的地块更新，尽量避免将很多地块合并进行所谓的整体开发。鼓励基于传统肌理的小地块定制型的再开发模式，这种小地块、微更新的模式，有利于保留地区的历史特性，并由此形成新旧风貌混搭的多样性和独特魅力。

3.3 民生改善与品质提升

城市更新也是民生工程，城市设计应当立足居民实际生活需要，完善公共服务、基础设施，更为重要的是提升日常生活空间品质，包括完善社区服务功能、增设广场绿地等开放空间、构建人性化的出行系统、整治出新老旧小区等。存量地区由于土地资源有限，需要探索多元化、立体化、灵活性的改造方式，比如滨水绿地的多功能利用，通过见缝插绿、建设屋顶花园等方式完善现存环境的绿化和休闲系统，利用学校操场建设地下停车设施、改善周边老旧小区停车难问题。针对交通问题，特别应当反思新区建设中机动车主导的交通模式，因地制宜探索慢行友好的交通优化措施，而不是一拓了之。重视街道空间的价值，街道作为一种线型空间，对于修复因快速发展时期开发项目遗留的城市空间方面的"断点"，增强城市空间的连续性具有重要作用，以"完整街道"的理念强化街道的人性化设计，使街道回归生活空间，对于提升城市环境和形象效果显著。

更新地区的城市设计还应注重维护社区结构，不断提高社区对自身价值的认同感，激发社区自我更新的动力。比如可以利用社区道路，发展社区服务、餐饮休闲等功能，培育形成特色生活街，既能带来生活的便利，还能激发更多的就业机会。通过活力街道、广场公园等特色节点进行整治改造等微更新手段，逐步培育社区意识，提高社区对自身资源价值的认识度，从而推动社区主体积极参与自我更新改造，不断改善生活环境。

3.4 节能环保与绿色更新

随着可持续发展理念的深入人心，推进绿色城市发展成为未来最重要的城市政策，更新地区的城市设计同样需要引入绿色理念。包括基于地域自然环境的空间组织、既有建筑的改造利用、混合功能与紧凑的街区肌理、具有多样选择的微循环交通、地上地下立体空间利用等，通过设计减少资源消耗，促进资源循环利用，修复并积极营造城市生态系统。绿色更新尤应关注以下两方面内容。

一是营造慢行友好的出行环境，应重点关注微循环系统。基于步行优先角度，研究适宜的路网密度、道路宽度、缘石半径、路幅分配以及人车分离等措施，建立完整连续的慢行系统，吸引人们绿色出行。同时还应提高慢行空间的质量和趣味，如将步行系统与自然景观、特色标志物等结合起来，通过街道家具、树木和其他环境设施的精心组织与设计，创造具有人性化、差异化、多样化的慢行体验。

二是创造连续细腻的空间肌理，城市密度需要引起足够重视。我国传统城市正是以高密度的建筑肌理创造了紧凑丰富的空间体验，更新地区城市设计应当向传统空间学习，建筑布局、体量与风貌更多地考虑与周边空间的衔接，保持适宜的密度，创造相连相通的城市场所和连续多样的空间体验，避免一味追求低密度、高绿化率的所谓现代城市景观，带来土地使用的浪费和生活的不便。

总之绿色更新应当避免大拆大建的模式，探索小尺度、步行化、多元化的微更新模式，营造功能混合的社区结构、人性化的空间尺度、复合利用的立体空间、多样混搭的景观风貌，以此带动绿色生活方式，助推城市绿色发展。

3.5 行动导向与可操作性

城市快速量化扩张阶段，由于新区用地限制因素少、操作便利，蓝图式规划一直占据主流地位。相比之下，更新地区则充满了复杂性与矛盾性，历史遗留问题和利益关系错综交织，"蓝图式"设计需要向"实施型"设计转变，突出行动导向。一方面要加强城市设计的开放性，有效推进公众参与，促进社会多元对话，争取大众支持；更为重要的是在当前体制下，结合政府工作，将城市设计内容项目化，针对具体情况，形成开发类、整治类、提升类等各种类型的项目库，纳入政府年度行动计划，是有效推动项目实施的措施。如《南京市鼓楼区河西片区城市设计》根据规划成果，梳理形成三类地区：第一类地区为具有开发或改造潜力的地区，要求结合城市功能优化打造新的亮点；第二类地区为现状环境不佳、需要整治提升的地区，要求按照总体设计目标制定整治方案，改善环境，提升形象；第三类地区为重要景观轴线和功能节点地区，要求整合现有空间要素，重点塑造，进一步提升片区标志性景观形象。针对三类地区分别制定了近、中、

远期分步实施项目计划，以点带面，有序推进片区更新改造。通过这种方式，还可针对不同阶段开展滚动编制，动态更新项目库，形成空间设计、项目落实、阶段推进相结合的实施管理手段，建立城市空间改善和提升的长效机制。

城市设计经过大半个世纪的发展，其功能和内涵越来越趋向多元化。作为一种"创造空间的过程"，城市设计不仅仅是对物质空间美学的追求，更是实现社会公平、文化创新等同步复兴的过程。存量地区开展城市设计研究，应当更多地基于人文追求，关注物质空间背后的社会及文化行为，促进公共环境品质提升和各种公共服务设施完善，引导城市建成地区以人为本、精致细腻地进行绿色更新和再开发，不断改善人居环境。

案例解析

▶ 南京市鼓楼区河西片区城市设计

1 项目概况

项目位于南京市河西新城北部片区（图1），河西新城总体定位为以滨江风貌为特色的新城区和城市西部休闲游览地。由于建设初期受制于当时发展条件以及规划定位和导向的局限，城市功能、空间、环境与形象均与现代化新城目标具有一定差距。

本次规划范围面积8.6平方公里，居住人口22.5万人，属于典型的存量型建成区。基地现状拥有江（长江）河（外秦淮河）合抱的自然景观资源以及明代宝船厂遗址、民国中央广播电台旧址等独特人文资源。但同时也存在以下问题与挑战：功能结构失衡，空间意象模糊；滨江、滨河空间建设粗放，特色资源低品质利用，景观环境缺乏特色与趣味；大街区、等级化的道路系统导致非人性化的出行体验；公共服务功能滞后于需求，公园绿地等开放空间严重不足；大量老旧小区亟待改造出新以及可改造用地非常有限、牵涉利益主体复杂等。通过开展城市设计研究，旨在对现有城市空间结构进行补救性干预，纠正上位规划和建设过程中出现的结构性缺陷，构建更具个性化和城市特色的空间形态，改善民生，整体提升鼓楼区环境品质。

2 理念与构思

规划立足资源和问题导向，确定"精致、雅致、宜居、乐居"的发展目标，以公共空间品质提升和民生功能完善为主线，从城市和社区两个层面进行空间整合：结合政府的发展目标要

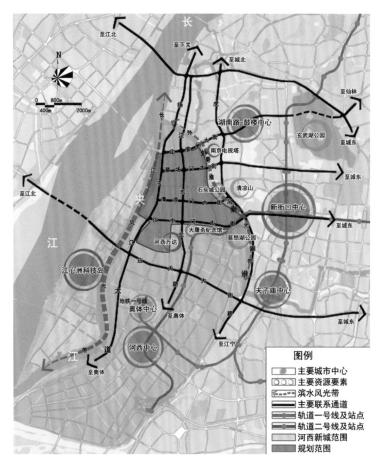

▲ 区位分析图（图1）

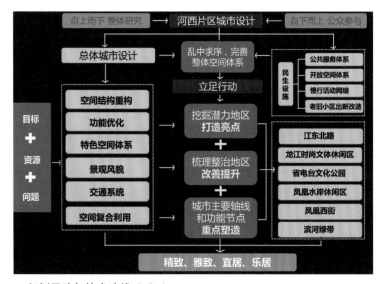

▲ 规划思路与技术路线（图2）

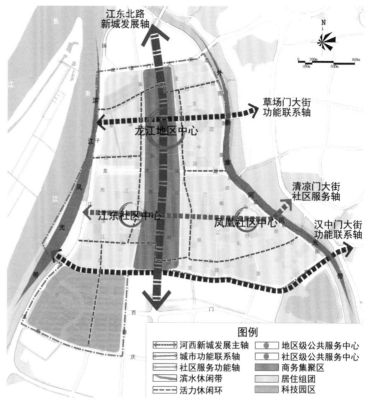

▲ 功能结构图（图3）

求，从城市层面系统整合资源条件和发展潜力要素，重构空间生长秩序，强化以人的体验为核心的公共空间资源体系建设；立足社区，缝合城市生活网络，营造富有活力的城市街区，体现"平民叙事"的理念。在此基础上结合河西新城总体发展要求，通过挖掘潜力，整合资源，在居住、科技研发既有功能基础上进一步强化商务、旅游功能，形成具有一定历史文化内涵、功能复合、服务便捷、充满活力、富有特色的"宜居乐居"城区，并最终落实于行动规划，有序推动城市更新建设（图2）。

3 研究重点

规划结合现状问题，确定六个方面研究重点：混合发展的潜力以及多元化的方向；片区发展架构和空间形态的优化；文化传承和空间识别性；人性化的出行系统和街区尺度；空间的复合利用；民生设施和生活环境改善，包括完善社区公共服务，提升日常生活空间品质，研究老旧小区综合改造的技术与政策措施等。

4 策略路径

4.1 乱中求序——整合空间架构，重构成长秩序

规划将"自上而下"的空间体系重构和"自下而上"的社区活力营造相结合，通过梳理和分析河西片区成长中的问题和潜在"触媒"资源，提出"强化轴带、构建网络、突出节点、高层积聚"的空间整合思路，明晰引导现存空间有序更新发展的空间逻辑（图3、4）。

强化轴带：结合轨道交通和江河水系，强化"三横一纵"的功能轴线和"江河合抱"的生态景观格局，推进功能复合和生态旅游发展。

▲ 城市形态现状与规划引导图（图4）

111

▲ 特色空间系统规划图（图5）

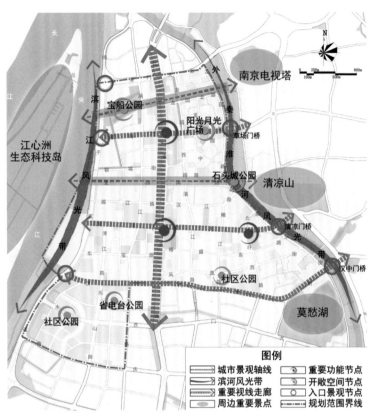

▲ 空间景观结构图（图6）

构建网络：利用现状商业服务设施相对积聚、与社区生活联系紧密的街道（凤凰西街、漓江路、龙园西路），进行特色化提升，形成面向社区、融公共服务与休闲体验于一体的生活休闲网络。

突出节点：加强地区、社区两级公共中心建设，完善功能，强化节点景观形象。

高层积聚：引导高层建筑沿主要功能轴线、公共中心呈"点轴积聚"布局，逐步优化整体形态和天际线，强化城市意象特征。

4.2 精用资源——塑造特色空间，提升城市品位

规划提炼片区三大文化主题：古代航海文化、绿色生态文化、现代休闲文化，构建"两带三街四片一网"的特色空间体系，展示多样性的城市景观与文化（图5、6）。

规划特别注重日常生活空间的品质提升，重点打造三条特色街，依据各自沿线功能、资源条件，赋予相应的主题定位，制定街道环境改善导则。

结合历史文化和公共资源打造四片特色街区，塑造城市新亮点。特色街区的设计并不追求地标感，而是侧重与城市空间的联系和互动，创造具有独特文化氛围的空间场所，提升城市品位。

此外，规划还结合水系、道路绿带形成步行优先的林荫绿道网络，将滨江、滨河风光带、各级公共中心、特色街区有机串联，形成相连相通的城市生活网络。

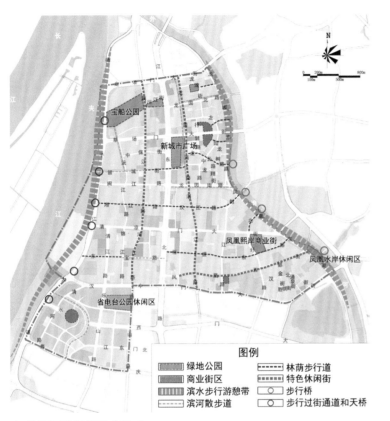

▲ 步行系统规划图（图7）

图例
- 绿地公园
- 商业街区
- 滨水步行游憩带
- 滨河散步道
- 林荫步行道
- 特色休闲街
- ○ 步行桥
- ○ 步行过街通道和天桥

▲ 龙江地区中心自行车停车系统规划图（图8）

图例
- 集中式停车场
- 路边停车带
- 景观停车点
- 公交站点
- 规划范围界线

行道树间路边停车位示意图

绿化带内路边停车位示意图

标注：围墙、停车支架、停车位铺地、人行道铺地、行道树、绿化带

4.3 慢行友好——加强微循环交通，营造人性化的出行空间

规划基于现状道路交通流量以及居民工作、消费、休闲三大出行动线分析，优化路网结构，通过整合街巷空间、优化小区管理模式等手段，重点加强支路网密度以及和老城区的联系通道，提高出行路径的选择性和交通效率。

结合居民慢行活动流向、河流水系等自然条件，按照系统性（串联主要活动场所）、共享性（结合现有道路、绿化空间）、特色化（结合功能、资源增强空间识别性）原则，构建慢行网络，形成由"滨水游憩带、特色休闲街、滨河散步道、林荫步行道、步行商业街区"组成的步行系统。针对慢行空间加强

环境与空间特色引导，使其成为体验城市风貌特色的流动空间（图7、8）。

4.4 集约叠用——强化空间复合利用，塑造立体城市特色

规划重点结合龙江地区中心、滨江风光带、江东软件城、省电台公园等公共活动区域加强屋顶平台空间的利用，建设空中花园，弥补片区绿地不足的状况。通过空间的复合叠用，在有限的空间里实现多功能高效率集聚，塑造立体空间特色（图9）。

❶ 龙江新城市广场 屋顶花园	❹ 商务办公	❽ 特色餐饮	⓬ 龙江体育馆
❷ 新城市广场二期	❺ 时尚综合体	❾ 林荫休闲带	⓭ 住宅
❸ 绿化广场	❻ 时尚天街	❿ 宾馆酒店	⓮ 文化休闲中心
	❼ 商住混合	⓫ 黄河大厦	⓯ 商业服务

▲ 龙江地区中心总平面设计及效果图（图9）

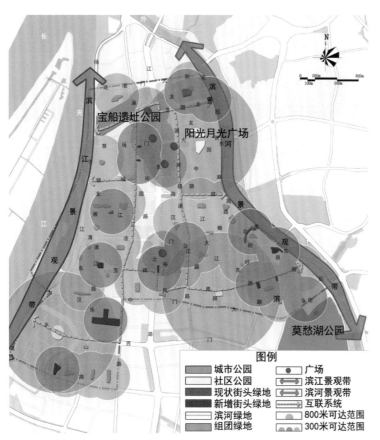

图例

城市公园　　●广场
社区公园　　⇔滨江景观带
现状街头绿地　⇔滨河景观带
新增街头绿地　⇒互联系统
滨河绿地　　800米可达范围
组团绿地　　300米可达范围

▲ 开放空间体系规划图（图10）

❶ 入口广场
❷ 室外休闲座椅
❸ 休闲廊架
❹ 有高差的休闲步道
❺ 时尚雕塑
❻ 景观树阵
❼ 景观广场
❽ 休闲廊架
❾ 街角广场

▲ 龙园西路街道空间设计图（图11）

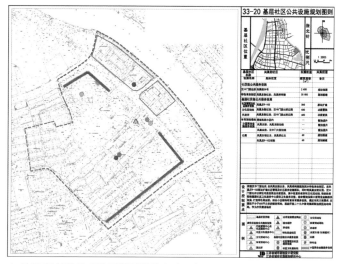

▲ 社区服务设施规划引导图则（图12）

4.5 改善民生——立足社区，缝合城市生活网络

规划重视对老旧小区、滨水空间、民生设施等"微环境"进行针对性的整治和更新，营造"精致、雅致"的日常生活空间，提升市民对生活环境的归属感、认同感（图10～13）。主要包括：

定位定量：完善社区服务网络；

模式多元：优化开放空间系统；

分类引导：推进老旧小区更新改造。

4.6 立足行动——结合政府工作，有序推进城市更新

规划从追求全面、综合地预设终极式发展蓝图转向过程规划，突出行动导向，将城市设计成果转化为政府行动计划。依据河西片区城市设计方案，梳理形成三类地区：开发改造地区，整治提升地区，重要景观轴线和功能节点等需要重点塑造的地区。针对三类地区，结合政府工作制定分期行动计划，落实各阶段实施项目，以点带面，有序推进河西片区更新改造。

本次城市设计针对河西片区的现状问题以及政府与市民要求改善城市环境、提高生活品质的迫切愿望，突破传统理念，以可持续发展为目标，探讨适应存量地区更新与转型发展的城市设计新理念。从关注"宏大场景"塑造转向关注"平民叙事"的日常生活空间改善，注重研究建成环境下城市微公共空间的重构和精细化利用；从注重物质形态和经济功能转向追求空间的社会价值和意义，强调激发社区活力、民生改善和文化传承的导向。探索"自上而下"与"自下而上"相结合、政府引导与社区合作为支撑的多元策略，以人为本地营造"宜居、乐居"环境。

▲ 老旧小区出新改造设计导则（图13）

115

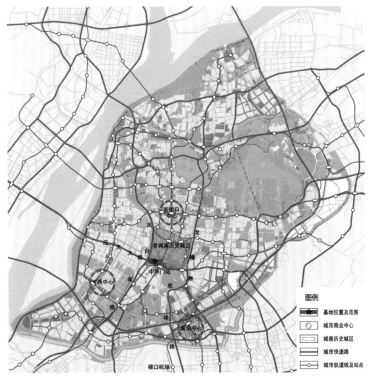

▲ 区位图（图1）

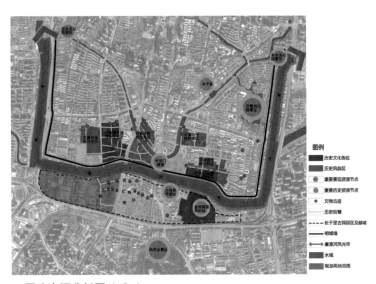

▲ 周边资源分析图（图2）

▶南京市越城天地及周边地块开发保护规划设计

1 项目背景

基地位于南京市中华门外西南侧，南侧边界为联系机场的快速路，规划范围面积约36.2公顷（图1）。由于紧邻老城南历史城区、明城墙、护城河等历史资源，历史文化底蕴深厚（图2）。基地现状以市场、居住功能为主，建筑风貌破败，空间景观凌乱，难以体现区位价值、文化特质与门户形象。因此从城市自身发展和城市形象提升双方面考量，该地区的更新改造既有助于推动老城南地区复兴，又是南京面向2014青奥会，展示城市历史文化的重要窗口。

2 规划思路与策略

规划立足老城南明城墙沿线地区整体功能整合与提升，确定该地区更新发展目标为：南京人文绿都建设的创新实践区、"老城南"文旅休闲新地标，将基地打造成为具有历史文化内涵的门户窗口、亲水客厅、休闲佳地、城河画廊，成为南京的新名片。

2.1 品牌形象策划

基于"越城遗址"核心文化价值和其他历史要素，规划提出"越城风华，品致金陵"的主题形象，以此为主线策划越城文化、长干故里、浪漫恋曲三大文化主题及其空间载体：越城文化主题园、"长干里"休闲街和婚庆创意基地，凸显地区文化特质。

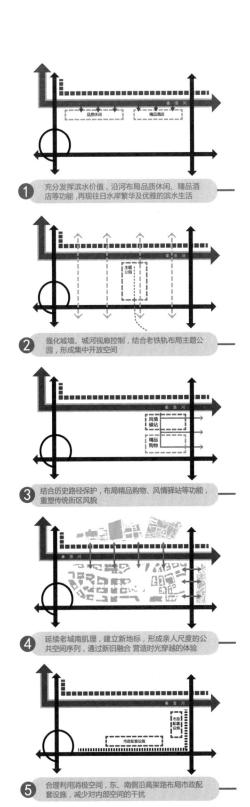

① 充分发挥滨水价值，沿河布局品质休闲、精品酒店等功能，再现往日水岸繁华及优雅的滨水生活

② 强化城墙、城河视廊控制，结合老铁轨布局主题公园，形成集中开放空间

③ 结合历史路径保护，布局精品购物、风情驿站等功能，重塑传统街区风貌

④ 延续老城南肌理，建立新地标，形成亲人尺度的公共空间序列，通过新旧融合 营造时光穿越的体验

⑤ 合理利用消极空间，东、南侧沿高架路布局市政配套设施，减少对内部空间的干扰

▲ 空间形态策划解析图（图3）

2.2　功能业态策划

基于老城南以及城河风光带的整体游憩系统分析和市场导向，以错位、互补、提升为原则，确立高端休闲市场定位，以"品质休闲、精品酒店、主题公园、婚庆创意"四大主导功能为核心；以"中小企业商务办公、主题文化博览、特色餐饮、风情驿站"等为辅助功能，形成主题鲜明、特色发展的复合业态街区。在此基础上结合本地消费者、基地工作者、参观者、旅游者等消费群体分析，深入业态研究，精心组合，为来访者提供新颖别致的体验和感受。

2.3　空间形态策划

发挥滨水生态和景观价值，沿河布局品质休闲、精品酒店等功能，再现往日水岸繁华及优雅的滨水生活。

强化城墙、城河的景观视廊控制，结合老铁轨布局主题公园，形成集中开放空间。

结合历史路径保护，布局精品购物、风情驿站等功能，重塑传统街区风貌。

延续老城南肌理，形成亲人尺度的公共空间序列，在此基础上，植入新地标通过新旧融合营造时光穿越的体验。

合理利用消极空间，东、南侧沿高架快速路布局市政配套设施，减少对内部空间的干扰（图3）。

3　项目特点

规划针对基地自身特点，本着整体更新、局部修复的原则，对基地的空间、功能、交通、景观等体系进行系统重构，整合各类要素，落实项目策划（图4、5）。

3.1　空间架构——生态空间渗透，公共活动串联

规划以滨河生态空间和基地内尚存的历史路径为载体，构建"一带两片、三轴三心"的总体结构（图6）。

117

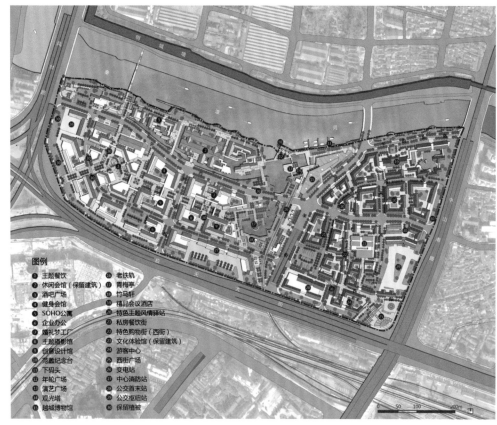

图例
① 主题餐饮
② 休闲会馆（保留建筑）
③ 酒吧广场
④ 健身会馆
⑤ SOHO公寓
⑥ 企业办公
⑦ 婚礼梦工厂
⑧ 主题摄影馆
⑨ 创意设计馆
⑩ 范蠡纪念台
⑪ 下码头
⑫ 年轮广场
⑬ 演艺广场
⑭ 观光塔
⑮ 越城博物馆
⑯ 老铁轨
⑰ 青梅亭
⑱ 竹马轩
⑲ 精品会议酒店
⑳ 特色主题风情驿站
㉑ 私房餐饮街
㉒ 特色购物街（西街）
㉓ 文化体验馆（保留建筑）
㉔ 游客中心
㉕ 西街广场
㉖ 变电站
㉗ 中心消防站
㉘ 公交首末站
㉙ 公交枢纽站
㉚ 保留植被

▲ 总平面设计图（图4）

▲ 鸟瞰图（图5）

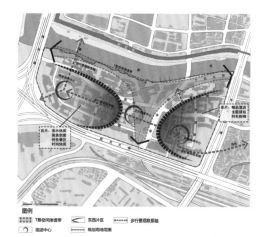

图例
T形空间渗透带
东西片区
步行景观联系轴
组团中心
规划用地范围

▲ 空间结构图（图6）

▲ 越城主题园效果图（图7）

▲ 亲水休闲区夜景效果图（图8）

一带：整合外秦淮河水绿生态空间、延续保留老铁轨所形成的"T"形空间渗透带；

两片：即"T"带所自然划分的东西两大片区；

三轴：将东西两片及滨河地区、大报恩寺等周边景区串联起来的"H"形步行景观联系轴；

三心：包括位于T带的文化休闲中心、西片的商务休闲中心和东片的购物休闲中心，通过步行景观轴有机串联，形成东西向狭长空间的序列感和节奏感。

3.2 功能布局——文化为魂魄、滨水为精髓

规划形成越城文化主题园、亲水品质休闲区、精品会议风情驿站区、婚庆创意园、传统风貌精品购物街区、商务休闲复合街区、市政设施配套区七大功能片区，并考虑南临高架、北望城河的空间景观状况，在具体业态分布上，由南至北实现中端—中高端—高端的逐渐过渡，并遵循"分区主导、总体复合"的业态配置思路（图7~11）。

3.3 交通组织——关注慢行系统，修复历史路径

结合历史路径修复和保护，构筑结构清晰、层次丰富的步行空间网络，包括滨水景观步行道、商业街、步行景观轴和联系道等，此外结合街区入口、街道转折以及建筑空间形成多处广场、绿地以及庭院，创造尺度宜人的公共活动空间（图12）。

3.4 游憩系统——水陆资源联动，链入周边系统

规划依托慢行系统整合文化游走路径，将老城南各类历史文化资源、公园绿地串联起来，完善老城南游憩系统，使基地成为明城墙——秦淮河风光带的重要节点（图13）。

▲ 婚庆创意园效果图（图9）

▲ 西街效果图（图10）

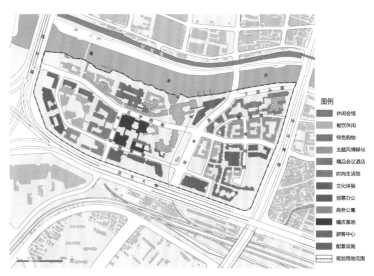

▲ 业态分布图（图11）

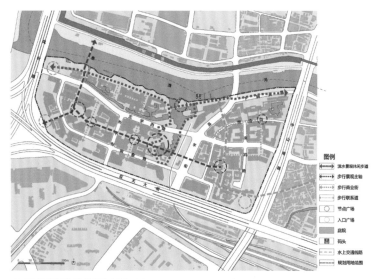

▲ 慢行系统分析图（图12）

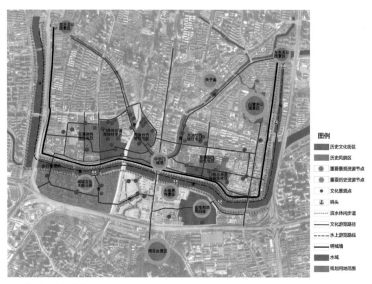

▲ 游憩系统分析图（图13）

3.5 景观风貌——彰显城墙城河，再现历史变迁

为保证南侧快速交通门户走廊观赏城墙、城河的良好视野，规划控制四条景观视廊，并由中央步行景观轴进行链接，串联各具特色的广场、建筑庭院，形成连续且富有趣味的开放空间系统（图14）。

另一方面，针对门户走廊进行视线分析，总体形成北低南高、东低西高的梯度控制。同时加强滨河界面引导，沿河建筑以二层为主，中段以广场、水面等开放空间为主，结合博物馆、观光塔等建构筑物布局，形成视觉中心，以此形成两端连续、中间开敞、高低错落、收放有致的滨河界面（图15、16）。

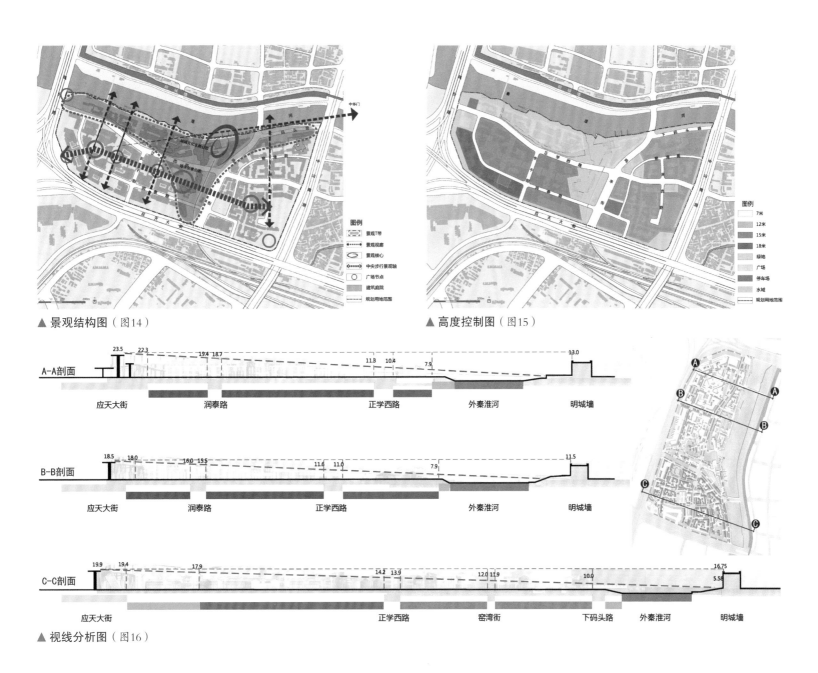

▲ 景观结构图（图14）

▲ 高度控制图（图15）

▲ 视线分析图（图16）

121

▶ 苏州平江历史文化街区东南部地块详细规划设计

1 项目背景

苏州平江历史文化街区是苏州古城内迄今保存最为完整、最具规模、最有"原味苏州"气质的居住街坊，集中体现了苏州古城的城市特色与价值，堪称苏州古城的缩影。项目基地位于平江历史文化街区东南隅，东望城墙，北邻世界文化遗产耦园，南抵干将路，包含三个地块，规划范围面积12.9公顷（图1）。由于地处历史文化街区的建设控制地带，该地块的开发建设对于街区乃至古城的保护与复兴意义重大。

2 总体思路

通过古城及平江街区层面的整体分析，基地拥有三方面特征（图2）。

区位条件优越：位于苏州城市主轴——干将路，紧邻地铁站，是东部新城进入古城的门户节点。

文化底蕴深厚：依托平江街区的整体历史氛围，周边文化遗存富集。

景观特色鲜明：毗邻耦园、内外城河以及城墙、城楼，自然人文景观独特。

规划基于古城功能发展的分析以及基地特征的研判，反思古城保护活力衰退的尴尬，认为本次设计应着重体现两方面意义：一是探索"古城保护"的多元路径，体现传统语境和当代印记的有机结合；二是以平江街区的"文化特质"为根基激活功能与空间，助推"古城复兴"。

▲ 区位图（图1）

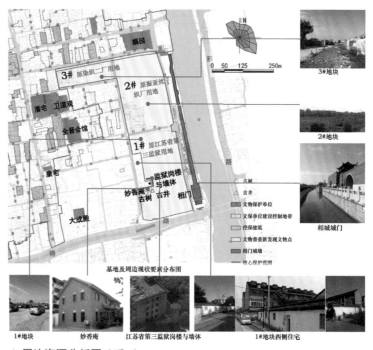

▲ 周边资源分析图（图2）

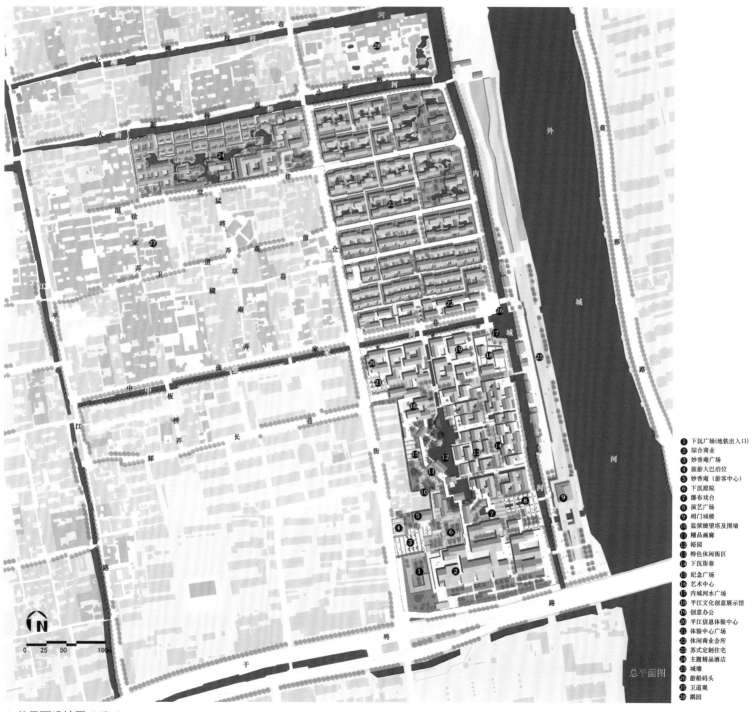

▲ 总平面设计图（图3）

① 下沉广场（地铁出入口）
② 综合商业
③ 妙香庵广场
④ 旅游大巴泊位
⑤ 妙香庵（游客中心）
⑥ 下沉庭院
⑦ 瀑布戏台
⑧ 演艺广场
⑨ 相门城楼
⑩ 监狱瞭望塔及围墙
⑪ 精品画廊
⑫ 裕园
⑬ 特色休闲街区
⑭ 下沉街巷
⑮ 纪念广场
⑯ 艺术中心
⑰ 内城河水广场
⑱ 平江文化创意展示馆
⑲ 创意办公
⑳ 平江信息体验中心
㉑ 体验中心广场
㉒ 休闲商业会所
㉓ 苏式定制住宅
㉔ 主题精品酒店
㉕ 城墙
㉖ 游船码头
㉗ 卫道观
㉘ 蒯园

总平面图

▲ 总体鸟瞰图（图4）

3　目标定位与设计概念

规划立足古城视角，确立项目总体定位为"平江文化的窗口、古城复兴的触媒、环城画廊的明珠"。由此提出"平江新语"的创意概念，旨在对古城"传统语境"进行创新演绎，实现传统与当代的"共生共融"（图3、4）。

4　创意构思

4.1　文化先导——精用历史文化资源，激活功能业态

通过梳理平江历史街区"两纵""两横"的文化主脉，"嵌入"基地历史功能主题，利用城河、城墙、原监狱围墙、妙香庵等物质空间遗存以及相关历史信息，结合功能策划与公共空间塑造，形成历史文脉、功能业态、主题空间之间的互动演进。最终确定以"文化体验"和"慢生活品味"为主导，综合考虑基地环境区位、尺度变化、动静过渡等布局要点，打造文化展示、精品休闲、创意办公、文艺观演、主题酒店、苏式定制住宅等多元业态高度复合的活力街区，促进平江路由单一的"线状"到"枝状"

到"网状"整体街巷活力的激发，带动古城复兴（图5~7）。

4.2　空间演绎——构建多维传统空间，品味苏式生活

规划尊重平江历史街区"街、巷、弄、院"的整体空间体系以及传统尺度肌理，通过街区肌理的织补融合和空间形态的创新演绎，强化文化体验。

（1）延伸街巷保持传统肌理

有机延伸平江街区街巷系统，化整为零，使基地完全融入平江街区的整体肌理，并创造与平江路更为便捷、自然的空间联系，让苏式生活再现于街巷空间（图8）。

（2）留存记忆活化主题空间

以城墙、城楼为背景策划创意文化发布与体验的主题"秀"场；保留原苏州监狱围墙与岗楼，结合现状植被形成园林，引入浮雕、画廊等创意元素和昆曲、话剧表演等文创演艺功能，塑造"精品艺文"主题空间；利用妙香庵古建筑作为平江游客服务中心，设置入口广场并衔接地铁站出入口，形成平江街区的窗口意象（图9~14）。

▲ 设计脉络分析图（图5）

▲ 功能分区图（图7）

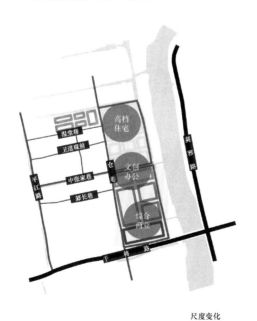

尺度变化

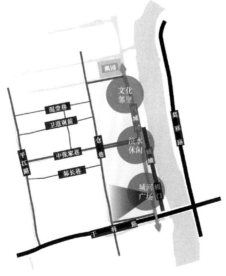

环境区位

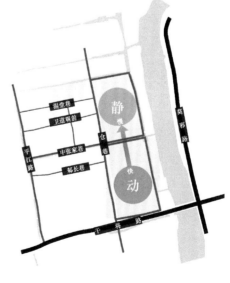

动静过渡

▲ 布局要素分析图（图6）

▲ 空间肌理意象图（图8）

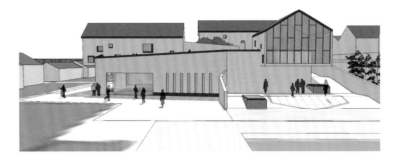

▲ 干将路入口下沉广场效果图（图9）

▲ 内城河水广场意象图（图11）

▲ 城墙节点效果图（图12）

▲ 纪念广场意象图（图10）

▲ 相门演艺广场意象图（图13）

▲ 仓街入口广场意象图（图14）

▲ 中心园林景观意象图1（图15）

▲ 中心园林景观意象图2（图16）

▲ 开放空间分析图（图17）

（3）引入园林融入街区景观

依托内外城河等河道水系，引入"园林"形成多元开敞空间，提升景观价值。如南部商业地块空间组织以园林为核，形成与西侧规划边界的"柔化过渡"，同时连接街巷、滨河形成点线相连的开敞空间网络（图15～17）。

（4）空间复合提升综合效益

南部商业地块强化地下与地上空间三维整合。结合地铁站出口下沉广场设置地下商业，并通过下沉庭园的连接过渡，将人流自然导向街区内部，形成半开敞地下商业步行街，通过空间套叠等一系列手法形成"立体街巷、院落、游廊"系统，创造具有时空切换意象的丰富层次，在高度控制严格的条件下尽可能提高开发效益（图18～20）。

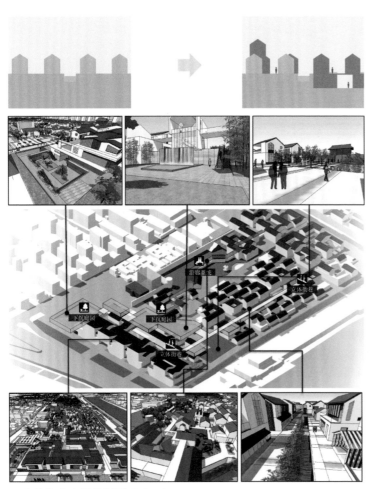

▲ 下沉庭院意象图（图20）

▲ 立体街巷空间分析图（图18）

▲ 下沉商业街效果图（图19）

4.3 动线组织——整合交通要素，创造街区活力

规划利用地铁站点的入口节点效应，立体高效组织地块内、外人车交通。

机动车：以限制机动车交通为原则，依托街巷形成联系地块的"枝状"机动交通格局，满足地块必需的车、货流交通（图21）。

步行：以城河步道为轴，利用东西支巷强化与平江路的步行联系，形成开放的步行网络，并自然延伸至地块内部，结合轨道站点与立体商业空间，形成多层次、富有趣味的立体步行空间。

静态交通：商业地块利用地下二层建设集中停车库，南入北出，减少进出车流交织。酒店地块采用接驳车的模式解决与南部商业地块地下车库的交通联系。

4.4 建筑设计——保持传统风貌，体现时代元素

商业地块：按照尺度渐变序列，沿干将路保持体量和界面相对较强的整体感，向内逐渐形成细腻肌理的过渡，在园林、街巷等传统元素基础上，植入"平台""下沉庭院"等现代元素，形

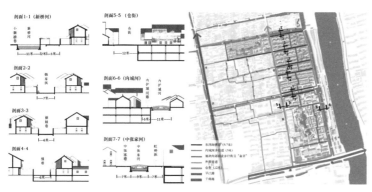

▲ 街巷系统分析图（图21）

▲ 干将路街景效果图（图22）

▲ 相门城楼鸟瞰图（图23）

▲ 精品酒店鸟瞰图（图24）

成层次丰富、灵活多变的"立体院落"空间体验（图22）。

居住地块：定位为高端定制型住宅街坊，设计院落式、园林式等多种户型，采用巷、弄、庭院、天井等传统民居空间组织手法，满足传统苏式居住体验的同时有机融入周边环境（图23）。

酒店地块：定位为主题精品酒店，突出"枕河人家"的空间意象，通过"园、廊、院"的有机穿插，营造一处平江文化体验、展示、交流的独特场所（图24）。

4.5 绿色更新——导入生态理念，营造绿色空间

借鉴传统建筑空间"宅间冷巷""天井""檐廊"等生态手法，全面对照"LEED-ND"评价体系，探索"绿色更新"模式并指导设计全过程，为地块创建"绿色街区"创造条件。同时，结合开敞景观水面、建筑等载体，落实雨水回用系统、水源热泵供能系统等生态技术，促进节能减排。

规划以融入古城及平江街区的整体视角，以"平江新语"为主题，通过文脉延续、功能再生、空间演绎以及绿色理念的结合，探索古城保护与发展的新模式，实现历史与现代、空间与文化的对话与交融。

▶ 东台市安丰镇古南街历史文化街区保护规划设计

1 项目背景

安丰地处江苏东台市境之南，盐、通、泰三地交界处，史有"安康丰乐"之称，2007年成为第三批中国历史文化名镇。古南街历史文化街区位于安丰历史镇区南端，三面临河、一面临街，其以北玉街——南石桥大街为中轴，具有典型的鱼骨状街巷空间格局，规划范围面积约10.8公顷（图1）。

2 历史沿革与文化特色

古南街历史文化街区最初形成于宋天圣五年范公堤建成之时，明清时期，安丰盐业极盛，建成南北长七华里，东西宽约190米的古街区。街区三面环水，"两河夹一街"的传统空间格局特色鲜明，现状历史遗存众多，传统风貌相对完整（图2~4）。

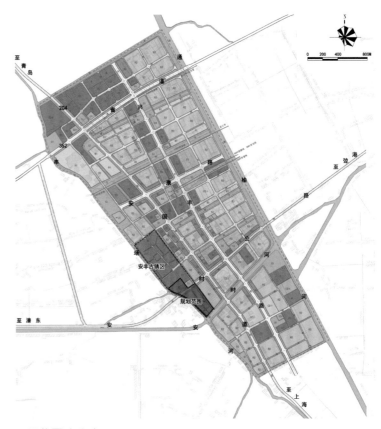

▲ 区位图（图1）

▲ 历史沿革图（图2）

▲ 历史文化资源分布图（图3）

▲ 历史环境要素分布图（图4）

街区主要特色体现四个方面：
三面环水、一面街镇的周边环境风貌；
顺应河势、主次分明的街巷空间格局；
融合苏皖、风格独特的苏中民居建筑；
源于海盐、名人辈出的多元文化内涵。

3　规划目标与功能定位

（1）富有原汁原味的明清苏北古镇特色，兼收传统商业精粹、浓郁的文化氛围和生活气息，同时集中体现淮南中十场盐文化的特色街区。

（2）集观光、购物、休闲、娱乐、居住为一体，环境优美清洁，地方特色鲜明，居民生活便利，基础设施完善，社会文明以及经济文化高度发展的旅游商住混合功能的活力街区。

（3）保护优秀的历史文化遗产，保持独具特色、代表明清时期繁华商埠风情的风貌景观，展现街区所包涵的"盐"文化、"和"文化、宗教文化、名人文化等地方传统文化氛围。

4　规划理念与特色

立足可持续发展理念，保护历史真实载体和历史环境，展示历史景观的多样性；调整优化街区功能，促进古镇经济复兴；改善居民生活条件，保持地方风土特色（图5~7）。

4.1　展开翔实研究，把握价值特色

深入研究历史：将街区放置在古镇乃至苏北盐文化发展的自然、经济、地理、社会环境里，研究街区在盐文化发展中的地位，明晰三面环水，因河成街的整体格局成因，梳理凝练街区的核心文化价值，包括"盐"文化、"和"文化、宗教文化、名人

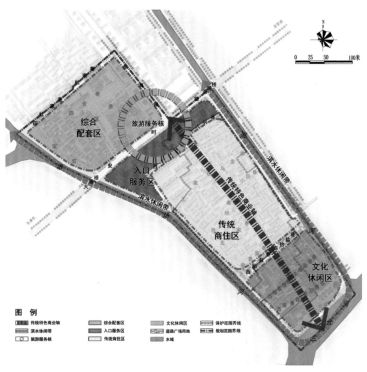

▲ 功能结构分析图（图5）

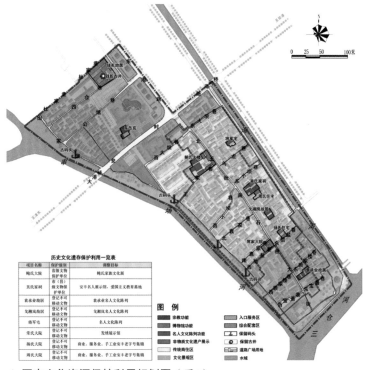

▲ 历史文化资源保护利用规划图（图6）

文化四个方面。

公众参与调查：突破常规社会调查内容，细致到户的调查产权、居住人口、独立卫生设施、安全潜在影响、改造意愿等内容，深入了解街区存在的社会问题和居民深层需求，为人口疏解、设施改善等措施提供依据（图8）。

4.2 活化整体功能，完善基础设施

传统产业引导：根据历史研究和现状评估，分别对主街、滨河地段、巷弄提出分类业态引导要求。主街以传统特色商业、传统手工艺为主，滨河以主题休闲娱乐、文化活动为主，部分巷弄以酒店客栈、餐饮小吃为主。

特色空间塑造：突出三面环水格局，强化滨河地段的特色空间控制与引导，结合古码头等历史环境要素提出重要节点、亲水活动空间、植栽绿化以及滨河断面的设计与引导要求。

特殊技术措施：在道路交通规划中，提倡"适用与适度"，以需求管理、交通疏解为方向，满足居民可达性为目标，通过尽端式、口袋式机动车交通组织，方便居民生活的同时，尽量保持传统街巷的步行化，保护传统街巷的空间尺度和风貌特色（图9）。

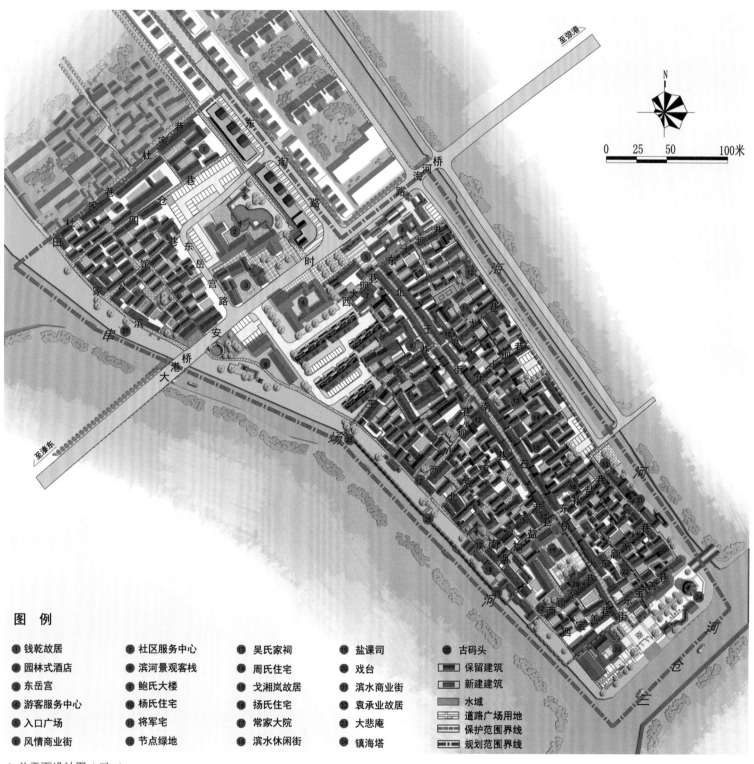

▲ 总平面设计图（图7）

图例

- ❶ 钱乾故居
- ❷ 园林式酒店
- ❸ 东岳宫
- ❹ 游客服务中心
- ❺ 入口广场
- ❻ 风情商业街
- ❼ 社区服务中心
- ❽ 滨河景观客栈
- ❾ 鲍氏大楼
- ❿ 杨氏住宅
- ⑪ 将军宅
- ⑫ 节点绿地
- ⑬ 吴氏家祠
- ⑭ 周氏住宅
- ⑮ 戈湘岚故居
- ⑯ 扬氏住宅
- ⑰ 常家大院
- ⑱ 滨水休闲街
- ⑲ 盐课司
- ⑳ 戏台
- ㉑ 滨水商业街
- ㉒ 袁承业故居
- ㉓ 大悲庵
- ㉔ 镇海塔
- ㉕ 古码头
- 保留建筑
- 新建建筑
- 水域
- 道路广场用地
- 保护范围界线
- 规划范围界线

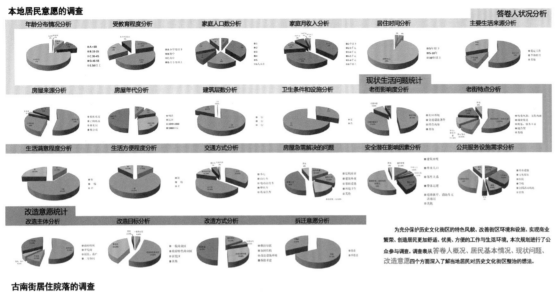

本地居民意愿的调查

年龄分布情况分析　受教育程度分析　家庭人口数分析　家庭月收入分析　居住时间分析　主要生活来源分析 ·······答卷人状况分析

房屋来源分析　房屋年代分析　建筑层数分析　卫生条件和设施分析　老街影响度分析　老街特点分析 ·······现状生活问题统计

生活满意度分析　生活方便程度分析　交通方式分析　房屋急需解决的问题　安全潜在影响因素分析　公共服务设施需求分析

改造意愿统计
改造主体分析　改造目标分析　改造方式分析　拆迁意愿分析

为充分保护历史文化街区的特色风貌、改善街区环境和设施、实现商业繁荣、创造居民更加舒适、优美、方便的工作与生活环境，本次规划进行了公众参与调查。调查表从答卷人概况、居民基本情况、现状问题、改造意愿四个方面深入了解当地居民对历史文化街区整治的想法。

古南街居住院落的调查

古南街保护规划调查问卷——答卷人状况

古南街保护规划调查问卷——居民基本情况

古南街保护规划调查问卷——改造意愿

突破常规社会调查内容，细致到户的调查产权、居住人口、独立卫生设施、安全潜在影响、改造意愿等内容，深入了解历史街区存在的社会问题和居民深层需求，为规划策略制定提供依据。

古南街保护规划调查问卷——现状问题

安丰历史文化名镇居住院落调查表

▲ **社会调查分析图表**（图8）

4.3 聚焦文化项目，提升街区价值

文化内涵落实到空间载体：结合街区主要文化特色，提出历史文化资源活化利用方式，重点整治盐课司、鲍氏大楼、名人故居展馆、大悲庵等节点地段，强化设计引导，指导整治改造行动（图10~12）。

不同遗存状态的利用模式：针对不同遗产保存情况，提出不同利用模式，包括针对主街的整治外观置换功能模式；针对有明确历史依据的盐课司，采用复原引入文化活动模式；针对不同类型名人故居，采用博览或与商业旅游开发结合模式。

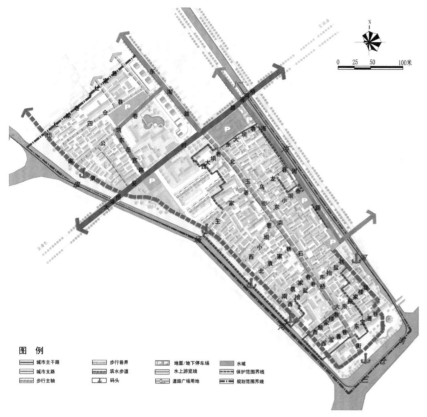

▲ 交通系统规划图（图9）

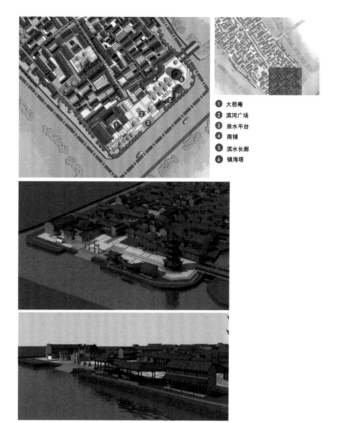

① 大悲庵
② 滨河广场
③ 亲水平台
④ 商铺
⑤ 滨水长廊
⑥ 镇海塔

▲ 大悲庵及镇海塔地段设计图（图10）

▲ 南部节点鸟瞰图（图11）

4.4 动态实施反馈，加强规划实效

街区保护的动态更新：街区自2012年起对北玉街、南石桥大街以及局部重点地段进行了整治，规划亦对整治情况进行了动态跟踪，重新校核历史文化街区的"五图一表"和居民搬迁状况，以动态指导街区的保护实施（图13）。

实施项目的评估反馈：评估北玉街、南石桥大街的整治情况，总结整治后存在的门窗样式、马头墙、屋脊、外墙、局部尺度等问题，提出调整意见，以更符合当地建筑特色（图14）。

135

建筑修缮的合理引导：制定推荐历史建筑名录，针对此类建筑提出进一步修缮引导要求，以控制实施效果，并对建筑的门窗式样、柱础、屋檐、门头等提出细部整治建议。

在规划的指导下，2012年起安丰镇政府逐步对北玉街、古南街沿线进行整治改造，进一步确立了历史文化街区作为安丰镇区历史传统和地方文化个性集中体现的重要地位，凸显了古南街的文化特色（图15）。

▲ 古南街局部节点整治效果图（图12）

▲ 动态更新保护整治方式图（图13）

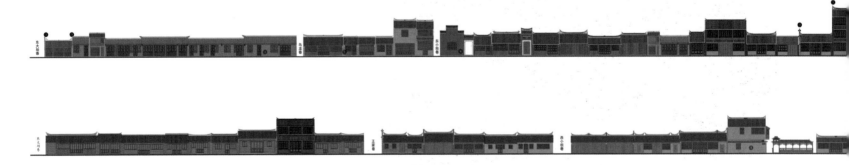

▲ 古南街立面整治实施效果评估图（图14）

▲ 总体鸟瞰图（图15）

▲ 续P136图14

五、多元空间——城市重要地段城市设计

凯文·林奇在《城市意象》一书中，从人的体验和感知的角度对城市的空间结构进行了分析，指出人对于城市的印象大多源于对城市结构脉络中各个要素的意象性认知的叠加，这些要素包括城市中的道路、边界、区域、节点和地标。类似的可以认为，人所体验到的城市空间特色是源于对城市各个富有特色的局部地段的感知集合，进而形成对于城市特色的整体认知。因此，对于城市重要的局部地段加强城市设计研究，打造具有多元场景的、反映城市多元文化的特色空间体系，对于提升城市的认知度具有非常重要的意义。

回顾城市发展的历史，城市空间特色突出表现为长期渐进积累所形成的相对稳定的整体风貌印象。时至今日，我国城市在物质形态上已经发生了巨大变化，于城市发展史上某个特定阶段所形成的较为稳定的整体印象多数已荡然无存，仅仅在以历史城区、历史地段或多或少有所保留。要从整体上重塑城市特色、提升城市空间品质，绝非朝夕之功。因此，充分认识城市传统的生活街道和中心区、滨水空间等典型地段的重要价值，从这些局部地段入手，精心设计，精致打造，同时结合城市发展有针对性地选择一些重要的功能空间节点或区域，构建一系列高品质的特色空间体系，对于强化城市空间特色实为最有效的路径。而从城市规划建设管理以及实际项目操作的层面看，先由城市一些重要地段入手加强城市空间特色塑造，再从较大的区域、城市尺度进行整体的、动态的整合构建、规划控制与设计引导，也具有较强的现实意义和可操作性。

1　当前重点地段城市设计的问题

相对于较大尺度的总体城市设计和片区级城市设计而言，以城市局部地段为设计研究对象的城市设计属于最为常见的设计类型。虽然设计范围相对较小，但由于其内容较为具体，得到的关注度及可参与度也较高，与城市居民生活的关联非常紧密，对城市面貌、品质及特色有很大影响。因此，设计需要关注和处理方方面面的具体内容，对于规划设计师提出了较高的专业素质要求。但事实上，由于存在认识上的种种误区，一些城市重点地段的设计并没有起到引导城市提升空间品质、展现城市特色的作用，反而有可能使原有的城市特色本底遭受"建设性破坏"。

1.1　"程式化"的设计

快速城市化进程中形成的"千城一面"、特色湮灭现象，既反映了城市发展模式的雷同，也在某种程度上暴露了"造城"过程中一些城市设计理念缺失、方法单一，逐步走向"程式化"甚至"僵化"的尴尬。

在一些新城中心区的城市设计中，标准化地配置超大尺度的绿化景观轴线、规模宏大的CBD、超高层地标建筑甚至只能鸟瞰的图案化构图；而在城市行政中心、文化中心、大学校园乃至最近几年"流行"的高铁枢纽区等一轮接一轮的城市特色功能区建设热潮中，类似的中轴对称格局、超大尺度广场与"地标"建筑也是屡见不鲜。这样的城市设计，既没有客观分析城市的实际需求，也没有论证设计实施的可行性，有的甚至脱离了城市本身的等级、规模、尺度，一味地追求"国际化现代都市"形象标志，显得与城市原有的资源特色格格不入，最终结果往往免不了沦为"墙上挂挂"的摆设；即使"有幸"得到实施，那也只能是城市和市民的"不幸"。

还有一些小尺度地段的城市设计，如商业步行街区、市民广场及街头游园设计等，脱离地段本身的特点生搬硬套，千篇一律地冠以"心、核、轴、带"的所谓"结构"，结果是"小题大做"、尺度失真，也是不可取的。

1.2 "可复制"的设计

除了设计模式的雷同与程式化，一些重要功能载体的"拷贝"也是层出不穷。比如，上海"新天地"由于在地域历史文脉传承、现代功能业态引入、社区氛围营造以及经济效益等重要环节之间取得了很好的平衡，使项目开发获得了巨大的成功，在规划与设计行业内广受好评。于是，各种"新天地"逐渐遍布全国各级城市的设计蓝图，盲目复制。由于缺乏对城市自身文化、经济水平、市民结构、消费人群的深入研究，导致建成以后的运营陷入困境的案例时有发生。

再比如，动辄开挖大尺度开敞湖面及河网水系以营造景观的做法也十分多见。通过高品质景观环境的打造促进新城开发、集聚人气与活力本身无可厚非，但如果不是基于当地的气候条件、地形特征、经济水平，只是为形象而设计，则既不能体现城市特色，也不利于节能减排，甚至带来生态安全隐患。

诚然，出现上述问题的原因包括设计周期过短、决策者个人意志影响等不同方面，但如果城市设计因此而采取简单化的措施，迎合个人偏好或个人英雄主义情结，无疑会起到不良的推波助澜作用。

1.3 "过度创新"的设计

"创新"是设计与生俱来的特征，也是推动设计不断进步的主要动力。但是目前各界对于"创新"的理解存在误区，导致城市设计的"过度创新"，主要体现在两个方面。

一是无视地域环境的"创新"。比如国家大剧院以及CCTV新办公楼，从建筑设计及建筑师个人的角度看无疑是巨大的"创新"，但从其所处地段环境的视角，这样的"创新"无视地域文脉、周边历史环境特征、公众审美及情感认同，无疑是对其所处环境的巨大挑战，对于城市文脉的破坏可能是无法挽回的。

二是个人英雄主义情结。为了创造所谓的"理想空间"或者体现设计者的个性，无视基地现状建成环境和既有的资源要素，一厢情愿地"植入"全新的功能与形象，并追求一种"酷炫"的分析、表达手段，对于城市决策者往往具有诱惑力。这种追求表面文章的城市设计，没有对城市、基地环境和相关的利益主体体现出足够的尊重和关注，实施起来必会遭遇重重阻力。

城市设计的魅力源于对自然人文环境的尊重和对人的关注，特别是在城市自然、人文环境敏感地区，城市设计必须充分尊重基地所处的环境特征，寻求与环境的对话。同时，城市设计面向的对象包括城市管理者、开发建设者、市民使用者等多重利益主体，城市设计的"创新"往往就体现在一种协调思想和平衡策略。总之，城市设计的"创新"不是天马行空，而是一定基于所处环境、特定语境以及多元关系的协调与升华，否则"创新"就毫无意义。

2 重点地段城市设计的主导理念

城市重点地段类型一般包括：历史文化街区（包括历史文化遗存相对丰富的历史地段）、滨水区、特色街道、广场、城市中心地区、门户节点以及其他类型特色空间（如特色科技产业园区等）。这些地段由于特定时期特定功能与人的活动积聚，往往成为最能代表城市文化特色的场所。而从城市发展的客观规律来看，这些特色地段的形成、发展乃至衰退和复兴，与其所在城市的发展历程以及人类生产生活方式的变化息息相关。例如，城市中心区的形成取决于特定历史时期城市主导功能、交通、居住等布局组织方式，同时还受到区域发展及政治文化因素的影响；城市滨水区的形成与变迁，与城市发展历史上的交通运输、产业集聚、居民生活方式的发展演变有着紧密联系；城市街道空间变迁的决定性因素则是源于城市交通方式演进所带来的市民生活方式的变化等。因此这些特色地段往往资源富集、文化底蕴深厚，相应面临的问题与矛盾也较为复杂。

由于这些地段相互之间存在范围尺度、资源禀赋、功能导向、空间特征以及使用人群等方面的巨大差异，城市设计体现出明显的"个性差异"，包括设计要求、设计原则以及最终塑造的空间场所特色。尽管"空间"日趋"多元"，但是城市设计的主导理念与核心价值取向仍具有"共性"，即创造基于资源特色的"地域文脉"与"当代印记"共生共融的市民生活场所。

（1）尊重山水自然环境

我国自古以来就强调城市与周边山水自然环境的融合，追求"天人合一"的境界。城市建设"因天材，就地利"，由此形成了"钟山龙蟠，石城虎踞"的南京、"十里青山半入城"的常熟、"三面云山一面城"的杭州等各具特色的城市，也是留给今人的不可复制的宝贵资源。各层次的城市设计应当尊重城市的自然环境特色，保持并强化城市与自然环境相互依存与共生的特色。针对特定地段，应当准确把握山水环境要素，合理保护与利用，并在功能策划、平面组织、三维体量、风格色彩等方面加强与周边环境的对话与协调，体现"有机生长"，创造亲近自然、环境优美的生活空间。

（2）体现时空梯度

城市物质空间环境演变中的"时空梯度"是长期的"历史存在"。城市设计或多或少都会涉及不同历史时期形成的建成环境改造的问题，当代的建设行为在不久的将来也会成为"历史"，成为"地域文脉"的组成部分。城市设计应当尊重历史文化和城市脉络，以推动城市复兴为导向，一方面深入挖掘地段的历史特征和环境特色，融入所处地段的地域文脉，通过保留地段内的小文化、小环境再现人们集体记忆中的"场所精神"；另一方面也要反映时代特征，通过创造性的设计合理体现"当代印记"，展示地段变迁的历史延续和时空梯度。

（3）回归人本价值

城市设计发展到今天，现代主义单一的"物质空间决定论"已被多数人否认，物质空间环境的改善并不一定能带来社会生活状况的改善，关键在于能否形成整体认同和归属感，即"社区性"。回归人本价值，重视人的精神和情感需求是大势所趋。这就要求设计师摒弃"个人英雄主义"、偏好"宏大场景"的思维模式，从"鸟瞰"回归"人"的视野，细致入微地营造人性化的功能空间与场所，包括步行友好的街区环境、尺度宜人的空间体验、功能复合的活力空间、有利交往的人文氛围等。通过"社区营造"，满足不同人群的需求，切实提升市民的归属感和幸福感。

3 重点地段城市设计的方法策略

针对特定地段的城市设计，虽然研究的空间对象多元，但作为城市的有机组成部分，其与城市整体必定具有内在的逻辑关系，需要因地制宜研究其发展目标与空间策略，最终形成可操作的设计导则指导城市的开发建设。

3.1 建立与城市整体的有机关联

重点地段城市设计应当基于周边环境以及与城市的整体关系分析，合理确定其在城市整体空间的功能定位、形态特征以及空间特色，建立地段与地段、地段与城市之间的关联，力求与城市协调发展，展示城市特色的同时也能凸显地段价值，推动地段自身的可持续发展。

地段与城市的关联一方面体现在物质空间环境之间的"显性"链接，包括交通联系、水绿体系、视线联系以及空间尺度过渡、建筑风貌协调等方面。以南京滨江地区为例，由于历史原因和建设用地、交通阻隔等因素，滨江地区长期处于封闭状态，滨江城市特色无从体现。随着奥体新城、青奥会等一系列大事件带来的机遇，南京提出建设长达十几公里的连续贯通的滨江风光带，将沿线陆续建设的一系列孤立的公园、广场有机链接，实现滨江地区的公共开敞、市民共享；同时深入挖掘沿线的历史资源，如郑和公园、下关码头、电厂等，融入滨江风光带一体建设，充分展现了南京的自然人文特色，也因此促进了滨江地区的旅游发展和沿线老下关地区的城市更新，实现了更大范围的整体发展。

地段与城市的关联另一方面还体现在功能、文化等的"隐性"关系。比如以"上海新天地"为代表的一系列城市"天地"项目，其开发模式不是简单的推倒重建，而是在深入透彻的分析城市产业提升、空间优化、文化彰显、社区营造等内在需求的基础上，通过对地段自然与历史文化资源的深度挖掘与利用，使项目的开发运作既解决城市旧区改造中的多重问题，满足城市转型发展的"高端"需求，又能实现自身价值的最大化，最终在项目地段与城市之间形成一种最大限度的"相互需要"的关系，从而实现项目开发与城市发展的双赢。"隐性"关系的建立需要基于对城市的深度理解，准确把握城市以及基地的发展脉络、文化渊源、产业内涵以及市场需求，并将这些要素通过城市设计反映到物质空间载体中，形成城市的特色空间，从而实现城市环境整体语境下的和谐而又多样化的发展。

3.2 引入"策划"理念指导实施运营

针对具体地段的城市设计需要充分考虑市场因素的影响，"策划"与城市设计的融合趋势越来越显著。策划作为一种方法与理念应用在城市规划与设计中，通过对项目发展环境进行分析、判断、推理、构思，提出可能的发展方向，评价项目发展潜力，以此提高城市规划与设计的科学性，避免重大失误。

当前策划应用的比较多的体现在功能业态方面。一般基于区位交通情况、自然环境特征、特色资源价值、周边居住人群等分析，论证其发展定位与功能构成、开发规模。例如城市中心地区，应重点结合城市经济发展水平、消费人群特点、不同中心节点之间的错位发展等，策划其功能业态、比例结构；滨水地区则应重点分析其与城市功能关系、生态地位、市民的休闲活动特点，策划其沿线主导功能与服务配套；特色产业园区则应深入分析其资源优势、工作人群特点、政策导向等因素，策划产业类型、空间载体以及开发建设规模，为下一步的功能与空间组织提供依据。而影响一个地区未来发展的除了功能定位以外，空间特征、景观特色、交通可达性、开发模式、经济性等也很重要，因此，引入包含功能、空间、景观、交通、开发模式等多重因素在内的综合策划思想十分必要。综合策划思想强调多维度、整体性的分析过程，在综合判断各类因素相互作用的基础上对未来发展提出指引，既是一个面向未来的创造性思维过程，也是面向问题的全面分析过程，对提高城市设计的科学性、可操作性具有重要意义。

从项目实施的角度看，必须充分协调项目设计、规划管理、后期运营的关系，而"策划"就是三者之间的"接口"和"桥梁"，体现了"自上而下"的控制引导与"自下而上"市场需求反馈的融合。城市设计作为一项社会实践活动，具有开发主体多元化、不确定性因素多、实施周期长等特点，立足市场和宏观发展背景，引入策划理念，全面分析项目面临的主要问题、矛盾和发展潜力，有利于把握全局，确立正确的目标和方向，减少或避免主观规划与现实发展之间的脱节，从而保障城市设计项目得以顺利实施。

3.3 加强设计成果向管理文件的转化

城市建设是一个相对长期的过程，必然要求城市设计面向实施，注重长效引导。尤其是重点地段的城市设计，相对于总体城市设计或片区层面的城市设计，其与城市开发建设的关系最为紧密，设计成果如果不能与规划管理紧密结合，实难发挥对城市建设的指导作用。但在我国现行的规划编制与管理体系下，城市设计如何转化为管理工具并得到有效运用，是一个长期以来的"技术难题"，究其根本，还是在于如何处理不同地段设计成果的"个性"差异与管理文件的"共性"规范问题。具体而言需要协调好以下三个方面：

一是从城市整体层面，基于不同地段（中心区、滨水区、历史地段、居住区等）的定位和特点差异，通过"分类"、"分级"等手段，明确相应的导则控制管理要求，进一步规范不同地段城市设计的成果内容体系，使得局部地段的城市设计既能与上层次规划要求相衔接，也能更有针对性地指导下层次详细设计或建筑设计。

二是正确理解与实现"长效引导"。伴随着城市转型发展，必然会引发各方利益主体诉求的碰撞冲突，因此真正的"长效引导"不是"一劳永逸"，相关设计与管理文件的"动态调整"不可避免。这就要求政府决策主体、规划管理部门、设计师调整目标思路，从"终极蓝图"式、面面俱到的静态成果逐步转化为重点突出、以"导则"为主要表达方式的开放式的成果。开放式体现在主动的动态维护，结合发展动态适时调整优化，更新导则管控内容，主动应对变化而不是被动适应调整。同时探索城市设计与规划管理基于"动态调整"相衔接的操作模式，建立"长效引导"的工作机制。

三是逐步建立以三维空间为对象、设计与管理衔接顺畅的技术平台，使城市设计能切实起到提升城市空间品质的重要作用。

案例解析

▶ 无锡太湖新城贡湖大道北段两侧地区城市设计

1　项目概况

项目基地位于无锡市太湖新城中心区北部。贡湖大道是连接新旧城区的主干路和城市重要的功能轴线。规划区段位于由旧城进入新城的门户地段，南北长3.5公里，规划范围用地面积3.08平方公里（图1）。

2　目标定位

规划立足城市整体角度，分析贡湖大道在城市中的地位和作用，确定贡湖大道"新城门户、公共轴线、景观走廊和文化体验空间"的总体定位，并以此整合空间要素，聚焦秩序、活力、环境和文化四个方面（图2）。

3　创意构思

3.1　基于轴线引领的空间构架

确立贡湖大道作为新城最具代表性、象征性的公共空间主轴，依托公共功能形成以高密度为特征的都市景观走廊；结合水系梳理构建一条东西向"T"形水轴，形成以低密度为特征的绿色休闲带。通过两条功能、空间各异，互补穿插的轴线空间建立空间秩序，引导土地复合开发。

3.2　发挥区位价值的用地策划

深入挖掘基地及其周边各类资源要素，以发挥资源价值为导

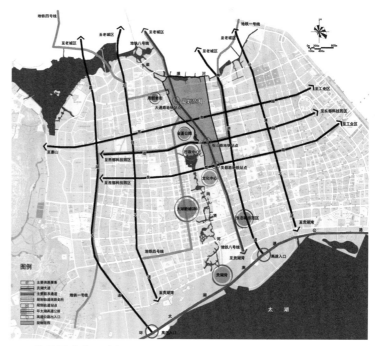

▲ 区位及周边关系分析图（图1）

▲ 总体鸟瞰图（图2）

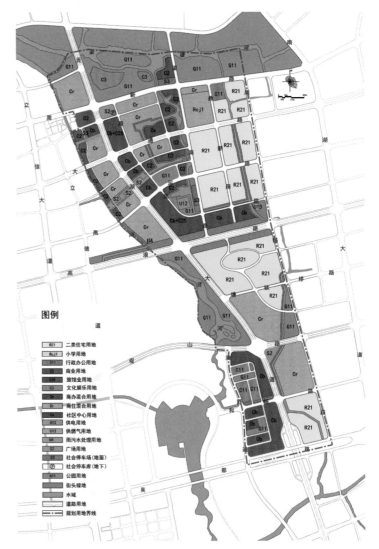

向加强用地策划，使土地使用与区位价值、自然环境、人文景观紧密结合，创造功能多元、景观多样的城市特色空间（图3）。

3.3 激发都市活力的立体交通与开放空间组织

结合公共活动区域构筑人车分流、步行优先的交通系统和立体复合的开放空间网络，通过空间复合利用，营造集约紧凑的立体城市特色，提供多层次的公共交往（图4）。

3.4 融合城市文化的环境营造

导入文化视角，深入挖掘太湖新城创新、生态、地方传统、工业文明等特色文化主题，融入建筑与环境景观设计，形成文化空间网络，展示新城文化特色和精神追求。

4 项目特色

4.1 依托轴线，巧借资源，创造功能多元互补的复合街区

结合贡湖大道的城市地位、环境要素进行空间整合，整体形成"轴、带、片、点"有机穿插的空间结构。其中，贡湖大道是统领基地空间、展示新城核心功能和现代风貌的主轴线，沿线以商务、商住、酒店等混合功能为主；"T"形水轴是连接周边水体、串联东西功能的次轴，结合水系梳理打造集景观与商业休闲于一体的滨水特色休闲带，以商业、文化娱乐、休闲健身、绿地、广场等功能为主，形成功能复合、环境优美的休闲街区。通过科学合理的用地策划和链接系统，做到地尽其用和空间多元（图5、6）。

4.2 以人为本，加强贡湖大道街道空间控制，塑造特色鲜明的"都市绿道"

基于街道空间良好的视觉景观和空间体验分析，兼顾土地开

▲ 土地利用规划图（图3）

▲ 活力T轴鸟瞰图（图4）

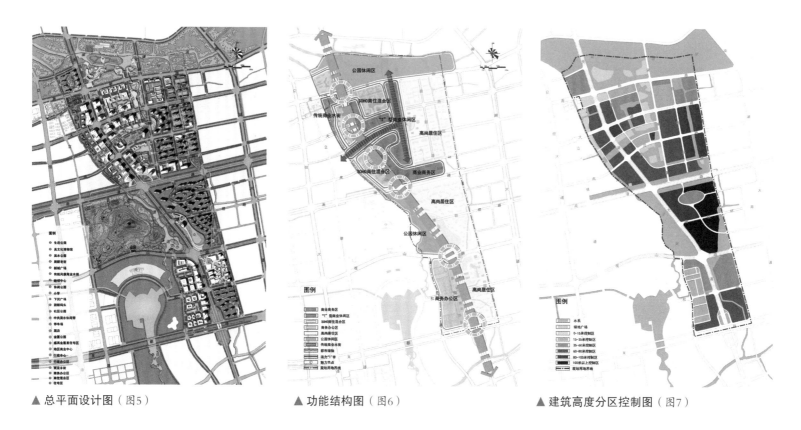

▲ 总平面设计图（图5）　　　　　　▲ 功能结构图（图6）　　　　　　▲ 建筑高度分区控制图（图7）

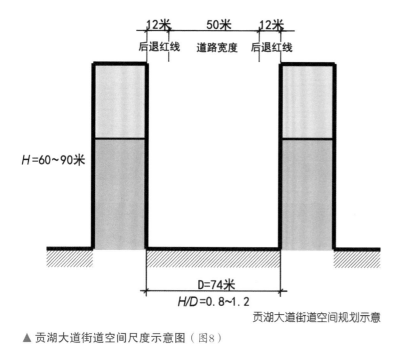

▲ 贡湖大道街道空间尺度示意图（图8）　　　　　　▲ 主辅楼组合方式示意图（图9）

▲ 贡湖大道沿线高层建筑分布图（图10）

发经济性，控制贡湖大道沿线建筑高度与两侧建筑之间宽度的比例在0.8~1.2，形成良好的街道空间尺度，并从空间延展性、视觉流动性角度加强空间节奏控制和天际线塑造，同时结合市民广场等主要景观视廊分析，提出贡湖大道沿线及周边区域的高度控制要求（图7~10）。

为塑造良好的街道界面，规划深入研究贡湖大道沿线建筑布局、高度、主楼形式以及主辅楼组合关系、立面风格、色彩等，提出相应控制要求。同时充分利用建筑后退12米空间，辟出7米休闲绿带，结合沿线建筑功能布置步道、休憩设施和景观小品，使贡湖大道成为融合都市景观与生态休闲于一体的"都市绿道"。

4.3 秉承生态集约理念，构筑高效便捷的立体化交通系统和复合开放空间网络

（1）立体交通系统

规划在控规基础上，针对公共活动区域加强支路系统，营造小街区空间肌理，以更好地适应人的活动尺度。结合轨道交通以及公共活动区域，构建地面、地下、空中相结合的立体步行网络，并与地铁站点、停车设施有机衔接，引导绿色出行（图11、12）。

结合贡湖大道北段商业商务功能区、"T"形休闲轴以及重要交通节点构筑由二层空中连廊、天桥、屋顶花园等组成的空中步行体系，联系相关功能区域以及公园等主要开敞空间（图13）。

结合轨道站点以及地下空间开发利用，形成以贡湖大道为轴、以轨道站点为核、向周边街区呈鱼骨状延伸的地下步行网络，串联沿线物业，并与地铁站点、停车设施有机衔接（图14~16）。

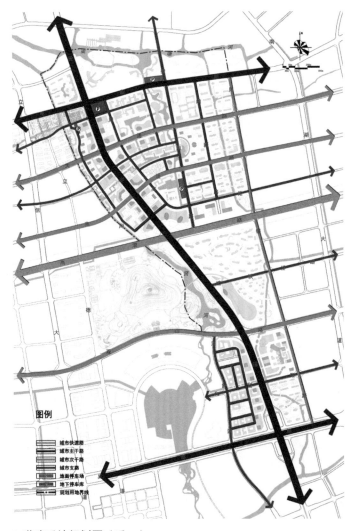

▲ 道路系统规划图（图11）

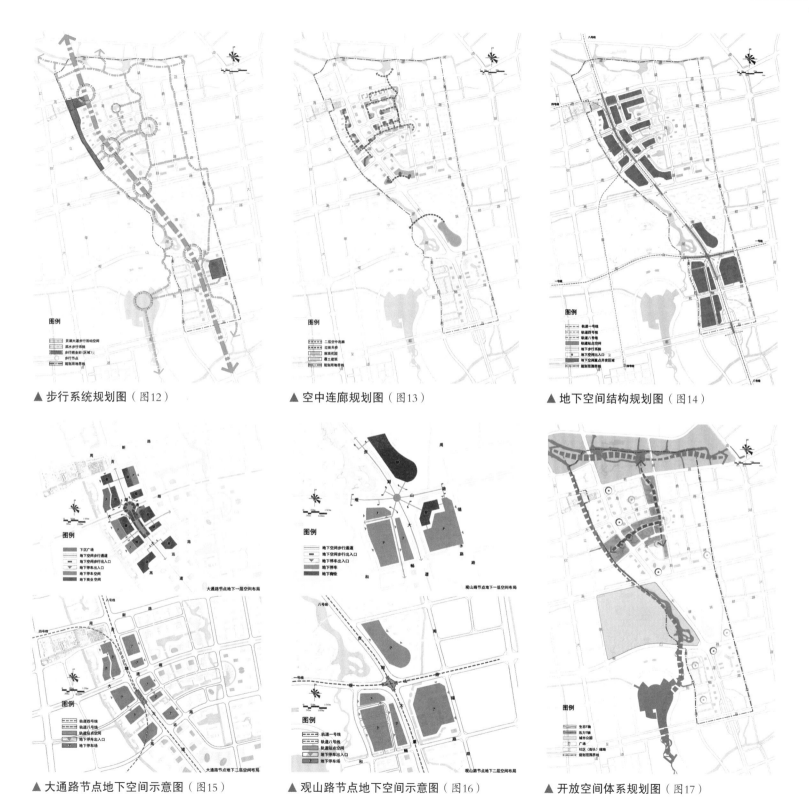

▲ 步行系统规划图（图12）　　　　▲ 空中连廊规划图（图13）　　　　▲ 地下空间结构规划图（图14）

▲ 大通路节点地下空间示意图（图15）　　▲ 观山路节点地下空间示意图（图16）　　▲ 开放空间体系规划图（图17）

147

▲ 尚贤河特色水街鸟瞰图（图18）

（2）复合开放空间网络

结合整体空间结构，形成"双T、一片、多点"、立体复合的开放空间网络。"双T"包括依托梁塘河、尚贤河自然景观的"生态T轴"和串联基地东西的"活力T轴"，两者均以水为媒介，前者强调生态系统的延续，后者强调公共空间的活力。结合"T"形休闲轴的公共建筑，采用空中平台、屋顶花园、建筑覆土等多样化设计，形成空中花园系统，通过空中连廊相互链接并延伸至周边街区，形成富有特色的立体城市景观，为公众提供更多安全、便捷、富有趣味的选择（图17）。

4.4 导入文化视角，融入建筑风貌引导与环境设计，彰显城市文化特色

规划基于新城定位、基地历史与资源特质分析，归纳基地主要文化特征为地域文化、工业文化、生态文化、创新精神，融入

建筑风貌与环境设计，形成贡湖大道现代都市景观风貌区、"T"形水轴生态景观风貌区、尚贤河简约中式风貌区等特色区域，并提出相应的建筑控制要求，引导形成具有文化内涵的空间风貌（图18）。

4.5 结合管理，探索创意引领、理性设计、管理结合三位一体的城市设计方法，切实发挥指导城市建设的作用

规划立足空间创意，通过理性设计力求在功能布局与土地使用、景观塑造、交通组织、开放空间、建筑风貌与环境设计中予以落实，形成与控制性详细规划紧密结合的城市设计成果，包括文本、图纸、图则以及说明四部分，其中文本、图纸和图则纳入相应编制单元的控制性详细规划，作为城市规划管理依据。成果表达引入定性定量、控制引导相结合的方法，注重将城市设计内容转化为有效的规划管理手段，切实发挥城市设计指导城市建设的作用（图19）。

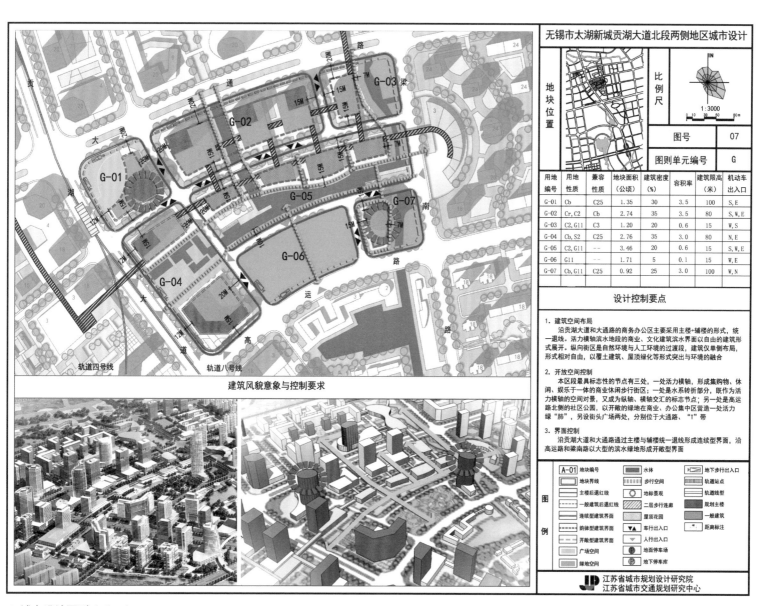

无锡市太湖新城贡湖大道北段两侧地区城市设计

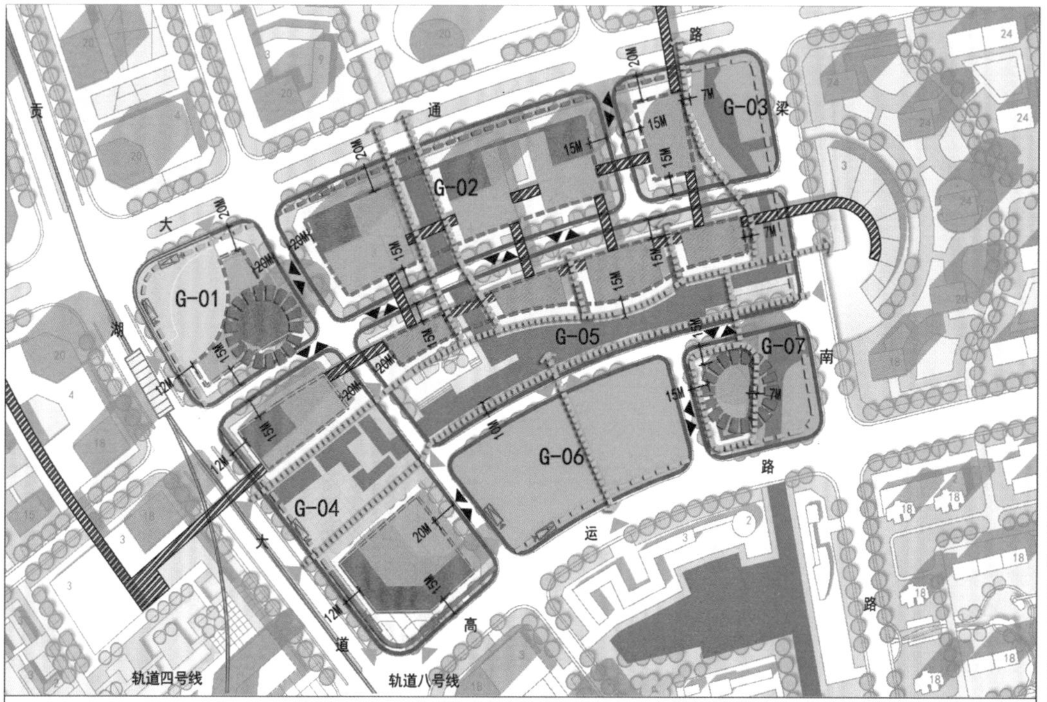

地块位置

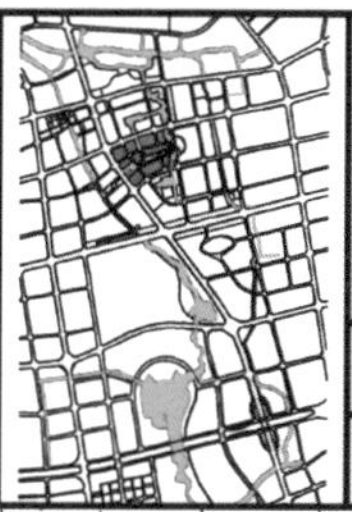

比例尺

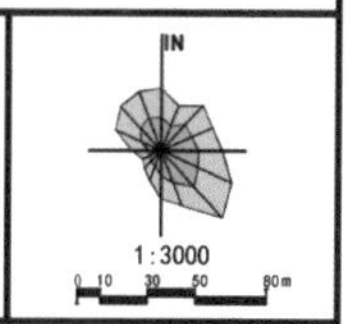

图号	07
图则单元编号	G

用地编号	用地性质	兼容性质	地块面积（公顷）	建筑密度（%）	容积率	建筑限高（米）	机动车出入口
G-01	Cb	C25	1.35	30	3.5	100	S,E
G-02	Cr,C2	Cb	2.74	35	3.5	80	S,W,E
G-03	C2,G11	C3	1.20	20	0.6	15	W,S
G-04	Cb,S2	C25	2.76	35	3.0	80	N,E
G-05	C2,G11	--	3.46	20	0.6	15	S,W,E
G-06	G11	--	1.71	5	0.1	15	W,E
G-07	Cb,G11	C25	0.92	25	3.0	100	W,N

设计控制要点

1. 建筑空间布局

沿贡湖大道和大通路的商务办公区主要采用主楼+辅楼的形式，统一退线。活力横轴滨水地段的商业、文化建筑滨水界面以自由的建筑形式展开。纵向街区是自然环境与人工环境的过渡段，建筑仅单侧布局，形式相对自由，以覆土建筑、屋顶绿化等形式突出与环境的融合

2. 开放空间控制

本区段最具标志性的节点有三处，一处活力横轴，形成集购物、休闲、娱乐于一体的商业休闲步行街区；一处是水系转折部分，既作为活力横轴的空间对景，又成为纵轴、横轴交汇的标志节点；另一处是高运路北侧的社区公园，以开敞的绿地在商业、办公集中区营造一处活力绿“肺”，另设街头广场两处，分别位于大通路、“T”带

3. 界面控制

沿贡湖大道和大通路通过主楼与辅楼统一退线形成连续型界面，沿高运路和梁南路以大型的滨水绿地形成开敞型界面

建筑风貌意象与控制要求

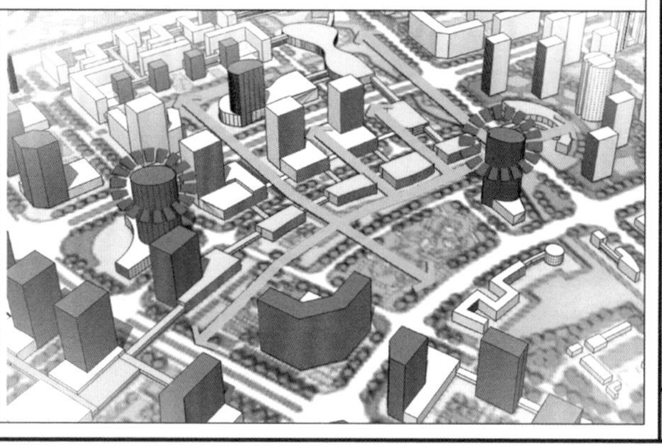

图例

A-01 地块编号
地块界线
主楼后退红线
一般建筑后退红线
连续型建筑界面
韵律型建筑界面
开敞型建筑界面
广场空间
绿地空间
水体
步行空间
地标景观
二层步行连廊
屋顶花园
车行出入口
人行出入口
地面停车场
地下停车库
地下步行出入口
轨道站点
轨道线型
规划主楼
一般建筑
距离标注

江苏省城市规划设计研究院
江苏省城市交通规划研究中心

▲城市设计图则（图19）

苏州人民路沿街建筑界面整治及重点地块城市设计

1 项目背景

人民路是苏州古城的南北向中轴线，随着轨道四号线的开建迎来新的发展机遇，需要结合轨道线及其站点建设，全面提升沿线功能，改善道路整体景观环境，建设成为具有标志性和影响力的"苏州第一路"。规划包括人民路街景改造和沿线重要地块城市设计两部分。街景改造范围北至外城河、南抵南环路，全长约5.4公里，东西两厢范围50米左右。沿线重要地块共有14处，总面积约为37公顷（图1）。

2 功能定位与发展目标

人民路作为苏州穿越古城的南北向城市中轴线，既承担着联系南北交通的重要功能，同时也由于公共功能聚集而成为古城最具活力的公共活动走廊，具有体验城

▲ 区位图（图1）

▼ 情景演绎图（图2）

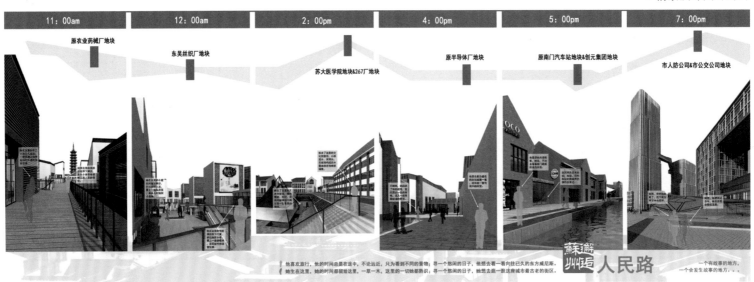

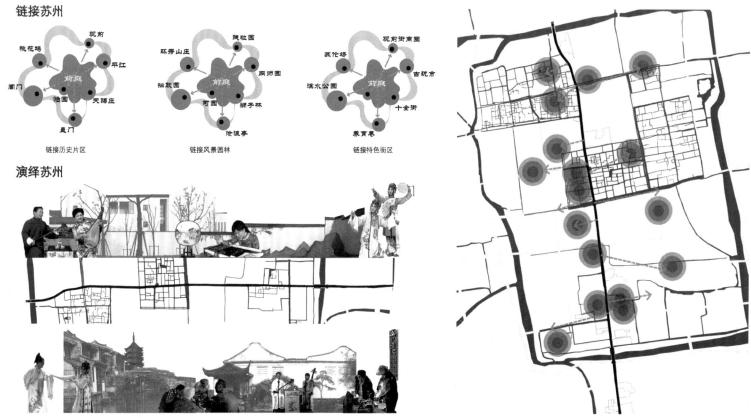

链接苏州

链接历史片区　　　　链接风景园林　　　　链接特色街区

演绎苏州

▲ 设计思路（图3）

市生活、感知历史演变并向世界展示古城形象和文化
内涵的多重功能。由此，基于保护、利用和再创造的思
路，提出人民路的目标定位为：苏州承南启北、带动
旧城区发展的城市主轴，以文化、悠游、宜居为主题的
"苏州脊梁、体验长廊、活力纽带"（图2）。主要内
涵体现四个方面：

（1）国际化高品质街道的典范：城市交流的活力
平台，可触摸的城市媒介。

（2）中国古典城市中轴的标杆：古今辉映、景观
有序的城市中轴。

（3）江南城市生活印记的场所：具有多元场所印
记的市民生活空间。

（4）苏州现代特色服务业长廊：聚集高效的现代
服务业核心功能簇团。

3 设计理念与思路

规划基于人民路与城市关系的整体分析以及针对当前苏州
古城以形式模仿为主的"凝固式"保护方法的反思，力图寻求一
种基于地域文化基础的时代创造精神，提出"城市前庭"的主题
概念，融合"交通门户""展示窗口""导入生活"等功能与内
涵，成为城市历史、未来与文化的综合展现之处所（图3）。

（1）链接苏州：以人民路前庭空间为切入点，链接周边景
观资源，编织历史文化悠游网络，延续城市文脉。

（2）融入苏州：着眼于城市整体，不仅关注街道本体环
境，而且强调其与周边街区、古城的链接渗透，探索古城功能与
品质网络化提升的路径。

（3）演绎苏州：通过对旧空间的挖掘再塑和新功能植入，
满足现代人的行为活动需求，演绎新时代的老苏州精神。

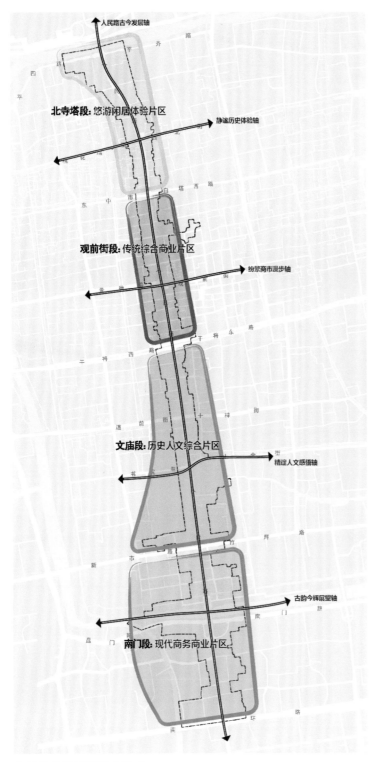

北寺塔段: 悠游闲居体验片区

观前街段: 传统综合商业片区

文庙段: 历史人文综合片区

南门段: 现代商务商业片区

人民路古今发展轴

静谧历史体验轴

纷繁商市漫步轴

精邃人文感悟轴

古韵今辉展望轴

▲ 风貌分区规划图（图4）

北寺塔段街景

观前街段街景

文庙段街景

南门街段街景

▲ 桃花坞大街节点图（图5）

▲ 观前街入口节点图（图6）

4 项目特点与创新

4.1 因地制宜塑特色

　　基于人民路本身尺度、沿街建筑高度及绿化特点，分析认为沿街界面最为醒目的是建筑"一层半"的空间，即沿街建筑12米以下的部分。因此，规划确定人民路景观提升的关注重点应从单体建筑整饰转变为街道空间的体验，由此提出街景改造采取"减法"做背景、"加法"塑氛围的策略，即在延续现状建筑立面三段式构图的原则下，重点对沿街建筑底层空间进行适度的加法改造，塑造人民路的文化氛围，底层之上的立面空间则主要通过立面清理、局部装饰的方式串零为整，塑造协调统一的立面形象。同时结合沿线功能，将人民路分为北寺塔段、观前街段、文庙段和南门段，进行分段引导（图4），并选取重要入口及功能空间塑造节点，塑造统一中有变化、充满活力与生机的十里长卷（图5～7）。

　　规划基于街道空间体验的角度，采用"连""断""减""增"的方式加强一层建筑与街道空间的整体氛围塑造。重点选取老苏州"连廊""庭院""漏窗"和"景墙"等空间符号，通过现代的建筑方式和材料进行创新演绎，实现透景、漏景和步移景异的效果（图8）。

　　一般建筑立面改造则采用元素分析法，针对现状建筑材质、色彩和构件三方面进行分类解析，结合公共建筑、居住建筑、文化建筑等提出分类改造措施（图9~13）。

▲ 干将路节点图（图7）

连　檐口统一　绿化连续　片墙相连　柱廊延续　巷道门坊
断　功能入口　主要节点　街道广场
减　违章搭建　混乱店招　残墙碎石　随意停放　标示系统
增　绿化植被　环境小品　特殊场所

▲ 建筑底层空间改造措施示意图（图8）

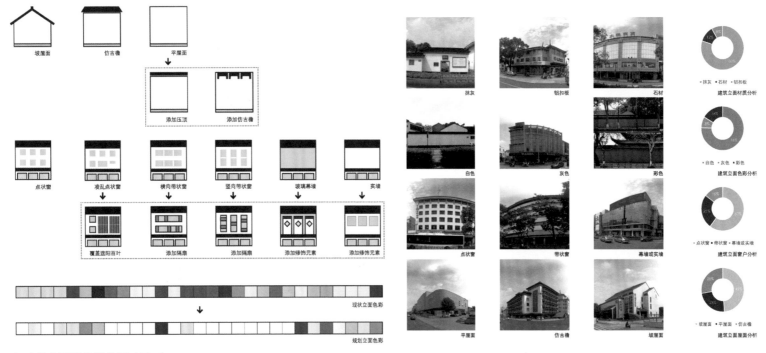

▲ 建筑立面改造措施图（图9）

现状照片

现状照片

改造效果

改造效果

▲ 商办建筑改造意象图（图10）　　　　　　　　▲ 商业建筑改造意象图（图11）

▲ 文化建筑改造意象图（图12）

▲ 居住建筑改造意象图（图13）

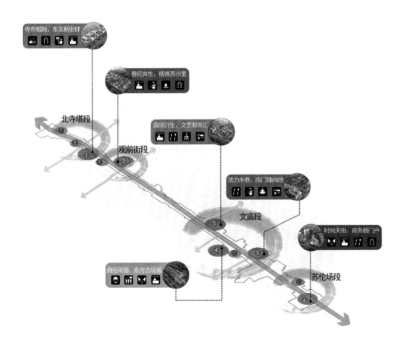

▲ 地块功能整合与策划分析图（图14）

4.2　整合提升显风情

规划通过分析，整合归并14处地块形成11个空间节点，根据区位特征分为6个重点地块和5个一般地块。基于古城整体空间风貌保护及人民路的"城市前庭"功能，重点拓展旅游服务及文化展示功能，促进整个古城面貌和地区活力的提升。空间特色塑造方面，重点加强苏州市井文化、江南静雅文化、传统艺术文化的挖掘和演绎，体现浓郁的"古城语境"，形成古城中轴新的亮点（图14～17）。

规划在保持地上街道及街区空间尺度、苏式传统风貌的基础上，结合轨道站点整合街区地下空间，形成空间连续的、网络化的、具有一定规模的地下建筑布局模式，满足现代商业、文化发展需求，弥补老城控高24米限制导致的空间不足问题。结合站点，通过半地下空间的设置，融入传统园林设计手法，将苏州味道延伸至地下空间，既解决竖向交通连接，也进一步丰富了空间体验并彰显时代特色（图18～20）。

图 例
❶ 北入口广场
❷ 旅游驿站
❸ 休闲酒吧
❹ 市井美食
❺ 电影沙龙
❻ 传统手工作坊
❼ 主题美食广场
❽ 南入口广场
❾ 旅游纪念品
❿ 行政办公

▲ 寺市相融——东吴新街肆设计意象图（图15）

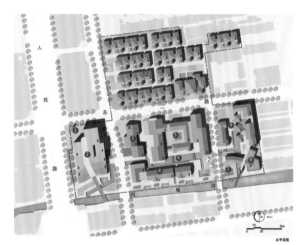

图 例
❶ 北入口广场
❷ 精品时尚商场
❸ 休闲氧吧
❹ 时尚酒吧
❺ 主题餐饮广场
❻ 景观水幕
❼ 码头广场
❽ 南门文化展示馆
❾ 国际青年旅舍
❿ 院落式住宅

▲ 水巷天地——南门锋尚地设计意象图（图16）

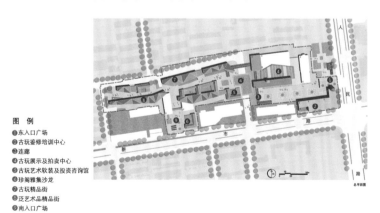

图 例
❶东入口广场
❷古玩鉴修培训中心
❸连廊
❹古玩展示及拍卖中心
❺古玩艺术软装及投资咨询馆
❻珍阁雅集沙龙
❼古玩精品街
❽泛艺术品精品街
❾南入口广场

▲ 曲径闲趣——东方古玩城设计意象图（图17）

图 例
① 北入口下沉广场
② 苏式精品酒店
③ 旅游驿站
④ 保留建筑
⑤ 丝绸文化展示馆
⑥ 丝绸精品街
⑦ 丝绸文化研究馆
⑧ 私房餐饮区
⑨ 雕塑广场
⑩ 西入口广场
⑪ 文化会所
⑫ 精品商业街
⑬ 水上舞台
⑭ 流水广场
⑮ 宅院酒店
⑯ 停车楼
⑰ 立体街巷

▲ 东吴丝织厂地块平面设计图（图18）

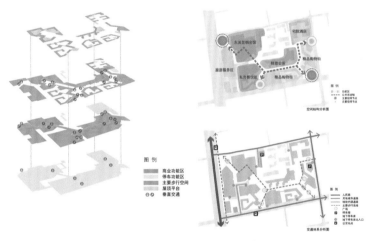

▲ 东吴丝织厂地块地下空间及流线分析图（图19）

▲ 东吴丝织厂地块设计效果图（图20）

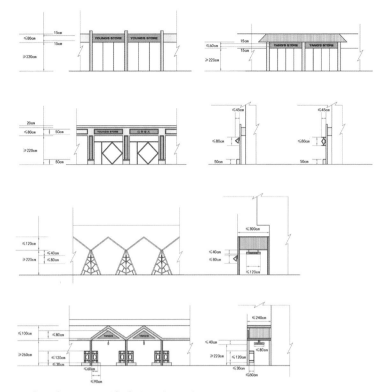

▲ 底层商业门面设计引导图（图21）

4.3 统筹协调保实施

结合建设的具体管理、执行部门的需要，同时考虑到整治建设的具体深化设计和实施，建立人民路整治专项工作的规划管理平台和七个景观要素系统（广场、绿地、滨水空间、雕塑、色彩、广告、标识系统）的指引（图21）。同时根据街景整治的"绿化、净化、亮化、美化"目标，制定相应项目库，结合政府年度行动计划推进实施。

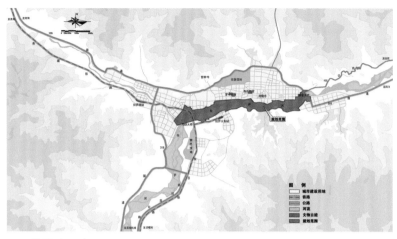

▲ 区位图（图1）

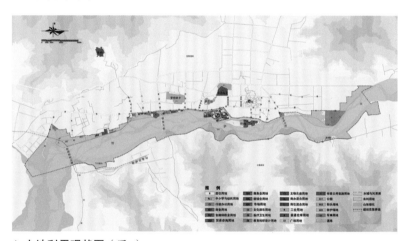

▲ 土地利用现状图（图2）

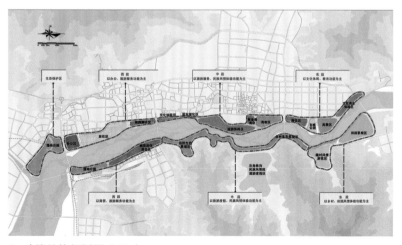

▲ 功能结构规划图（图3）

▶ 拉萨市拉萨河城市设计

1   项目背景

拉萨河是拉萨市的母亲河，发源于澎错孔玛朵山峰下，自东向西流经拉萨市区，见证了拉萨的历史变迁。拉萨河城市设计范围为拉萨河流经拉萨市的中心城区段，东西长约20公里，总面积约27平方公里（图1）。

伴随着城市经济社会发展，拉萨河城区段原有河谷空间不断被侵蚀，生态环境退化；沿岸建筑空间凌乱，影响城市重要景观；依托拉萨河的传统人文活动已逐步消失或转移，河、城的关系日趋削弱，滨水空间价值难以发挥（图2）。

为促进拉萨河生态保护，创造富有特色的滨水公共空间，规划立足于"山水画廊、城市之窗"的总体发展目标，以"优化功能、恢复生态、彰显特色"为基本策略，致力于将拉萨河打造为"民族人文之河、高原生态之河、特色旅游之河"。

2   主要思路

2.1   空间布局与建筑环境突出地方文化特征，打造"民族人文之河"

规划通过现状功能梳理，挖掘拉萨河沿岸土地利用潜力，结合拉萨河南北两岸各区段特点和人群行为特征策划12大主题景区，以此构建总体功能结构，引导土地使用和整体城市设计，塑造"古城新颜展天河，玉雪青山映古风"的总体风貌特征，以实现拉萨河沿岸传统人

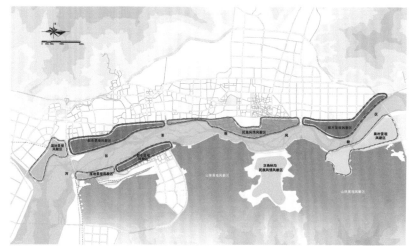

▲ **风貌结构规划图**（图4）

文活动的复苏（图3～5）。

2.2 生态修复思路与高原气候特征相结合，打造"高原生态之河"

拉萨河具有典型的高原河流水文特征，枯水期、平水期、丰水期水位变化大，由于旅游季节主要集中在丰水期及平水期的部分时段，因此河谷景观设计水位以丰水期水位为主，兼顾平水期，对河谷水体、湿地、高滩绿地、沙地景观提出生态改善措施，并通过GIS分析，针对河滩生态节点进行生态修复设计，蓄水造景，恢复植被，形成独特的高原河谷景观。同时引入生态河堤理念，引导现状传统防洪堤进行软、硬质岸线的生态化改造，并制定建筑节能和环境保护策略，推进生态拉萨的行动步伐（图6、7）。

▲ **总体效果图**（图5）

2.3 结合各类特色文化构筑景观游憩系统，打造"特色旅游之河"

城市天际线控制以布达拉宫为核心，注重南岸北观、北岸南观及北观的前景、中景、远景视觉观景效果，提出滨水界面特征及其天际线控制要求，并通过点、线、面、体相结合的夜景设计进一步丰富景观层次（图8）。

依托拉萨地方人文资源条件，综合考虑本地居民、外来游客的日常游憩、旅游活动和节庆活动，结合功能策划形成都市文化、民族风情、自然风光、田园乡村四类特色游憩空间，并通过"一横六纵"的特色慢行系统和城市旅游线路沟通滨河空间与城区主要景点，使其融

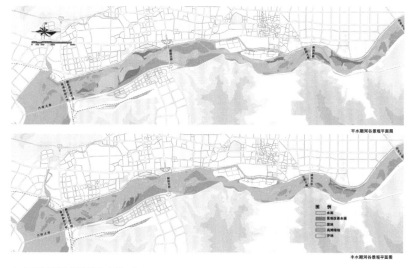

▲ **河谷景观规划图**（图6）

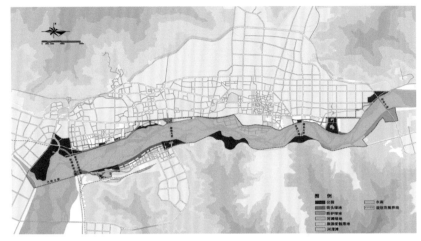

▲ 绿地系统规划图（图7）

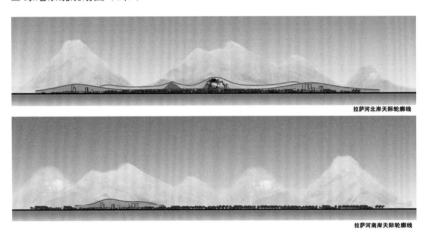

▲ 天际线引导图（图8）

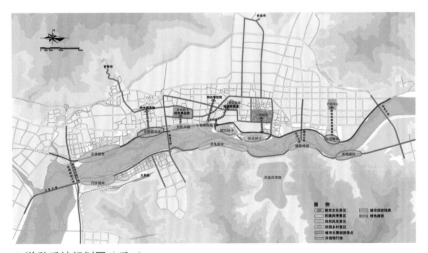

▲ 游憩系统规划图（图9）

入城市旅游系统（图9~11）。

3 项目创新与特色

3.1 基于生态模拟分析构建生态景观格局

运用GIS技术对拉萨河及其周边的生态联系度进行模拟分析，通过河道自然形态恢复、河流水文调控等措施，在横向上恢复河谷的原始形态，在纵向上加强与城市生态系统的连续性，构建具有高原特征的生态景观格局（图12）。

3.2 运用先进技术科学确定高度分区

为保持优化城市天际线及布达拉宫视野的景观效果，规划采取GIS分析、定点测算、景观模拟相结合的分析方法展开高度控制研究，提出高度控制要求，引导高度分区（图13、14）。

3.3 构建视线景观体系，增强拉萨河对来访者的吸引力

从城市角度和行为体验出发，构建由景观节点、景观视廊、景观视域、景观区组成的景观体系，并结合观景效果形成由各类广场、绿地组成的观景控制点和标志点，提高城市空间标识性。根据视域、视线分析，对严重影响景观的遮挡物近期进行立面整治，远期视条件降层或拆除，以净化观景视域，展示城市特色景观，增强拉萨河对旅游、游憩者的吸引力（图15）。

▲ 都市景观风貌意象图（图10）

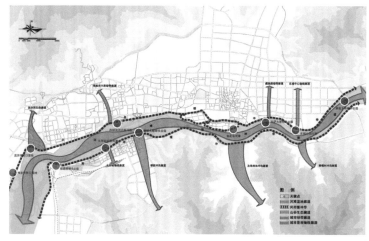

▲ 生态景观格局规划图（图12）

▲ 藏族景观风貌意象图（图11）

▲ 建筑高度分区控制图（图13）

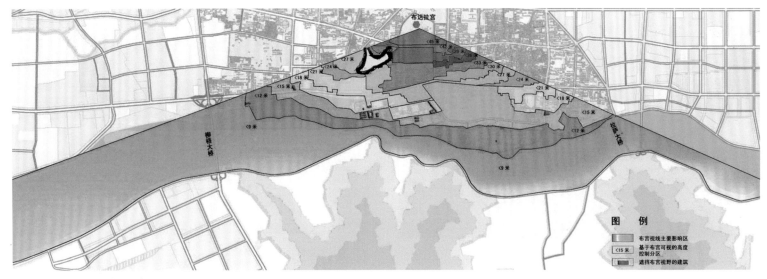

▲ GIS视线分析图（图14）

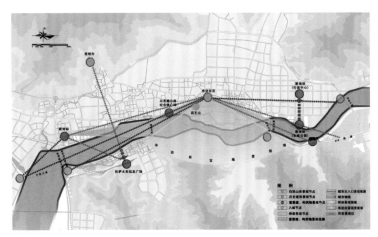

▲ 景观节点与廊道规划图（图15）

3.4 完善技术框架，反馈校核法定规划

规划研究以详实的现状调研为基础，注重与上位规划的衔接，在总体策划的基础上开展整体城市设计和分区段设计引导，并参照法定规划成果体系，形成由文本、总体设计图纸、分区段控制图则、说明构成的城市设计成果内容（图16）。

拉萨河城市设计充分贯彻城市总体发展思路，结合"民族人文之河、高原生态之河、特色旅游之河"的规划目标，强调"功能空间布局结合活动特点，生态系统体现高原风貌特征，景观游憩系统融入民族特色"的主要思路，深入研究各类人群的行为活动、基于城市整体景观的空间组织、高原生态环境、藏式建筑特色等内容，体现了城市设计的人文思想，探索了与法定规划相结合的成果体系，对于加强城市设计管理、促进城市设计实施具有积极意义。

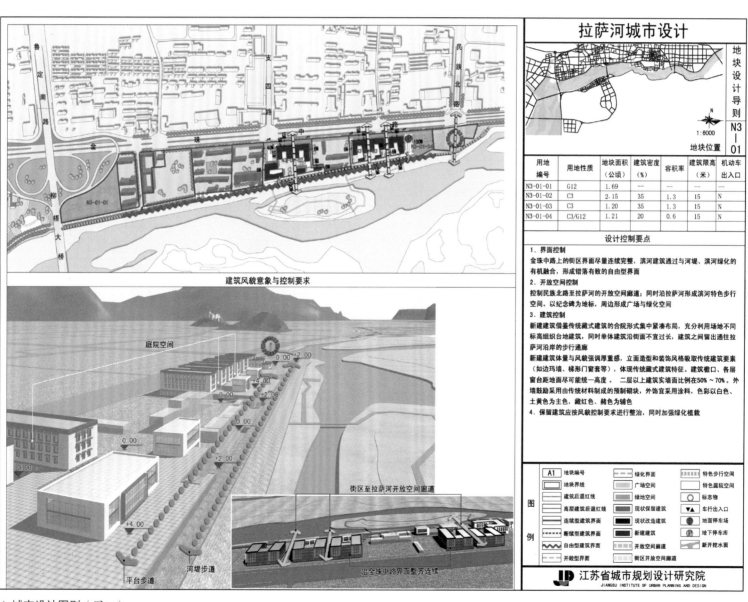

江苏省城市规划设计研究院
JIANGSU INSTITUTE OF URBAN PLANNING AND DESIGN

▲ 城市设计图则（图16）

▶ 昆明市草海片区城市设计

1 项目背景

　　昆明市草海片区位于城市西南部，北拥昆明名片大观楼，南邻著名风景名胜区西山，规划范围面积约21平方公里，其中草海水面约11平方公里。草海水体由西南部契入主城，成为自然山水生态环境向城市空间渗透的重要廊道和大型生态空间。现状草海周边区域环境破败，水体污染严重，昆明最具特色的山水奇观淹没其中。新一轮城市总体规划提出打造特色山水园林与旅游城市的目标，草海片区作为最具特色的空间载体，迫切需要整合提升，利用资源优势打造独具特色的生态游憩区，成为昆明转型发展的示范（图1、2）。

▲ 草海区位图（图1）

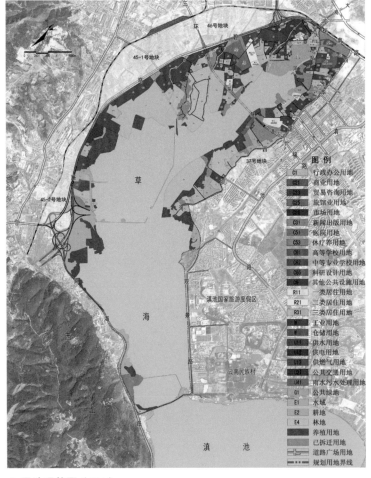

▲ 用地现状图（图2）

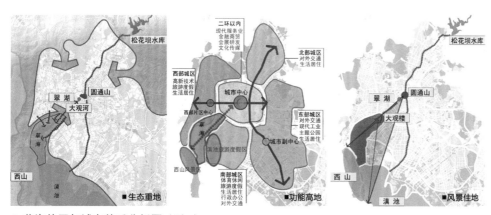

▲ 草海片区与城市关系分析图（图3）

▲ 总体鸟瞰示意图（图4）

2 资源分析

草海因其独特的自然和历史人文景观，集生态重地、风景佳地、经济高地、人文福地于一体，具有多重价值（图3）。

经济价值：草海片区紧邻主城中心，区位优势明显。

景观价值：草海片区地处城市与自然山水景观的交汇处，是城市景观与文脉轴线上的重要节点，既是城市重要的景观资源，也是观赏风景名胜的绝佳场所。

生态价值：草海是契入城市的大型生态空间，对调节城市气候、维护城市生态系统平衡起到决定性作用，也因此脆弱的生态环境是其面临的最大挑战。

文化价值：大观楼是昆明的名片，深厚的历史文化底蕴赋予草海片区独一无二的人文气质。

3 目标定位

基于草海片区的资源特色及其与城市关系的整体分析，规划提出草海片区目标定位为"城市大型生态开放空间，国际休闲商务港和观光旅游胜地"。重点突出生态和游憩功能，利用文化与环境优势发展功能复合、充满活力的生态商务区，依托独特山水人文景观资源，打造世界级观光旅游胜地（图4）。

165

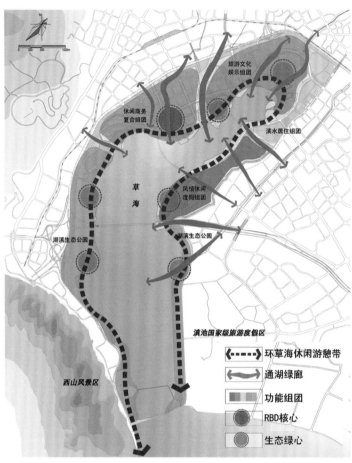

▲ 功能结构图（图5）

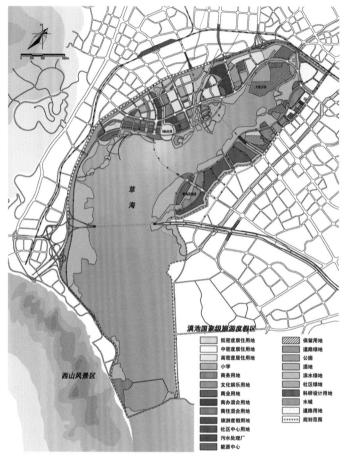

▲ 用地规划图（图6）

4 规划思路与特色

4.1 优先生态保护的土地使用

规划基于生态敏感性分析，划定受保护地区、生态缓冲区、适宜建设区，提出草海片区的土地使用原则：保障充足的滨湖湿地和缓冲绿带；结合入湖水系控制通湖生态走廊，净化入湖水体；遵循由滨湖至外围腹地由低到高的密度管理，体现对草海自然生态空间的尊重。最终形成"环湖圈层+组团"的空间结构模式，圈层布局突出滨湖空间的开敞性和公共性，组团结构促进山、水、城更好地融合（图5、6）。

4.2 凸显草海价值的功能配置

草海片区的功能配置力求与其价值特色相适应，规划以"山、水、城、人和谐共生"为主题，结合各组团进行功能策划。

休闲商务组团是环草海片区的核心组团，突出水主题，策划了游憩商务水湾、文化创意水廊、特色休闲水街，强调富有活力的滨水环境和全新的旅游体验。

文化旅游组团以大观公园为核心，进一步拓展功能，形成集大观公园、民俗文化主题园、传统美食街于一体的大观文化游园，突出历史环境体验，同时结合河口湿地、污水处理厂打造环境教育基地和绿色低碳实践区。

风情度假组团紧邻滇池旅游度假区，规划营造独具异域风情的休闲度假环境，主要包括主题酒店、风情街以及以国际商务机构、酒吧街、主题餐饮等功能为主的国际风情港，与南侧滇池旅游度假区相衔接（图7）。

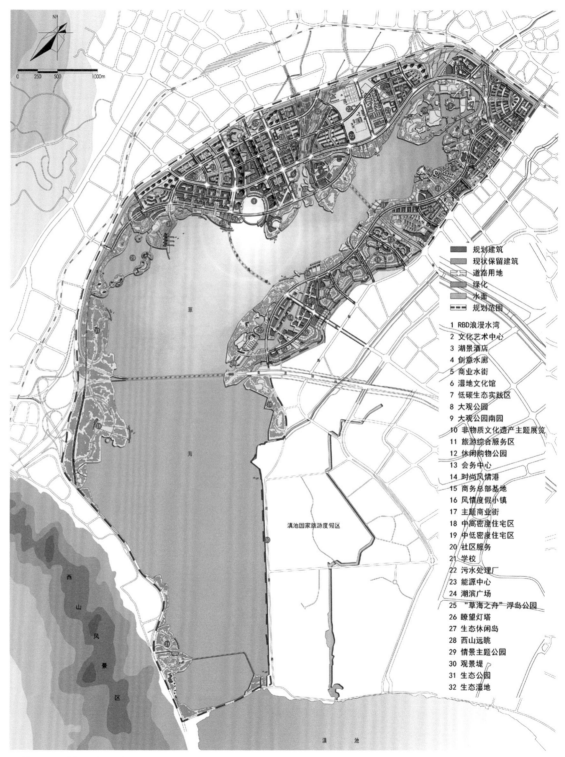

规划建筑
现状保留建筑
道路用地
绿化
水面
规划范围

1 RBD浪漫水湾
2 文化艺术中心
3 湖景酒店
4 创意水廊
5 商业水街
6 湿地文化馆
7 低碳生态实践区
8 大观公园
9 大观公园南园
10 非物质文化遗产主题展览
11 旅游综合服务区
12 休闲购物公园
13 会务中心
14 时尚风情港
15 商务总部基地
16 风情度假小镇
17 主题商业街
18 中高密度住宅区
19 中低密度住宅区
20 社区服务
21 学校
22 污水处理厂
23 能源中心
24 湖滨广场
25 "草海之舟"浮岛公园
26 瞭望灯塔
27 生态休闲岛
28 西山远眺
29 情景主题公园
30 观景堤
31 生态公园
32 生态湿地

▲ 总平面设计图（图7）

167

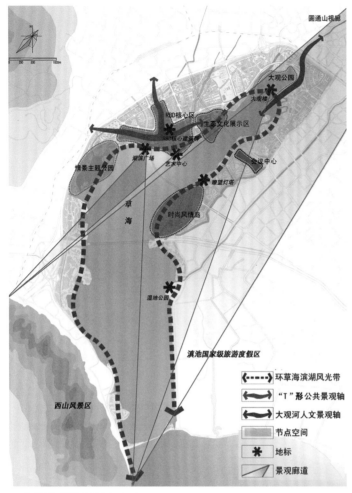

▲ 空间景观结构图（图8）

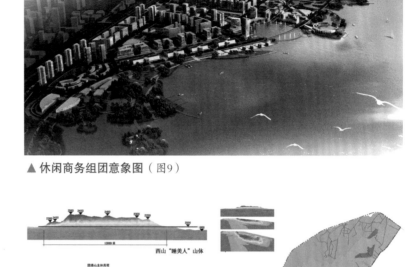

▲ 休闲商务组团意象图（图9）

▲ 西山景观视廊分析图（图10）

4.3 彰显山水融城的景观特色

（1）空间景观结构

规划立足山、水、大观楼等要素之间的空间联系，构筑草海片区"一带、两轴、三廊、多节点"的景观结构。环草海形成滨湖风光带，以湿地、绿地等自然生态景观为主要特征，最大程度地展现草海景观；休闲商务组团内依托水系形成"T"形公共景观轴，并于"T"轴交汇处形成RBD核心，于草海之滨打造一个全新的水湾空间，形成草海片区继大观楼之后的新标志；加强视廊控制，充分展示西山与滇池景色，创造自然与人文景观相呼应、传统与现代风貌相交融的城市"客厅"（图8、9）。

（2）高度控制与天际线塑造

规划基于滨湖生态保护要求以及西山、大观楼等重要景观的视线分析，结合湖滨天际线塑造，提出由低密度的滨湖生态空间逐步向外围高密度城市空间过渡的高度控制思路，以保护山水景观和历史人文景观，局部结合RBD水湾适当提高开发强度，塑造湖滨新景观（图10、11）。

（3）风貌特色

草海片区力求体现高原风光、自然生态、民族风情与现代文化有机融合的风貌特色。根据片区空间结构、自然环境、历史沉淀等因素，划分自然生态、现代景观、传统景

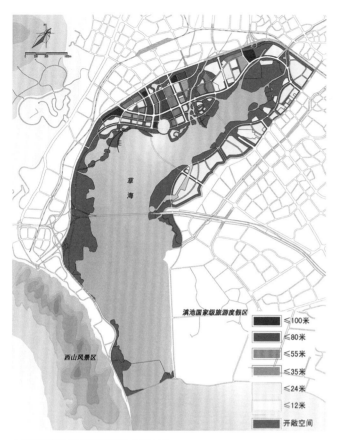

▲ 建筑高度分区控制图（图11）

▲ RBD水湾景观意象图（图12）

▲ 夜景效果图（图13）

观、特色风情共四片风貌区，对建筑风格、环境设计进行引导，展示文化景观多样性（图12、13）。

4.4 立足区域整体的游憩系统

规划立足区域旅游发展体系，通过整合山水资源和多元文化，策划了"六岛、六湾、两街、一堤"的旅游景观体系，引入主题公园、文化博览、养生度假、精品会议、特色购物娱乐等功能，并构建"一环一横三纵"的特色游憩路径，将特色景点与城市旅游系统有机串联（图14）。

4.5 基于绿色理念的支撑系统

（1）生态绿地系统

草海片区基于整体生态格局分析，衍生出由绿环、绿廊、绿轴、绿核、绿点相结合的绿色开敞空间，形成"点线结合、水绿相依、绿满春城"的绿化网络。同时针对草海封闭度高、生态环境脆弱的特点，制定一系列水环境保护与修复措施，包括实施最少的岸线干预；构筑相互联系的生态网络；加强入湖河道绿化及缓冲带、湿地建设；修建截污管道，提高污水处理标准，促进中水回用；建立雨水收集、净化系统等，打造水清、湖洁、岸绿的生态屏障区（图15、16）。

（2）综合交通系统

首先针对地区环境，路网形态设计注重呼应山水格局，形成"环湖连续+通湖放射"的路网结构，建立良好的山、水、城对话关系，保证环湖地区充分的可达性；其次，结合商务休闲等组团采用小街区模式构建与城市公共交通有机衔接的、高密度的慢行网络；第三注重引导绿色交通，构筑了包括单轨电车系统、环湖旅游公交专线、水上轮渡、空中索道在内的环湖旅游公交体系，通过强化枢纽衔接，满足多样化交通选择（图17、18）。

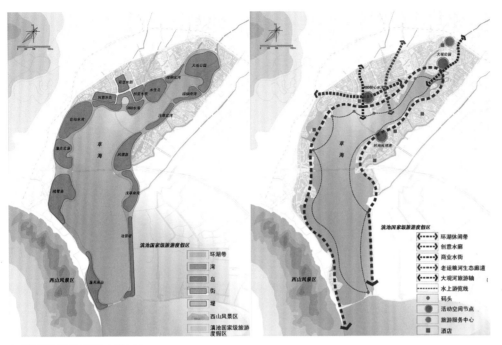

▲ 游憩系统分析图（图14）

▲ 绿地系统规划图（图15）

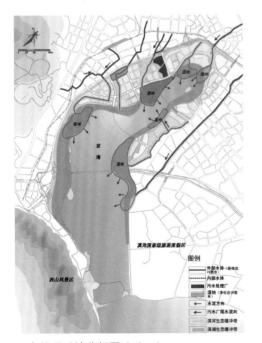

▲ 水处理系统分析图（图16）

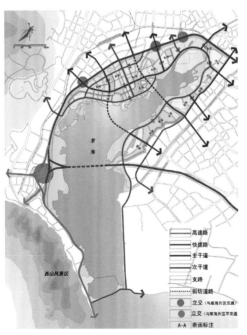

▲ 道路系统规划图（图17）

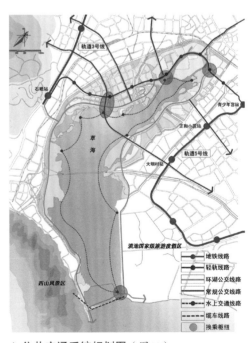

▲ 公共交通系统规划图（图18）

▶ 无锡太湖新城水岸空间城市设计

1 项目背景

项目位于无锡市南部太湖新城，规划范围150平方公里。现状太湖新城内水网交织，拥有300多条河流，但水城割裂现象明显，导致太湖之滨的新城"临湖不见水，见水难亲水"（图1）。随着国家低碳生态城示范区的目标推进，为进一步凸显滨水基调，太湖新城开展水岸空间专项城市设计研究，旨在重新认识水城关系，引导城市亲水发展，再现水乡魅力。

2 设计理念与策略

规划立足问题导向，以塑造"绿色水都"为目标，提出"水岸空间引领品质提升"的总体思路，基于"生态、美丽、活力、共享"的基本理念，重点从优化水城格局、提升水岸活力、塑造多元空间等方面重建人、水、城的关系，制定分级分类全覆盖的城市设计指引，并通过"面上有线、线上有点、点上有景"的具体行动方案推进实施（图2）。

3 项目特色与创新

3.1 激活水元素，优化水城格局

规划基于水城共生的视角，将水系网络与城市生态格局、公共功能体系、休闲健身活动、城市交通等整体考虑，强化"以水为脉"的城市结构和"以水为核"的空间组织。

（1）整合水系网络强化生态系统

针对水系本体特征及其对城市结构的影响，梳理形成四级水

▲ 区位图（图1）

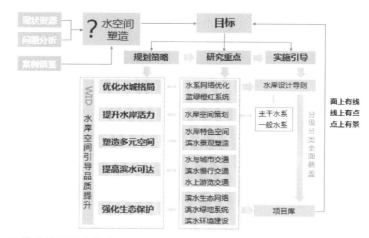

▲ 技术路线图（图2）

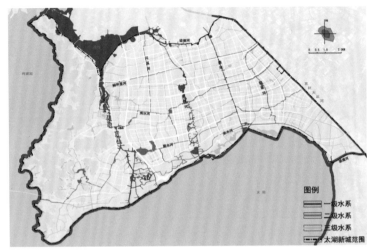

▲ 水系网络规划图（图3）

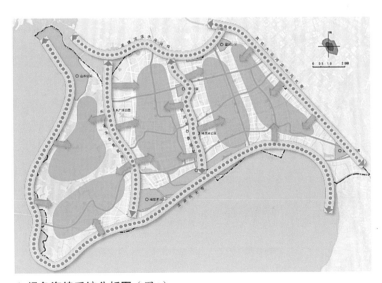

▲ 绿色海绵系统分析图（图4）

网体系，明确各级水体对于城市空间的关系和作用，为城市结构优化、功能空间组织提供支撑（图3）。

太湖新城水网层级体系

水系级别	主要河流名称	宽度	贯通度	与城市的关系	主导功能
一级	太湖沿线、长广溪、尚贤河、蠡河、大运河、梁塘河	20～200米	贯通新城	城市生态廊道或交通廊道，划分城市组团	生态防护、风景游赏功能
二级	阚甲里河、秀水河、碧水河、闪溪河、翡翠河、亲水河	20～40米	贯通组团	链接城市组团，与市级、组团级中心结合紧密	景观和游憩功能
三级	陆溪港、车尚桥浜、沙泾港、杨木桥河、关家桥河、庙桥港、内溪河、张庄巷河、闪溪河、方桥浜等	10～25米	局部贯通	与居住组团和社区中心结合	居民日常休闲活动功能
四级	地块内部的水体或水景	—	尽端式或独立式	与建筑单体或群体结合	景观水体，活跃建筑空间、公园造景、调节微气候等

依托水网，加强由"滨河绿廊、联系绿轴、节点公园绿地"组成的滨水绿地系统，建立滨河与沿线纵深街区的联系，共同完善"绿色海绵"系统（图4）。

（2）依托水网建立"蓝、绿、橙、红"一体化空间

充分挖掘滨水空间潜能，建立"蓝（河道）、绿（公园）、橙（休闲）、红（商业）"体系，促进水系与景观、文化娱乐休闲的一体化发展。其中一级水系以生态、航运等功能为主，适度融入自然教育、工业文化展示等主题；二级水系以城市景观功能为主，积极引入商业、休闲等都市活动；三级水系则以日常休闲健身功能为主，为社区交往提供亲近自然的场所。

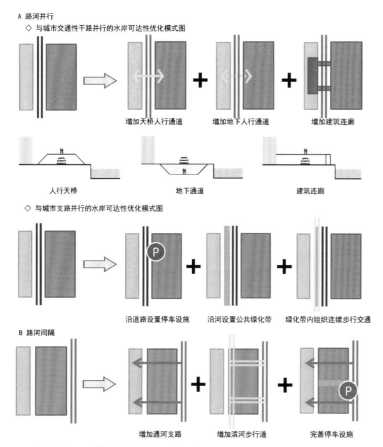

A 路河并行

◇ 与城市交通性干路并行的水岸可达性优化模式图

增加天桥人行通道　　＋　　增加地下人行通道　　＋　　增加建筑连廊

人行天桥　　　　　　地下通道　　　　　　建筑连廊

◇ 与城市支路并行的水岸可达性优化模式图

沿道路设置停车设施　＋　沿河设置公共绿化带　＋　绿化带内组织连续步行交通

B 路河间隔

增加通河支路　　　＋　　增加滨河步行道　　＋　　完善停车设施

▲ 滨河交通可达性优化策略图（图5）

图例
▢ 风景绿道
▢ 一级绿道
▢ 二级绿道
▢ 三级绿道

▲ 滨河绿道系统规划图（图6）

（3）优化交通提高水岸可达性

针对现状部分滨水空间被交通割裂等问题，制定相应交通优化措施，促进滨水地区的完整性与可达性。结合滨河空间构建多层次、连续的滨水绿道系统，如环湖自行车健身道、滨河林荫道、亲水栈道等，引导亲水亲绿的健康生活方式（图5、6）。

3.2 融入水功能，提升水岸活力

规划反思现状滨水空间功能单一、缺乏活力、尺度偏离生活美学等问题，提出重塑水岸生活的目标，合理融入对河流水敏性环境友好的相容性功能的开发，激发水岸活力。

（1）与城市各级中心相耦合，丰富水岸功能

规划最大程度地将四级水系与城市重要功能空间进行整合，其中一、二级主干水系主要和城市级、组团级中心进行耦合；充分利用三级水系与社区中心进行链接。通过各级公共设施与水网体系的耦合布局，促进滨水地区复合化开发（图7）。

（2）与水景观塑造相结合，创造活力节点

结合滨水公共活动节点，强化以水为核心的景观特征。如新城商务区西侧两河交汇节点，以"商务中心后花园"的定位，扩河成湖，规划具有浓郁休闲风情的滨水街区，并形成眺望商务区建筑群的最佳视点（图8~10）。蠡湖大道南门户节点，结合蠡湖大道"创意文化锋尚地"的定位，形成水园、水湾、水巷等多元功能与趣味的滨水空间。通过各具特色的滨水空间节点塑造，以点带线将城市生活导向水岸（图11、12）。

3.3 传承水文化，塑造多元空间

积极挖掘滨水特色资源，针对性地进行功能策划，打造特色商业、休闲、文化等不同主题的水岸空间，将传统水文化融入地

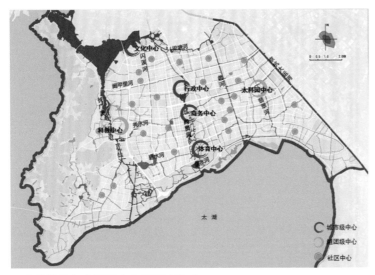

▲ 公共设施与水网耦合分析图（图7）

▲ 立信大道西侧地块滨水空间效果图（图9）

① 生态社区　② 国际学校　③ 滨水商业
④ 社区中心　⑤ 水景公园　⑥ 体育公园
⑦ 商业水街　⑧ 亲水广场　⑨ 游船码头
⑩ 临水长廊　⑪ 水幕电影　⑫ 运动球场
⑬ 慢跑步道　⑭ 滨水茶座　⑮ 园林酒店

▲ 立信大道西侧地块总平面图（图8）

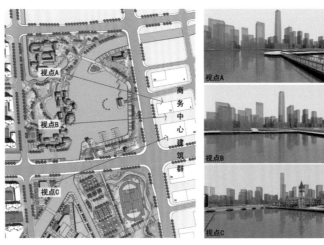

▲ 眺望商务区多视点模拟透视图（图10）

174

▲ 蠡湖大道东侧地块总平面图（图11）

▲ 蠡湖大道东侧地块效果图（图12）

▲ 秀水河分段控制与节点规划图（图13）

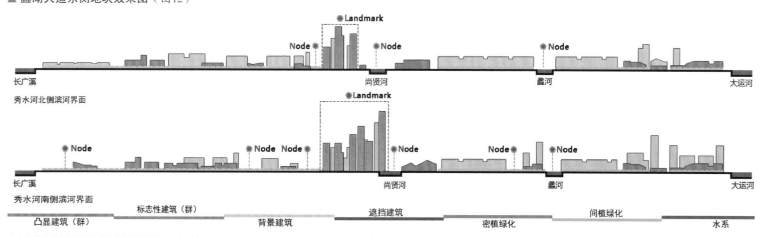

▲ 秀水河滨河界面控制引导图（图14）

▲ 三级水系分类引导图（图15）

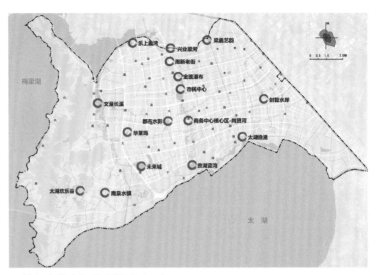

▲ 特色水岸空间分布图（图16）

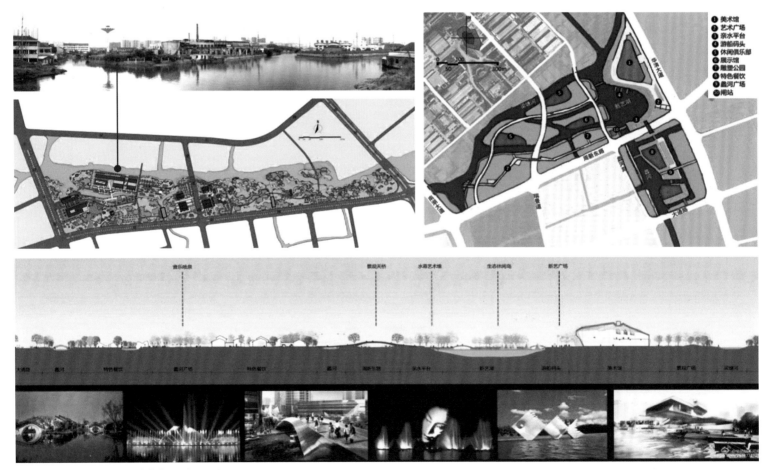

▲ 梁河艺韵特色空间设计意象图（图17）

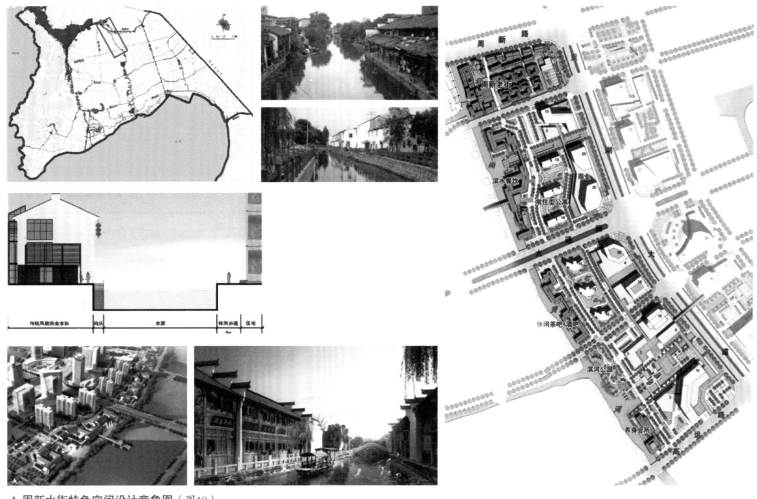

▲ 周新水街特色空间设计意象图（图18）

区特征。

（1）重点突出，加强水岸空间策划研究

针对主干水系，立足问题导向，结合新城整体层面分析，明确主题定位及总体风貌特色，对沿线功能、空间形态、节点景观等内容进行综合策划研究，提出分段控制（主导功能、驳岸形式、沿线开发）、节点塑造（空间形态、要素构成）、滨水界面控制（沿线建筑后退、布局、高度、风格）等城市设计引导要求（图13、14）。针对一般水系，按照生态景观型、公共活力型和生活休闲型进行通则性的分类引导，构建服务于社区、满足日常户外健身、交往的滨河休闲空间系统（图15）。

（2）挖掘特色资源，塑造特色水岸空间

太湖新城水系沿线自然形态各异，并留有一定历史遗存，包括传统村落、老街、工业遗产等类型，规划予以合理保留并改造利用，融入文化创意、特色商业、休闲餐饮、博览展示等功能，形成十六处特色水岸空间，打造各具特色的多元场景，塑造水乡新名片（图16~19）。

3.4 再现水魅力，突出行动导向

（1）分级分类，制定水岸空间设计导则

规划成果形成"水岸空间城市设计导则"，明确了水网层

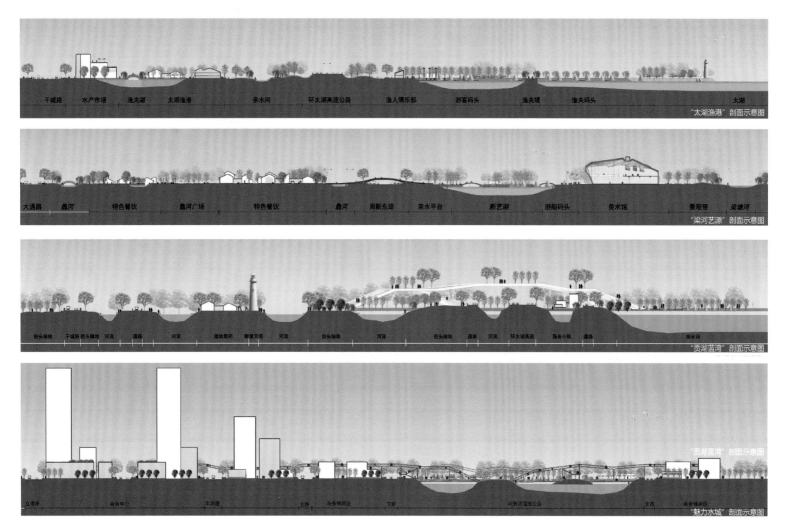

▲ 特色水岸空间多元场景示意图（图19）

级体系，形成重点突出、全面覆盖的水岸空间设计导则。针对主干水系提出"一河一导则"，确保主干河流的水岸空间建设充分体现其城市功能与特定意象；针对面广量大的一般水系形成通则性的分类导则，保证水岸开放、交通可达、生态维护等基本要求（图20）。

（2）示范引领，以线带面提升水岸空间魅力

规划利用基础条件相对较好、沿线特色资源分布较多的河流重点打造一条特色水环，通过驳岸完善、绿化提升、节点塑造、沿线建筑界面整治、开辟水上游线等措施，建设水岸空间示范展示带，以点带线、以线带面形成诱导效应（图21）。

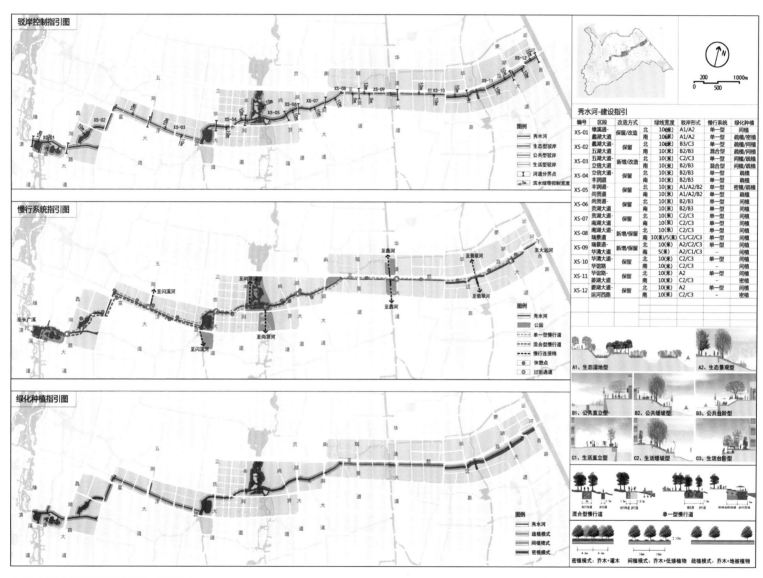

▲ **秀水河水岸空间设计导则**（图20）

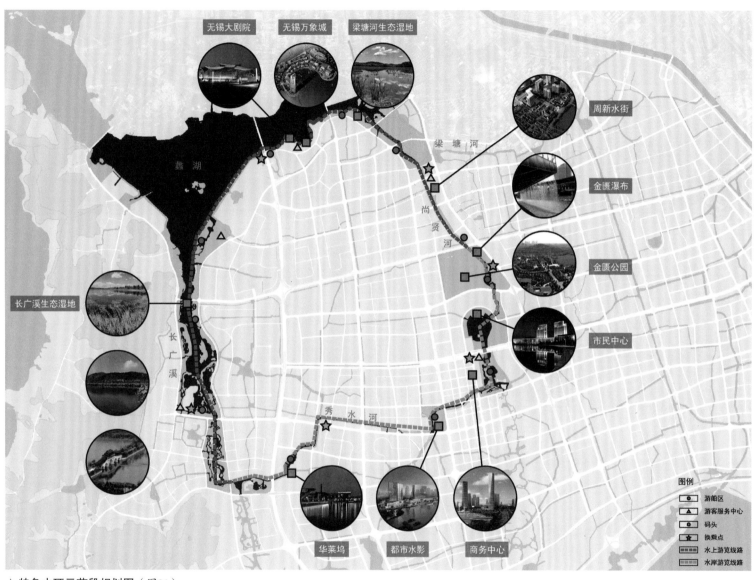

▲ **特色水环示范段规划图**（图21）

水乡地区的新城建设面临着地域化与国际化、现代与传统、继承和创新等问题，水作为江南水乡的灵魂，是演绎"城市让生活更美好"的重要因素。太湖新城水岸空间规划基于江南水乡地域环境，探索了激活水元素、融入水功能、传承水文化、塑造水乡新魅力的路径策略，通过水岸空间的复合开发和品质提升助推城市转型发展，对于水乡地区新城建设的思路拓展具有一定的启发意义。

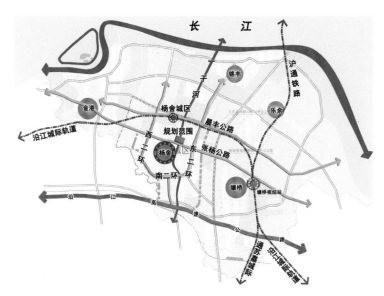

▲ 区位图（图1）

▶ 张家港市城北科技新城沙洲湖周边地区城市设计

1 项目背景

　　项目基地位于张家港市未来重点发展的城市片区——城北科技新城，规划范围面积2.2平方公里，城市南北向景观轴——"一干河"穿越基地（图1）。总体规划指出，将以一干河为生态景观轴线，引导城市中心向北延伸，构筑张家港市未来的城市地标空间，带动城北新城的发展。

2 构思与创意

　　规划基于目标导向，结合城市整体空间体系分析和地方实际建设意向，提出"水韵沙洲，精致生活"的愿景目标——依托以沙洲湖为核心的滨水资源，打造张家港高端商务、科技研发与商业休闲运动核心区，创造一个极具吸引力的滨水型公共活力中心以及全新概念的休闲目的地。在此基础上，契合基地水系丰富的场地特征，提出创意概念——"水³"：休闲水岸、创意水廊、风情水街叠加，以水为主题，打造重点功能区；多元功能、多样空间、多类活动叠加，带给城市无限创意活力；暨阳湖、梁丰园、沙洲湖三湖连珠，错位发展，共筑特色休闲之城。

3 主要设计特色

3.1 综合策划，指导整个设计过程

　　运用综合策划思想，针对基地面临的发展环境和现实问题，综合区位、交通、环境、经济等因素，分析论证地区发展的目标

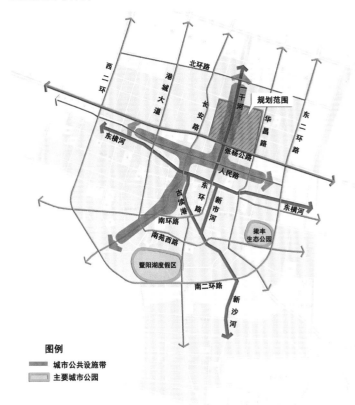

图例

▆ 城市公共设施带
▨ 主要城市公园

▲ 城市功能关系分析图（图2）

181

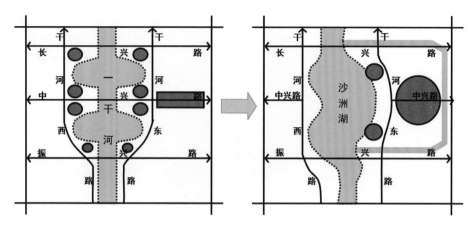

▲ 空间策划分析图（图3）

定位，在此基础上研究其作为一项社会实践活动的系统框架，包括消费人群、功能业态、空间秩序、交通优化、开发策略等，以此奠定决策的基础，提出三方面策略重点并指导整个规划设计过程：营造完整滨湖空间，调整沿河道路线形，结合空间组织与景观塑造一体设计；依托水系形成公共空间环，组织多元功能，塑造多样空间与特色；加强南北联系，增强基地与城市核心地段的交通联系（图2、3）。

3.2 以湖为核，强化总体形态控制

规划以创造一个全新的滨水活力中心为目标，以湖为核组织各种功能空间，以通湖道路、水系为轴线，建立"一核、两轴、四廊、五区"的总体结构，加强与周边城市空间的联系。空间设计强调沙洲湖作为城市景观核心的主导地位，以其为视觉焦点，结合功能布局有序组织空间体系，整体形成"内弛外张、主从有序、疏密相宜"的形态格局（图4、5）。

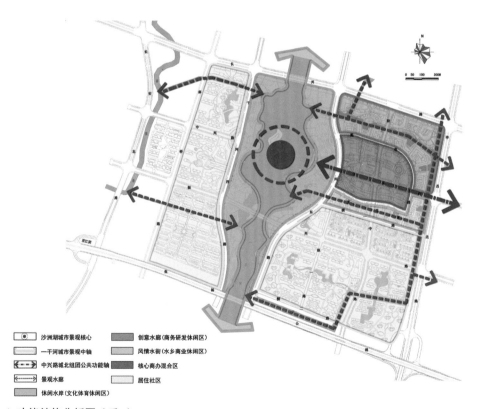

▲ 功能结构分析图（图4）

▲ **总体鸟瞰图**（图5）

3.3 精心布局，打造多元功能空间

　　功能空间布局充分考虑区位环境、资源共享和业态经营的结合。通过精心的前期业态策化和各功能区的详细设计，打造特色化、多元化的主题空间（图6、7）。

　　休闲水岸：围绕沙洲湖景观核心，以运动休闲和文化休闲为主题，打造城市级"休闲水岸"主题公园，突出自然体验（图8）。

　　创意水廊：利用中心河景观资源，两侧布置创意研发、商务休闲功能，形成与基地北侧高校紧密结合、产学研一体发展的城市创意空间（图9、10）。

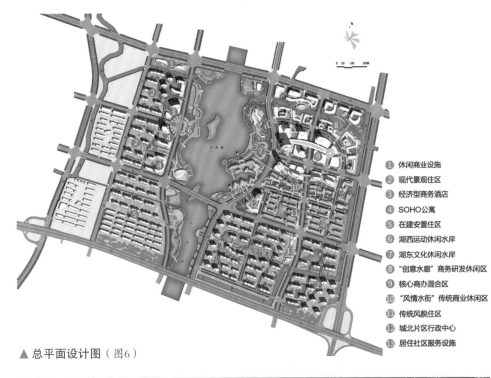

① 休闲商业设施
② 现代景观住区
③ 经济型商务酒店
④ SOHO公寓
⑤ 在建安置住区
⑥ 湖西运动休闲水岸
⑦ 湖东文化休闲水岸
⑧ "创意水廊"商务研发休闲区
⑨ 核心商办混合区
⑩ "风情水街"传统商业休闲区
⑪ 传统风貌住区
⑫ 城北片区行政中心
⑬ 居住社区服务设施

▲ 总平面设计图（图6）

▲ 休闲水岸湖滨地标意象图（图8）

▲ 创意水廊空间设计效果图（图9）

▲ 夜景效果图（图7）

▲ 创意水廊空间设计模型图（图10）

▲ 风情水街空间设计效果图（图11）

▲ 风情水街空间设计模型图（图12）

▲ 核心商办混合区效果图（图13）

风情水街：在支三河两岸设置各类商业零售、餐饮娱乐、休闲服务、特色旅馆等功能，并向西延伸至湖滨，创造一个功能多样、文化特色浓郁的"风情水街"，彰显"原汁原味"的江南水乡特质，强调个性体验（图11、12）。

核心商办混合区：沙洲湖东、中兴路两侧强化城市中心功能，两侧街区布局精品商业、办公、公寓等综合体项目，突出风尚体验（图13）。

3.4 以人为本，构建趣味活动流线

结合滨湖、滨河、沿路等空间合理组织公共活动，形成三类活动流线区：环湖观光游览动线区、滨河休闲娱乐动线区以及城市商业购物动线区，形成一个结构清晰、层次丰富、与水互动的融合广场、街道的步行网络。同时，由环湖休闲带、滨河步行街区、滨河开敞绿带、广场和地块内部开放空间组成公共开放空间体系，通过步行系统有机联系，形成一个完整的、具有良好可达性的休闲空间网络，为人们提供连续而富有趣味的活动和交流场所（图14、15）。

185

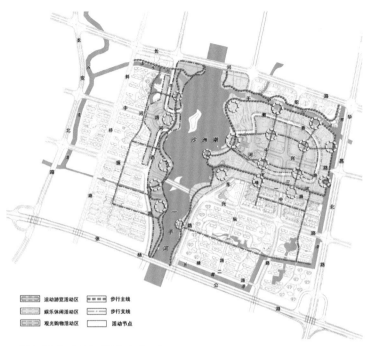

▲ 慢行游憩系统规划图（图14）

▲ 建设时序规划图（图16）

▲ 开放空间体系规划图（图15）

3.5　着眼实施，制定合理建设时序

　　强调"景观带动，项目激活"的总体策略，一期建设沙洲湖核心水景，形成城北新城的标志形象、活力热点，带动城北新城的起步；二期建设重点打造"风情水街"，带动南侧居住区开发建设，进一步聚集人气；三期建设打造"创意水廊"与核心商办综合区，完善高端城市功能，带动张家港城市的功能提升与环境优化，进一步提高辐射周边区域的能力（图16）。

▶镇江官塘新城凤栖湖及周边地区城市设计

1 项目背景

官塘新城位于镇江市南山风景区东麓，为镇江南部门户，总体发展目标为"宜居、宜业、宜游的绿色生态城"。

规划基地位于官塘新城核心区，四平山、大莱山环绕基地西北两侧，区内人工湖——凤栖湖将成为新城大型开放空间，山水兼备，环境优越（图1、2）。

规划基于镇江产业升级、低碳生态的转型战略，确立"官塘智城、有凤来仪"的设计主题，以"新经济、新文化、新生活"为宗旨，将官塘新城建设成为融合山水景观要素，集工作、休闲、游憩于一体的全新体验目的地，形成"镇江山水花园城市的新客厅、特色鲜明的城市公共中心、充满活力的多元体验空间"的发展目标（图3）。

2 功能定位

基于镇江转型发展的潜力优势分析：长三角区域城市之一和重要的港口城市、长三角制造业的积聚优势、市级文化中心的触媒作用、山水景观兼具的独特生态环境，规划聚焦智慧产业，以新媒体和文化创意产业为主题，以总部或地区组织机构积聚为特色，以商业商务、文化、创意办公、休闲功能为主导，发展"创智文化游憩区"，成为长三角制造业总部经济的新引擎（图4）。

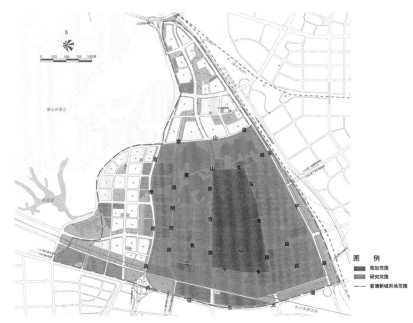

▲ 区位图（图1）

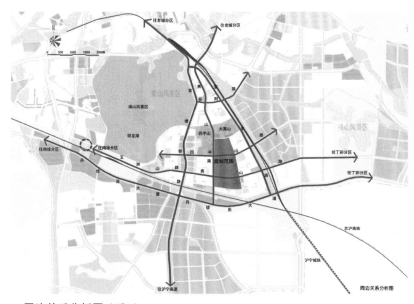

▲ 周边关系分析图（图2）

187

▲ 总体鸟瞰图（图3）

▲ 产业发展策划图（图4）

3 项目特色

3.1 呼应山水格局的空间结构

规划秉承"引山理水、湖岛相映；创意人本、绿色引领；文化植入、彰显内涵"的设计理念，构建了"核、岛引领，两轴串联，绿廊渗透，多元组团"的空间结构（图5）。

通过理水，形成环凤栖湖公共文化中心核和智慧产业集聚岛，分别形成官塘新城的大型开敞空间和积聚发展的地标空间；依托东西向四平山路和南北向中央河道形成空间主骨架，其中中央河道北连大莱山，南抵凤栖湖，共同形成集生态、休闲于一体、融合山水景观的城市客厅（图6~8）。

加强周边山体、内部湖河水体与城市街区空间的有机渗透，构建绿色生态网络，在此基础上形成中央花园客厅、智慧产业岛、商业商务区、创意办公区、文化中心区、商住混合区、中密度住宅区、高密度住宅区等功能组团。由此营造具有强烈的识别性和抵达感的整体空间特色，通过丰富多样且尺度宜人的功能与空间为到访者提供多样行走体验，同时最大程度地将山水景观与公共空间结合，体现自然与人工环境的协调共生（图9）。

3.2 基于人本思想的创意空间

街区空间设计结合功能和区位环境，因地制宜。

智慧产业岛通过引入流动的溪水形成岛状格局，集中布局商务办公、金融服务、科技研发、总部机构等功能，营造高层、低密度的空间特征，通过空中走廊系统形成相互联系的立体都市特色（图10、11）。

环绕智慧岛西侧由商办、公寓、SOHO办公、花园办公等功能组成，通过半围合建筑空间，强调均质和谐的街区肌理，与智慧岛形成对比。

中央河东侧由居住、社区服务、商住、会议论坛等功能组成，强调街区整体感的同时突出各自的空间趣味。会议论坛区由滨河走廊串联形成立体花园空间，沿滨河展开的系列休闲建筑精巧雅致，与生态环境有机融合，而住宅社区则呈现别具一格的新地域主义风格（图12、13）。

环湖地区由文化中心、商业综合体、酒店、休闲娱乐等功能组成，建筑布局结合湖滨环境，自由活泼，营造浪漫诗意的景观特征（图14）。

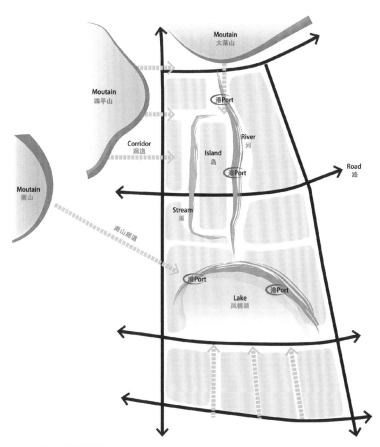

▲ 方案生成概念图（图5）

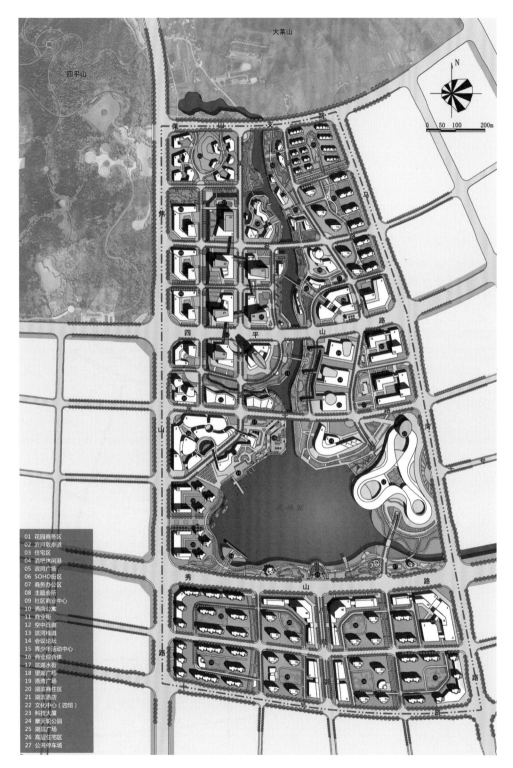

01 花园商务区
02 滨河散步道
03 住宅区
04 酒吧休闲港
05 滨河广场
06 SOHO街区
07 商务办公区
08 主题会所
09 社区商业中心
10 酒店公寓
11 商业街
12 空中连廊
13 滨河栈道
14 会议论坛
15 青少年活动中心
16 商业综合体
17 滨湖水街
18 望湖广场
19 港湾广场
20 湖滨商住区
21 湖滨酒店
22 文化中心（四馆）
23 科技大厦
24 摩天轮公园
25 湖滨广场
26 高层住宅区
27 公共停车场

▲ 总平面设计图（图6）

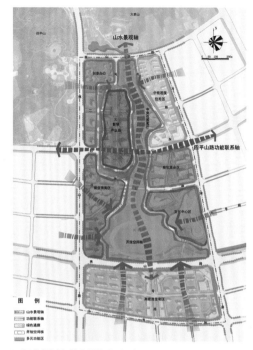

▲ 规划结构分析图（图7）

▲ 用地规划图（图8）

190

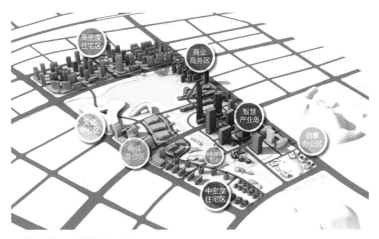

▲ 功能分区布局图（图9）

▲ 中央河平面及模型示意图（图12）

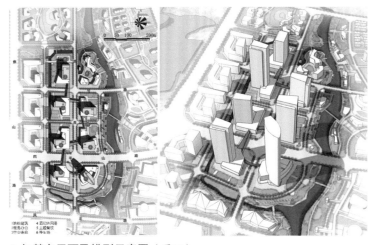

▲ 智慧岛平面及模型示意图（图10）

▲ 中央河夜景效果图（图13）

▲ 山水轴线景观效果图（图11）

▲ 凤栖湖景观效果图（图14）

3.3 山水城园和谐的景观体系

整体景观展现"青山相伴、绿水环绕、湖岛相映、花园叠翠"的意象特征。具体由"湖、河、岛、廊、节点"五方面要素构成（图15）。

凤栖湖：以水为主题，形成文化水园、凤栖水街、乐活水城等多元功能节点，环湖建筑结合功能高低错落，形成丰富的天际线，并体现多向空间渗透关系。

中央河：以自然生态景观为特色，适当布局文化、休闲功能，打造逸趣水廊。沿线建筑突出智慧岛的天际线，其余则保持滨河界面的通透感和层次性。

智慧岛：结合中央河引入溪水形成岛屿意象，构筑具有标志性的天际线，体现开放、共享的时代特征。

绿色通廊：构建山水城相连的走廊系统。其中湖滨商业中心充分考虑凤栖湖与南山的空间关系，整体造型面向湖滨叠落，通过台阶广场、屋顶花园提供了多层次观山赏湖的场所。

地标节点：核心区形成两处地标建筑。一为文化中心，以动感的造型成为环湖视觉焦点；二为智慧岛东南角的高层建筑，是核心区的制高点。

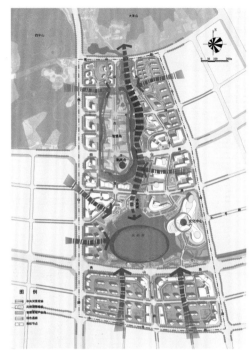

▲ 空间景观分析图（图15）

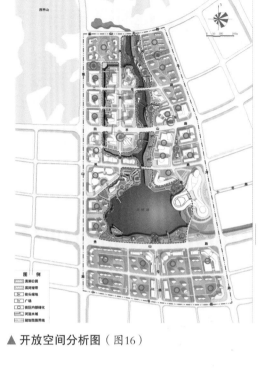

▲ 开放空间分析图（图16）

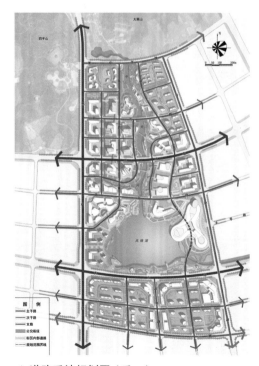

▲ 道路系统规划图（图17）

▲ 步行系统规划图（图18）

▲ 文化中心夜景效果图（图19）

规划同时结合滨湖、滨河地段以及街区空间构建了多层次立体化的开放空间，与周边山体、内部水系共同彰显花园城市特色（图16）。

3.4　低碳导向的支撑系统

规划基于"人本"交通理念，采取高密度、小街区的路网模式，宜人的街区尺度吸引人们选择步行、自行车等绿色出行方式。注重滨水空间可达性，多向提供通湖、通河、连山道路，尤其是在于中央河东侧增加了支路，局部采用下穿式，将沿线功能便捷地串联起来。针对基地特点，构筑了多层次、景观各异的步行体系，包括滨水栈道、滨水休闲步道、通河通湖的林荫步道、空中走廊等，将山、水景观和街区广场、绿地等公共活动场所有机串联，增强地区的游憩吸引力（图17、18）。

规划同时还对生态绿地系统、地下空间利用、资源循环利用进行了针对性设计，引导新城低碳发展。

3.5　独具文化内涵的地标建筑

整体建筑风貌体现和谐、现代、有序、创意，结合各个功能分区，建筑的形态与风格、色彩又独具个性特色和文化内涵。

其中文化中心设计灵感取源于"中国结"和"江南丝绸"，方案从流动的丝绸中提取出建筑的韵律元素和空间的流动交融，柔化成抽象的"中国结"，延伸出"丝绸律动、花结凤栖"的主题，象征多元文化的融合以及追求真、善、美的良好愿望；整体造型结合基地形态形成三组空间，宛若三片玉兰花瓣盛开在凤栖湖畔，映射"有凤来仪"的主题（图19）。

▶ 滁州月亮湾创新创业服务中心城市设计

1 项目背景

月亮湾创新创业服务中心位于滁州市中心城区北端，规划范围面积7.4平方公里。基地临近宁洛高速公路滁州出口，以金岙桥水库为核心，景观资源优越，上位规划确定为滁州北部新城中心、区域性高品质服务基地（图1）。

2 总体定位

规划针对基地远离城市中心，建设尚处起步的现实条件以及滁州城市与开发区都面临着建设用地快速扩张的发展模式难以持续、新城建设缺乏后续产业驱动力的挑战，分两个层面提出总体概念："一区两极，创新驱动；创智月湾，缤纷水岸"（图2～4）。

"一区两极，创新驱动"：基于开发区"产城一体"、转型升级以及"美好滁城"的持续发展，开发区未来重点打造两大创新产业极核——城北月亮湾地区及城南工业园区。

"创智月湾，缤纷水岸"：充分利用月亮湾滨水资源，以科技研发、咨询服务、文化创意、工业会展等生产性服务业为核心，将月亮湾打造成为引领城市发展的创新创智中心、汇聚城市活力的产城融合示范区和推动城市融入南京都市圈的综合服务基地。

▲ 区位图（图1）

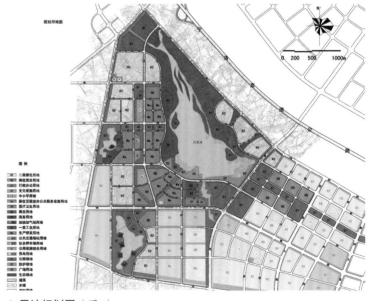

▲ 用地规划图（图2）

▲ 总体鸟瞰图（图3）

3 设计思路与特色

3.1 全面对接凸显价值的未来之城

呼应滁城、区域共赢：随着城南政务新区、苏滁产业园的建设，徽州路已逐渐成为一条重要的城市发展轴。规划沿徽州路及月亮湾东南岸线打造滁州北部片区中心，促进城市中心体系形成"一核三心"的钻石结构，呼应并融入区域发展（图5）。

整合两"区"、强化中心：功能布局层面，整合原规划中基于两区行政管理分散布局的创新服务、商务金融、文化活动、医疗卫生等公共设施，集中布局。生态景观层面，构建月亮湾与周边生态体的链接，将封闭、孤立、功能单一的各个零散水库，转变为开放、网络、复合利用的生态系统。交通组织层面，强化面向月亮湾的路网整体形态，增加通湖道路，改善中心地段景观格局（图6）。

图例
① 金湾城综合体　　⑦ 文化休闲水街　　⑬ 九年一贯制学校　　⑲ 社区商业　　　　㉕ 极限运动场地　　㉛ 湖滨T台　　　　　㊲ 空中生态走廊
② 湖滨酒店　　　　⑧ 研发街区　　　　⑭ 社区服务中心　　　⑳ 生态居住区　　　㉖ 汽车营地　　　　㉜ "悠州传说"特色餐饮　㊳ 森林住宅
③ 开发区管委会　　⑨ 创智SOHO　　　⑮ 创智港　　　　　　㉑ 安置住区　　　　㉗ 人工浮岛　　　　㉝ 坝顶公园
④ 商务办公区　　　⑩ 总部湾　　　　　⑯ 高端研发区　　　　㉒ 创智休闲岛　　　㉘ 游客中心　　　　㉞ 商办混合街区　　　㊴ 游船码头
⑤ 新城文化中心　　⑪ 人才公寓　　　　⑰ 小学　　　　　　　㉓ 名车谷　　　　　㉙ 摩天轮综合体　　㉟ 湖滨滨峰广场　　㊵ 能源中心
Ⓐ Loop-月亮湾滨水休闲环　　　Ⓑ Corridor-新城活力绿廊　　　Ⓒ Avenue-地区林荫步道

▲ 总平面设计图（图4）

未来生产功能可考虑外迁，逐步转变为研发、中试、总部等创新型产业功能，同时引入文化展示、"产业旅游"概念，丰富月亮湾作为城市创新创智中心的品质内涵

STEP 1　　STEP 2　　STEP 3　　STEP 4

▲ 功能生长分析图（图6）

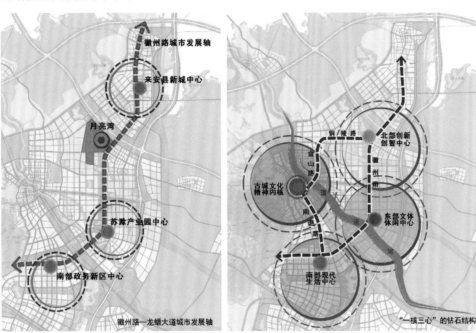

▲ 城市发展格局分析图（图5）

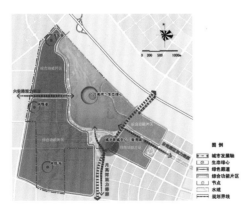

▲ 规划结构分析图（图7）

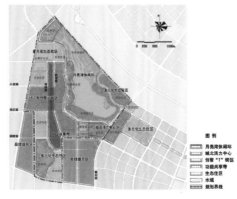

▲ 功能布局分析图（图8）

3.2　多元功能汇聚人气的活力之城

规划以开敞空间为核心组织用地功能，通过生态网络与多元功能的有机衔接与渗透，形成月亮湾休闲环、城北活力中心、创智"T"街区、片区共享设施带、多元化生态住区五大功能主题，激发城市的持久活力（图7、8）。

3.3　复合景观强化品质的特色之城

规划重点打造生态景观与公共活动兼顾的"L·CAN"特色活力景观网络。

L："月亮湾休闲环"设置月光码头、创意左岸、悠州传说、动感营地等特色休闲载体，强化月亮湾滨水空间的价值（图9～11）。

"月光码头"：以文化休闲为主题，通过文化休闲水街、标志性文化建筑、音乐喷泉广场等特色功能与亲水岸线景观的塑造，为月亮湾地区居民提供观水、亲水、乐水的乐活场所。

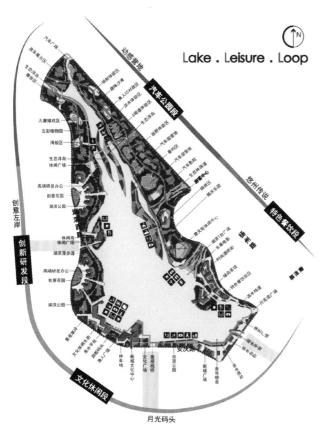

▲ 月亮湾休闲湾设计平面图（图10）

▲ "L·CAN"网络分析图（图9）

"悠州传说"：以特色餐饮为主题，结合"悠州古城"传说，复合湖滨T台、摩天轮综合体和特色酒店等功能，创造独特的滨水休闲体验。

"创意左岸"：以创新研发为主题，主要包括高端研发园、渔人码头，为科技人员提供环境优美的休闲游憩服务，激发创作灵感。

"动感营地"：以汽车公园为主题，结合生态绿地与林地，打造集自驾营地、极限运动、越野体验、汽车影院、趣味沙滩等休闲体验功能于一体的主题公园。

▲ 月亮湾休闲环效果图（图11）

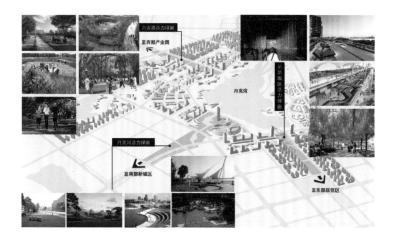

▲ 活力绿廊空间意象图（图12）

▲ 金湾城效果图（图14）

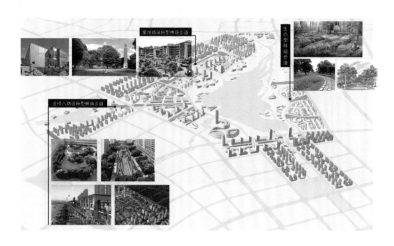

▲ 林荫步道空间意象图（图13）

▲ 创智港效果图（图15）

C：以月亮湾为核心，放射出三条"活力绿廊"，串联西部产业区、东部居住区、南部城市新区，加强月亮湾的对外联系，同时植入运动健身、商业服务、休闲游憩等功能，使其成为月亮湾地区重要的公共活力走廊（图12）。

A：链接各组团的"林荫步道"系统，通过生态化与景观多样性相结合的绿化配置，创造舒适宜人的环境，并整合设置社区服务与休闲设施，形成组团间的特色共享带（图13）。

N：重点打造金湾城、创智港、总部湾和名车谷四大"节点"，强化基地的功能与景观意象（图14~16）。

▲ 总部湾效果图（图16）

▲ 生态廊道构建示意图（图17）

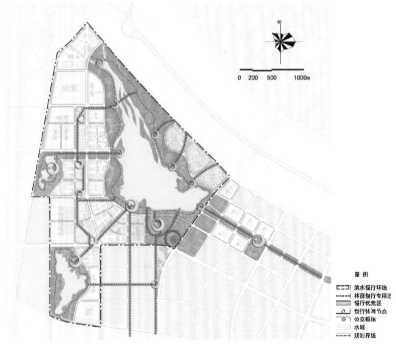

▲ 慢行体系规划图（图18）

3.4　生态示范创建品牌的绿色之城

　　参照建设部"绿色生态城区"相关要求，从"绿色布局、绿色交通、绿色资源、绿色环境、绿色建筑"五个方面强化基地的生态建设：以基于自然地表径流的生态绿廊系统为骨架，构建功能混合、紧凑布局的组团体系，保证公共设施与绿化景观在步行范围可达；控制合理的街区尺度，构建接驳城市轨道与快速公交枢纽的绿色公交与慢行交通体系；结合组团划分，构建分布式能源体系；结合景观设计，加强坡地生态保育和雨水的收集、净化、利用（图17、18）。

▶ 南京高新区软件园软件创新基地城市设计

1 项目概况

南京高新区软件创新基地位于浦口高新区，规划范围东起火炬路、南至规划京沪高速铁路、西临星火路、北接浦泗路、东北以纬七路为界，规划范围面积36公顷。整个软件园包含三期工程，本项目属于二期工程。

2 设计理念与思路

规划致力于探索一种更能体现从实质到物质的软件创新基地的组织模式，相应的园区空间特征应是开放、交流与共享，形态特征则是孕育、孵化与生长（图1）。由此明确设计主题为"新经济、新空间、新景观"，并遵循以下原则：

协调性：与高新区整体产业布局和软件园一、二、三期整合规划相协调；

高效性：为入驻企业和软件工程师提供完备而且高效的技术、服务和基础设施支撑体系；

地标性：创立南京高新区的技术、服务和景观地标；

可持续性：创造一个人与自然和谐共存的可持续发展的创新基地；

可实施性：充分考虑到项目的建设时序、建设成本、运行成本等问题。

▲ 总体鸟瞰图（图1）

▲ 规划结构分析图（图2）

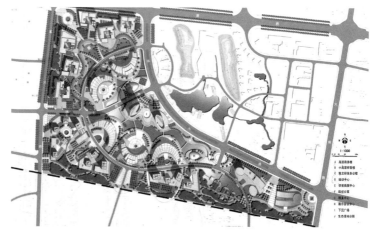

▲ 总平面设计图（图3）

3 项目特色

3.1 规划布局

根据软件创新基地的功能及其相互间联系，规划将基地划分为若干组团，采用圈层布局方式，内圈为高层商务楼组团和小高层研发楼群组团，外圈为独立研发组团、培训中心组团和科技公寓组团。核心圈内规划为步行区域和共享交流空间，两圈之间为生态绿环，串联两侧组团绿地和庭院绿化，并设置数条绿廊向软件园其他地区渗透（图2）。

高层双塔商务楼是软件园核心区域的标志性节点，组成一个具有强烈视觉效应的二期入口形象；10~15层的弧形小高层建筑为钢结构复合材料的研发大厦，两两组合，围绕中心水体景观呈曲线形围合式布局，创造出清晰的景观秩序和视觉联系，与一期的自然景观遥相呼应。总体设计既保证空间界面的连续与变化，同时也注意不同空间之间的渗透与交融（图3、4）。

▲ 组团功能分析图（图4）

3.2 交通组织与地下空间利用

基地内结合功能布局通过一条"S"形主路串联各组团，并与软件园一、三期道路相衔接，组团内部则以步行环境为主，结合中部生态绿环和组团间绿廊设置林荫步道。

机动车停车场地的设置以地下停车为主，路面临时停车为辅，考虑截流机动车，促进功能区内部步行化。同时结合核心区加强地下空间利用，负一层主要为配套商业服务及地下联系通道，负二层主要为地下车库和部分配套市政设施（图5）。

▲ 交通组织规划图（图5）

▲ 景观结构规划图（图6）

▲ 景观布局规划图（图7）

▲ 建设时序规划图（图8）

3.3 景观和生态系统

总体绿化景观布局为"一核两轴三环"。"一核"为位于软件园中心位置的主入口绿化广场及周边绿地，"两轴"是指位于东北侧主干道上的两个入口景观轴线，"三环" 分别指中心的水景环带、基地内环路、位于外围西侧和南侧的绿化控制区环带。整个软件园景观划分为四个主要的绿化景观区：滨水商务景观片区、绿色科技景观片区、绿色人居景观片区、教育文化景观片区化（图6、7）。

3.4 服务设施配置

行政办公包括一站式服务中心、园区管理中心，设置于高层商务楼裙房内。

商业服务设施包括两类，一类为结合各办公楼和公寓楼设置的咖啡店、餐厅、零售店等服务设施，另一类为邻里商业中心，结合东南部轻轨站点布置。

文化设施结合小高层研发楼群设置，包括软件园展示会议中心、产品展示中心等。

教育培训设施位于基地东南部，包括软件培训、开放实验室、硕博士流动站、高校实习基地等内容（图8）。

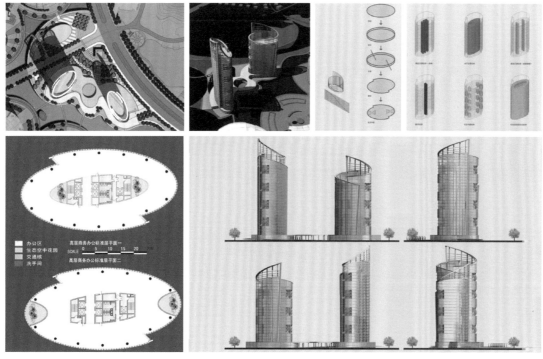

▲ 主要建筑设计图——高层商务楼（图9）

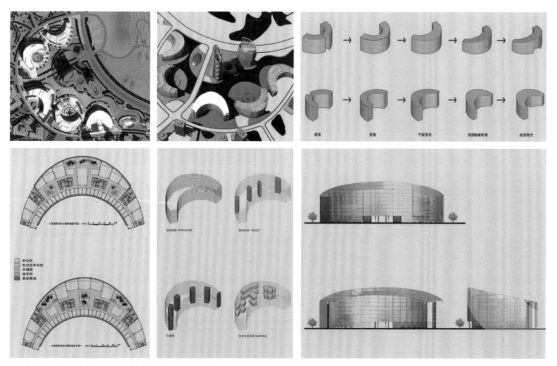

▲ 主要建筑设计图——小高层研发办公楼（图10）

3.5 建筑设计

面对当代网络、绿色、创新的挑战，办公建筑设计概念致力于提供"高科技，高情感"的景观办公场所，恢复对人的尊重，满足对个性化的需求。采取的设计方法包括：中庭式景观办公建筑——结合中庭进行景观设计；表皮式景观办公建筑——结合建筑表皮营造立体景观；借景式景观办公建筑——用于公司总部、研究中心等类型的办公建筑等，引入外部景观、自然光线和自然通风，使得开放的公共区域促进人与自然、人与人交流，并改善办公建筑的舒适性（图9、10）。

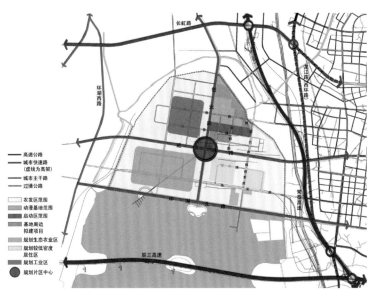

▲ 区位图（图1）

常州国家动画产业西太湖基地规划设计

1 项目背景

2006年，常州市人民政府谋划在西太湖（滆湖）之滨的武进经济开发区建设西太湖动画产业基地，并委托江苏省城市规划设计研究院编制《常州动漫产业发展战略及常州国家动画产业西太湖基地项目策划研究报告》和《常州国家动画产业西太湖基地规划设计》。基地位于武进经济开发区，规划用地面积约1.84平方公里（图1）。

2 规划定位与设计目标

常州国家动画产业西太湖基地的总体定位为：以文化为根基，以品牌和人才为龙头，集上游产业的原创产品研发创作、高端人才培训培养；中游产业的交易展示、影视媒体制作传播以及制作加工；下游产业的衍生产品研发设计生产、旅游体验以及各类产业的生活生产配套服务于一体的集约化、规模化、现代化和国际化的地标性板块。通过塑造基地的文化创新氛围、良好的生态环境、完善的公共服务平台，建立一个与环境和谐共生、可持续发展的生态型创新场所（图2）。

3 项目特色

3.1 规划重点——公共服务平台的营造

规划总体结构确定为"一核两轴八组团"。"一核"即位于基地中心位置的禾香路南侧的核心景观区，"两轴"是指位于基地北部南北向的动漫文化体验轴和基地南部斜向动漫街区休闲轴，"八组团"指各具特色的功能分区（图3）。整个基地

规划围绕投融资平台、政策支撑平台、技术服务平台、人才培训平台、国际交流平台五大功能，着力营造公共服务平台及其支撑空间，融入了包括原创加工制作、产品研发、会议展示、贸易咨询、主题乐园、动漫博物馆、动画影视基地、教育培训、商贸娱乐及生活服务、景观房产等多项功能。总体空间塑造以中央动漫主题公园为基地特色，开创动漫与自然资源相结合的休闲娱乐模式。同时策划漫画村、剧作村、"西太湖动漫论坛"等主题功能，形成各具特色的主题空间，一方面为基地动漫产业发展注入原创动力，一方面也有利于形成独特的有机生长的空间形象（图4）。

3.2 空间建构——细胞簇群的生长模式

规划基于生命城市的生命学上的"原型"——"细胞组织"，衍生了簇群式的空间生长模式。多组细胞组团的"细胞核"（中心花园）指向基地中心的中央主题公园，与中心开放空间发生对话。细胞结构的每个组团通过不同的"变形"，因地制宜地满足各功能地块的用地条件。此种空间模式不仅尊重了整个基地现有环境特征，强化了基地的整体空间特征，同时也体现出动漫基地的新业态特征，即将多样性、特色化的服务有机融合于一个生态系统（图5）。

▲ 总体鸟瞰图（图2）

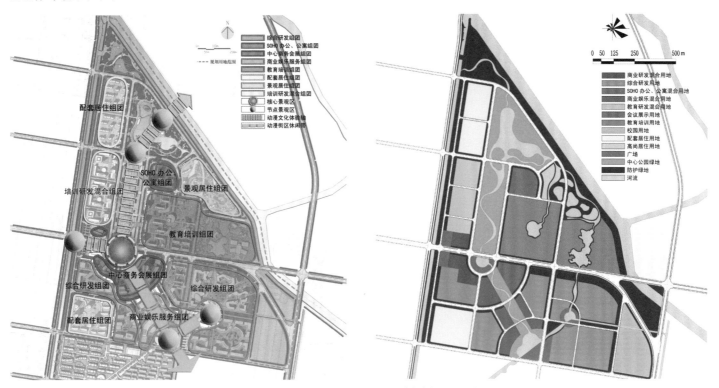

▲ 功能结构图（图3）

▲ 用地规划图（图4）

205

▲ 总平面设计图（图5）

▲ 入口节点效果图（图6）

▲ 动漫街区效果图（图7）

3.3 社区营造——创造多元开放空间

规划强调营造具有动漫产业特点的社区文化，重点体现在空间的共享性和交流性，为组织各类与动漫相关的社会活动提供空间，包括灵活多变的场所、丰富的主题、多样的景观等。同时，改变传统超大型广场的概念，将不同功能、不同文化特质的场所分拆串联在主轴线上，既有文化交流的活力场所，也有静思畅想的静密场所，满足各种正式与非正式的交流需要（图6~8）。

▲ 中心广场效果图（图8）

▲ 区位关系分析图（图1）

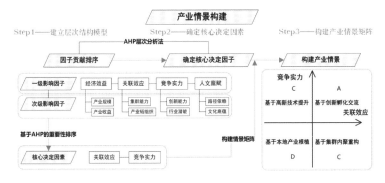

▲ 产业情景构建示意图（图2）

苏州太湖科技产业园城市设计

1　项目背景

苏州太湖科技产业园位于苏州中心城区西部山水保育区内，太湖国家旅游度假区北部，规划范围面积7.5平方公里。太湖科技产业园一方面承接度假区范围内的制造业转移，一方面将以高科技生产研发、文化创意和现代服务为主，打造生态型现代科技产业特色园区，成为度假区乃至苏州转型发展的示范。通过城市设计深入研究基地的产业类型、景观特色、开发强度、生态保护等问题，为开发建设提供指引（图1）。

2　总体思路与策划

基地周边自然景观优越，文化底蕴深厚，生态环境敏感，规划从生态优先、产业转型、空间特色三个层面制定总体思路，指导城市设计方案开展。

产业策划：从适应性和可实施性的角度入手开展产业策划，借助"情景分析"方法进行产业评估与比选，并从市场推动的角度，提出产业发展的应对措施（图2）。

空间策划：针对产业策划提出的不同产业发展阶段对应的产业类型，提供科技型、生态型、都市型三种承载空间。结合基地与周边地形特征，通过预留生态廊道、渗透山水空间等措施，使产业园的规划建设尊重并融入整体山水生态格局。产业园内部则采用"低冲击的建设模式"，通过组团式混合功能布局、绿色交通体系打造等措施，建设低碳生态的科技产业园区（图3）。

形象策划：基于"生态创意智谷，山水人文园区"的目

207

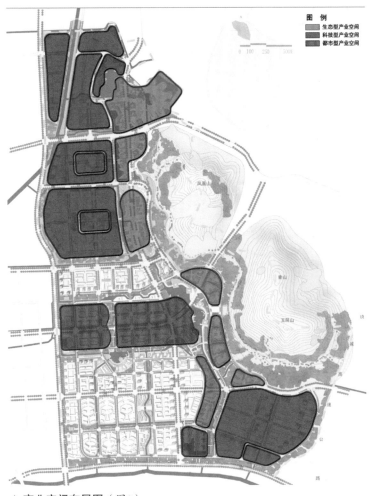

▲ 产业空间布局图（图3）

▲ 总平面设计图（图4）

标定位，提出"凤鸣智谷，创意水岸"的主题概念，一是源于"凤凰山"之名呼应地域文化内涵，二是突出园区创新精神内涵（图4）。

3 设计特色

3.1 紧凑有序、显山露水的总体布局

总体形成 "一核两轴，双廊三片，一带多点"的规划结构。各片区紧凑布局、混合使用，促进交通减量，创造交流机会；主要公共设施沿山、滨水布局，塑造良好的空间景观；以开放空间作为组织土地使用的核心，以提升土地的个性与价值（图5、6）。

同时强调生态景观的系统优化，基于区域山水空间格局，形成自然生态保护区、自然生态改善区、生态建设区、生态开放区四级不同生态保护要求的区域；优化水系网络，形成由绿廊、绿轴、绿环、绿脉、绿核、绿点相结合的绿地系统，构建山水智谷脉络（图7、8）。

3.2 倡导公交与慢行优先的绿色交通系统

根据功能布局对于交通的不同需求，构筑体系完善、功能明晰的路网体系。重点深化公交与慢行体系，依托主要支路形成内部绿色公交环线，整合山体景观设置特色慢行游憩专用道，开辟慢行优先区，以此构建高效便捷、具有特色的产业园绿色交通系统（图9、10）。

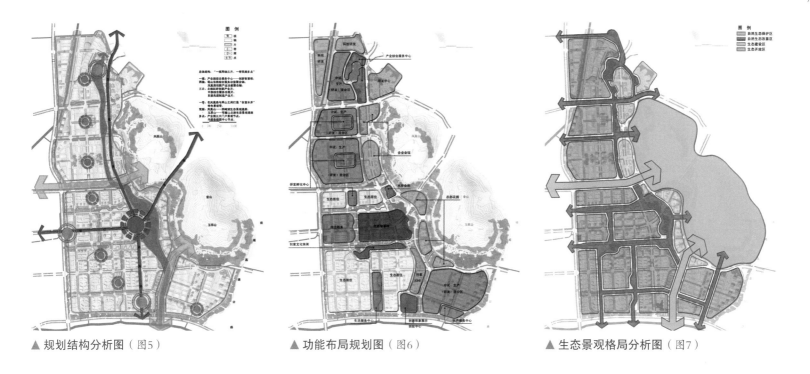

▲ 规划结构分析图（图5） ▲ 功能布局规划图（图6） ▲ 生态景观格局分析图（图7）

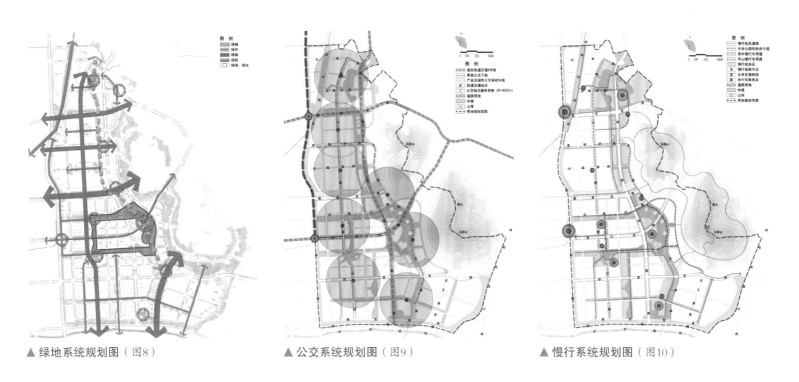

▲ 绿地系统规划图（图8） ▲ 公交系统规划图（图9） ▲ 慢行系统规划图（图10）

209

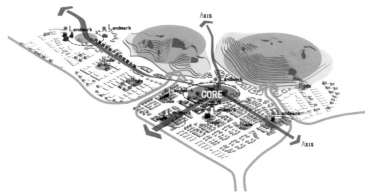

▲ 城市意象要素分析图（图11）

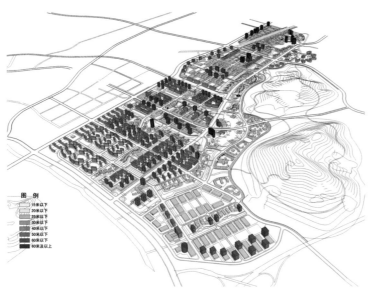

▲ 建筑高度引导分析图（图12）

▲ 开发强度控制规划图（图13）

3.3 完整明晰的城市意象要素体系

规划重点打造城市意象要素体系，主要包括以下四个方面（图11）。

（1）路径包括主要景观道路以及创意水岸景观带、环形带状公园、其他水绿空间等慢行路径；

（2）界面是指针对主要路径加强两侧界面控制，营造连续活力、韵律节奏等多样化的界面特征；

（3）区域是指重点打造创新智慧核以及创意水岸带，形成园区"T"形的特色区域；

（4）节点和地标是指结合创新智慧核与三大门户节点、组团中心节点，形成一系列的地标建筑群及场所空间，成为引领地区发展的重要极核与亮点空间。

3.4 张弛有度的高度控制与天际线塑造

规划采取两类不同策略进行高度管控：一类是高度控制区域，主要基于机场净空限高和强化凤凰山、玉屏山的高度统领地位，严格控制影响区域内的建筑高度；一类是弹性引导区域，形成整体高度较为平均，局部适当错落的天际轮廓。在此基础上形成疏密相宜的强度控制与城市肌理。（图12、13）

▲ "创意水岸"鸟瞰图（图14）

▲ 智慧核鸟瞰图（图15）

▲ 服务港鸟瞰图（图16）

3.5　凸显城市特色的重点区段设计

　　设计精心构筑了多个亮点区段："创意水岸"是彰显产业园区"凤鸣智谷，创意水岸"形象定位的核心空间载体，结合水景策划一系列特色组团，形成一条贯穿南北，融山水生态景观、创智人文景观于一体的滨水特色功能带；"智慧核"位于双轴交汇区，通过水系景观的梳理打造环形带状公园，整体轮廓外低内高，形成岛型的空间意象；"服务港"结合凤凰路南端水系转折放大处布局，强调创新精神与创意生活的有机结合，形成服务于创新功能和先进制造组团的重要配套支撑；"生态岛"依山傍水，功能复合，力求形成生态低碳、尺度宜人、特色鲜明的高端服务岛（图14~16）。

211

六、乡愁记忆——乡村地区城市设计

"望得见山，看得见水，记得住乡愁"——2013年底的中央城镇化工作会议为我们描述了一幅关于乡村的美丽画卷，这幅画卷的背后则是近几十年来中国在快速城市化浪潮中衍生出来的关于"家""乡"的情感归属问题。乡村地区面对城乡巨变下的挑战，许多地方以"换脸"的方式接受城镇化的洗礼，千百年来的历史印迹被现代化冲刷得所剩无几甚至荡然无存。陶渊明所写的"方宅十余亩，草屋八九间。榆柳荫后檐，桃李罗堂前。暧暧远人村，依依墟里烟。"的故乡渐渐成为许多人"再也回不去的故乡"。

正是基于城镇化进程中伴生出来的问题——"回不去的故乡""进不去的城"，新型城镇化强调"人的城镇化"即是对以往"物的城镇化"的拨乱反正，预示着未来城镇化的过程将是中国人重构心灵故乡和精神家园的过程。在这种语境下，乡村地区引来了新的发展机遇，政府工作报告中频频出现关于建设"美丽中国""美丽乡村"的内容，社会各界对于小城镇和乡村地区的聚焦度越来越高。

小城镇和乡村地区建设是新型城镇化的基础，对于推进城乡一体化发展具有重要意义。然而在经济飞速发展时期，虽然小城镇和乡村地区的经济功能得到增强，环境面貌明显改善，但相对于城市的吸引力落差仍然很大。如何在新形势下为小城镇和乡村地区创造优良的生活环境和鲜明特色，促进乡村地区复兴，提倡小城镇和乡村地区城市设计尤为必要。通过城市设计研究，探索小城镇及乡村地区空间营造的理念与方法，以此强化地域特色、传统文化及其与现代生活的结合，实现"建设新乡村，留住旧乡愁"。

1 快速城市化进程中的乡村地区建设误区

快速城市化对于带动广大乡村地区的发展发挥了积极作用，但同时也伴随着生态环境恶化、乡土文化灭失等一系列问题，小城镇和乡村正在用各自的方式追赶大城市发展的脚步，并受城市文化的冲击和影响而陷入种种建设的误区，以致优美的乡村景观和恬静的田园生活在城市化轰轰烈烈的大潮中不断衰落。

1.1 生了"城市病"的小城镇

小城镇作为"乡头城尾"，是接受中心城市辐射、带动乡村发展的纽带以及吸引农民就地城镇化的重要节点。由于行政体制等影响，我国部分小城镇在城市化进程中，为追求一时的经济发展速度，重产业轻环境，重扩张轻质量，重形象轻特色，生搬硬套大城市建设模式，阻碍了小城镇的健康发展，而脱离了乡土底蕴的小城镇相较于大城市亦变得越来越没有吸引力。主要表现在以下三方面：

（1）城镇空间无序扩张，开发建设粗放，直接影响了乡村地区环境和生活品质的提升。当前小城镇发展多以经济目标为导向，发展中忽视自身资源特点，致力于兴办各种产业集中区，普遍存在建设用地无序蔓延，周边绿色开敞空间被侵占等问题，产业发展、城镇建设、人口导入始终处于低位循环，在空间上呈现出"半城半村"的松散状态。而小城镇内部空间也存在布局不合理，居住、工业混杂，公共服务功能不健全、服务水平低、环境脏乱差等问题，对农民亦缺乏吸引力。

（2）盲目学习大城市的建设模式，抹杀了小城镇应有的亲民本性和生态底色。修建宽马路、大广场，开山填河，圈地平田，追求高楼林立的宏大气派，以城市的手法规划建设乡村空间，这种重"展示"轻"生活"的建设观念破坏了城镇与自然、建筑与空间的和谐关系，小城镇独有的形态感知性、空间识别性愈趋削弱。

（3）大拆大建的建设方式留下无处寻觅的乡愁遗憾。很多小城镇历史悠久，留下了丰富的文化遗产，但是由于盲目追求现代化，以及在发展过程中对地方特色资源、本土文化缺乏认同感，弃土求洋，使得传统风貌遭受破坏，小城镇特有的空间类型、风土人情在盲目跟风中逐渐消失，"千镇一面"现象呈蔓延之势。

1.2 美在其表的乡村整治

随着全国各地"美丽乡村"新农村建设如火如荼，各级政府都在积极推动村庄整治，过去"脏乱差"的村庄环境明显改善。与此同时，也针对乡村地区特色化发展进行了针对性探索，如有的村庄整治侧重于环境改善与功能完善；有的村庄结合山水资源积极拓展以"农家乐"为主导的休闲农业功能；有的村庄突出传统文化的保护并以此发展文化旅游功能等。然而由于发展观念、建设理念等因素，部分乡村地区规划和建设中出现了脱离农村社会与农村产业实际的现象，农民意愿没有得到充分尊重，片面注重短期效益而忽略了长远发展的持续动力，乡村地区人居环境建设还存在不少误区。

（1）片面理解城镇化。盲目撤并村庄，建集中居住区，忽视农业生产特性、庭院经济和特色景观旅游资源保护，大拆大建，无视乡村特有的生活方式。

（2）过于热衷美化运动。对于"美丽乡村"的建设，不少地方存在观念上的误解，村庄整治演变成了"涂脂抹粉"的外表装修行动，而对于真正需要研究的诸如落实产业发展、促进乡村空间良性演化、吸引人口回流等问题没有深入触及。

（3）脱离农村实际，贪大求洋。照搬城市方法编制乡村规划和村庄整治，闭门造车，忽视传统文化和当地特色，使得原本相较于城市的比较优势日趋丧失。

造成乡村地区发展和建设方面的误区，忽视乡村价值、脱离乡村生活、不重视空间营造与设计是导致乡村地区失去特色和活力的重要原因之一。乡村地区的规划建设需要立足其独特的村居风貌、传统的风土人情和地方特色，融入产业、形态、尺度、乡土文化以及生态等元素，通过生态、生产、生活三位一体的综合提升，助推以人为本的乡村现代化。

2 乡村地区规划设计的主要理念

城市化进程一方面为乡村地区的经济发展、农民致富注入了强大动力，一方面也成为过度侵蚀乡村的重要力量而导致乡村异化。纵观发达国家的城镇化，乡村建设始终与其进程紧密联系、充分互动，最终形成城乡景观有别、文明共享、设施均等的高度统筹状态。中国的乡村发展走过了乡村工业化、村庄迁并等发展阶段，未来应该走向乡村复兴模式，即回归乡村文化价值，促进乡村空间再生，激发乡村发展活力。由此乡村地区的规划建设应从单一注重基础设施建设和环境整治逐步转向包含经济、生态、文化、社会等综合内容的全面复兴，将乡村空间的特色和竞争力放在关键位置，充分挖掘其独特价值，精心营造，凸显地域、文化的差异性，不断提高乡村地区的吸引力，才能实现逐步缩小城乡差距、促进城乡和谐发展的目标。

（1）自然共生

小城镇和传统村落在特定的自然地理条件下孕育而生，山水田林成为乡村空间与景观特色的有机组成部分，乡村特色也凝固在这自然生长的蓝绿空间里。因此，保护乡村生态环境，维护乡村生态循环，保持并强化自然共生的城镇与村落形态，彰显山地特色、水乡品味、高原风情等具有地域差异的乡村环境，是乡村地区规划设计的首要任务。而保护好乡村地区的自然山水环境，为城市提供良好的生态屏障，也是乡村地区的重要价值。

（2）空间再生

乡愁寄托是需要一定的空间载体的，这些空间载体或许就是原住居民生活中耳熟能详的某一景或某一物。乡村地区在长期农业社会主导的渐进式发展条件下形成了其特有的空间格局、传统文化与淳朴民风，可以说"街巷处处有历史，邻里家家有故事"。乡村地区的规划设计需要充分挖掘地域基因和文化基因，保留一些原汁原味的乡土元素，诸如生态空间、民间传统、风土习俗等，通过功能激活促进乡村空间的再生，从而激起城市人对乡村文化、乡村生活意境的向往。

（3）可持续发展

长期以来，乡村无法获得持久的发展动力，源于乡村一直处于城镇化的从属地位，自我价值未被真正挖掘利用，自身"造血"功能不足，导致人口外流和持续衰落。乡村复兴就是要重新认识乡村的价值优势，将产业发展、生态保护、文化传承与居民生活品质提升充分结合起来，强调多元目标的转型导向，使乡村地区真正成为与城市之间资源互补、相得益彰的美丽空间。

3 乡村地区规划设计的关注重点与方法路径

乡村地区作为一种生态友好型的聚落形式，是区别于城市聚落、承载独特生活方式和特定文化景观的空间载体。相较于城市，小城镇和村庄提供的是一种更为生态、自然的居住形态，一种悠闲随意的慢生活方式以及亲近传统、自由祥和的乡土文化氛围。因此乡村地区的规划设计应重点关注自然环境与城镇形态、

空间尺度与生活方式、文化传承与地域特色等相互之间的关系，通过营造良好的生态环境、以人为本的生活空间以及特色鲜明的环境风貌，推动乡村复兴。

3.1 保护生态本底，强调自然共生的空间格局

乡村地区是城市与自然衔接的过渡地带，相较于城市，拥有人与自然充分交流的优势，镇村空间发展应当立足生态本底，既要强调紧凑集约，更要注意与周边自然空间的过渡衔接。规划设计要从有利于保护和加强乡村地区的自然特征和地域文脉出发，研究小城镇、村落的平面功能结构、三维空间轮廓以及景观视点、视域、视廊等视觉景观系统，建立与周边自然环境有机衔接、相互依存的空间生长结构，实现与自然的共生共融。如充分利用山体、河道、林带等自然要素建立廊道系统，强化田园渗透的空间格局；路网体系尽可能地依山就势，顺应自然，曲折有致的道路线型也有利于形成变化丰富的视觉景观；内部空间组织则应尽量避免平铺直叙，通过合理利用各种环境要素如山体、河流、水塘、树木等，创造生态、自然、富有趣味的空间景观。

国外乡村地区规划实践中，乡村与自然关系的和谐构建也是关注的重点。美国的乡村规划非常重视环境建设，包括道路、标识、建筑等整体景观环境的营造，同时完善的垃圾处理和污水处理等环保设施建设从根本上解决了乡村自然的环境保护问题，给乡村提供了一个可持续发展的社会经济环境。欧美规划师在做小城镇和乡村居民点规划时，特别关注其周边的环境和资源，仔细保存那些肥沃的农田和河流、湖泊、小溪、沼泽、山坡、林木等环境资源。可以看出，发达国家在乡村地区规划的两大价值取向：一是维持自然生态的完整性和持续性，服从并维护连续的自然生态过程，保持自然地貌；二是保证乡村消耗能够被自然完全

吸收，降低资源和能源的浪费。这些积极的、与自然有机共生的做法应在我们的乡村规划中借鉴和推广。

3.2 回归乡村空间价值，注重"微空间"设计

我们听过很多关于乡愁的歌曲，《橄榄树》《弯弯的月亮》《黄土高坡》《北国之春》，等等，歌词里的故乡并没有多么宏大的场景，而仅仅是风轻云淡的亲切景物。乡村地区就是通过一幕幕的小场景传达着当地居民真实细腻的生活与情感，缘于乡村地区居民的行为活动有别于城市，更为接近带有浓厚情感关系的传统社区。街头巷尾、河边桥头都是传统小镇、村庄居民喜爱的公共交往场所。正是这种以人为中心的理念，赋予了乡村空间特有的文化价值和独特魅力。

随着乡村地区的发展、机动交通的介入，以小尺度街巷空间为主导的、以慢行交通为衔接的传统空间面临挑战。但是无论城市还是乡村，空间的核心价值仍然是基于人和社会的基本需求，传统空间的私密性、归属感具有不可替代性，当代的乡村规划与设计需要回归其空间价值，塑造具有传统美学特征、能够容纳不同活动、具有活力的生活空间当为追求方向。关注"微空间"，即是从乡村居民生活的角度出发，摒弃城市化的宏大场景叙事模式，注重微元素、微场景设计，如街道巷弄、水岸桥头、入口小景、街头小筑等，彰显乡村地区独特的风情气质，从而唤起人们对乡村生活方式的回归与向往。"微空间"设计，主要包括三方面内容：

（1）构建人性化的小尺度空间体系。主要体现在街巷宽度、街区尺度、建筑体量等方面，应当基于当地居民生产生活和行为活动特点，综合考虑出行方式、风土习俗、气候条件、地形地貌等要素，构建符合当地居民生产生活和公共交往特点，同时也能适应现代发

展要求的空间体系，并与其所在的大区域环境风貌相协调。

（2）重视日常生活空间塑造。摒弃对宏大场景、地标空间的打造，重视街头巷尾、桥头节点等日常生活空间的品质提升。比如街道空间，应当留足慢行空间，用于街道美化和公共活动，以适应小城镇居民日常交往要求；针对入口、广场、桥头等具有代表性的节点空间，应当遵循自然、朴素的设计原则，挖掘当地历史素材和景观元素，将使用功能和乡土景观营造结合，使其成为展现小镇风貌和生活场景的特色空间。

（3）导入复合功能和多样化的活动。"微空间"不仅体现在尺度方面，还包括功能混合带来的紧凑感、多样性和丰富性。比如小城镇的公共设施布局模式，尽量采取沿街道、滨水等线型空间组织方式，这种以小型化为主的、线型组织的公共空间既符合小城镇居民生活特点和消费行为习惯，也能为当地居民提供更多的就业机会，并能丰富街道生活。村庄的公共节点可以将广场、宗教设施、社区服务等功能相结合，吸引各种活动，成为代表精神归属的场所空间。

诸如此类的"微空间"不仅体现了乡村空间的独特价值，更由于真实地反映了当地居民的生活状态而极具生命力，乡村地区的规划设计尤应重视。通过挖掘其独特的内涵价值，从空间尺度、建筑风貌、环境特色等方面精心营造，创造出居民喜爱、乐于使用、为之自豪的生活空间，对于延续传统文化、唤起故乡记忆、促进乡村复兴具有积极意义。

3.3 活化乡土文化，促进乡村地区可持续发展

如果说城市里的文化传承已经被请进了博物馆，那么乡村地区的文化还留在人们的生活中和记忆里，包括城镇格局、建筑风格以及为了满足当地居民活动需要或适应传统生活习俗而形成

的独特空间类型——街巷、院落、水岸、村口等。尊重当地历史的、自然的、生活的文化和环境，通过城市设计手段合理保护并组织到城镇功能和各类空间场景中，将传统文化与现代生活相结合，从而营造出具有浓郁乡土风情的当代乡村空间。我们在南京谷里新市镇城市设计中，保留了谷里老街、粮仓等具有历史记忆的场所要素，打造成传统风貌商业街和老镇文化休闲中心，赋予新的活力的同时也留下了历史的印记。

乡土风情还可体现在传统产业的活化方面。手工刺绣、种桑养蚕、织布纺线，在乡村地区司空见惯的生产生活对于城里人来说就是一种"乡土文化"。乡村地区的规划设计应当关注传统技术的挖掘和延续，保留一些传统产业和民俗习惯，并与产业发展、空间营造结合起来，这是恢复乡村活力的根本动力。我院在苏州舟山村特色村庄规划设计中，深度挖掘"核雕"传统手工艺文化及其"原生态"的生产、生活功能的互动方式，延续"家庭作坊—前店后坊—特色街—工艺村"的格局层次，同时着眼于"香山圈里"地域品牌的整体价值，积极吸纳相关传统手工业，植入村落载体，完善其与村落共生的空间模式，并在新时代的生活中体现出新的活力和价值。"旧瓶装新酒"，乡村空间如果不能适应现代生活，宛如一成不变的旧瓶，必将面临衰退；而大拆大建的新农村建设模式，就像新酒一样也不能在短期内获得乡村居民的认同。只有旧瓶和新酒有机结合才是乡愁的精神寄托，更是乡村生活与时俱进的时代要求。

乡土文化还反映在原生态和自然美的环境营造方面，乡村地区周围的农田、山野、水系构成了天然的绿化背景，使用起来也很方便，巧妙利用自然环境构建绿色开放空间，结合街头巷尾、水岸桥头布局小型绿地游园，栽植乡土树种，建设林荫道等都是体现乡村地区生态发展、节能环保的重要方面。

3.4 引导社区参与，提高规划设计的实施性

乡村地区的规划设计与实施除了受到自然生态等物质条件的影响，也受到生活方式、民俗风情特别是当地居民对规划的认识理解程度等的影响。因此，乡村地区的规划设计更应当是一种开放式的过程，需要结合当地居民的文化素质，研究合适的居民参与方式和组织方式，积极引导社区参与，充分了解当地居民的生活特点、意愿需求，并如实反映到规划设计当中，才能形成具有地方个性和特色的乡村地区设计成果。这也是社会经济多元化的今天，"自下而上"的参与机制在解决复杂问题方面的不可取代的优势，也是规划设计得以实施的基础性保障。

总之，乡村地区规划设计应当回归乡村独特的价值优势，创造自然共生的人文环境，营造符合地方文化审美的生活空间，保持地域文化和乡土风情，并且能够与现代生活相结合，不断提高乡村地区生活品质，促进乡村地区多元化的复兴，使其真正成为"记得住乡愁"的故乡。

案例解析

▶ 南京市江宁区谷里新市镇城市设计

1 项目背景

《南京市城市总体规划（2010—2020年）》立足全域统筹、一体发展的角度，构建"中心城—新城—新市镇—新社区"的市域空间体系，新市镇成为南京新型城镇化的重要节点。为引导新市镇科学健康发展，提高建设品质，南京市组织开展新市镇城市设计全覆盖工作。

谷里新市镇位于南京南郊，镇区规划人口8.9万人。城镇北依牛首山风景区，东邻"牛首山—云台山"市域生态廊道，周边自然环境、田园风光独特，乡村旅游发展蓬勃。镇区内部山水资源丰富，金牛山、金牛河傍城相依，老镇肌理独特，留有老街、粮仓等体现历史印记的场所空间。城镇建设目前正处于加速期，但在追求经济发展速度的同时，空间无序扩张、偏好宏伟尺度、缺乏特色等小城镇发展通病已初现端倪，宜居新市镇的品质难以体现（图1）。

2 设计理念与思路

谷里新市镇城市设计基于当前小城镇建设误区的反思，通过深入解读小城镇居民生活习俗和行为活动特点，借鉴传统城镇的空间生长机制，探索小城镇空间营造的新理念。规划聚焦品质、特色、活力三大元素，立足"微空间"角度，强调小城镇的空间、营造应以传承特色、创造良好的生活环境为主旨，处理好空间集约与生态开敞、特色空间塑造与日常生活空间改善、乡土文化传承与现代生活融合的相互关系，追求小巧精致的"生活空间"和基于地域文化的"特色空间"，重点加强街道、水岸、节

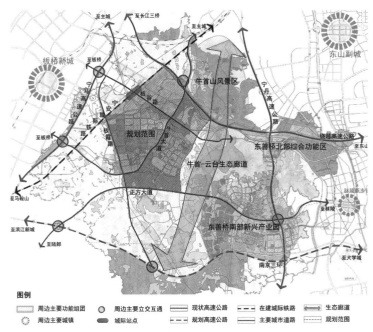

▲ 区位及周边关系分析图（图1）

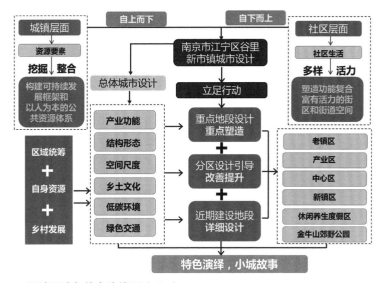

▲ 设计思路与技术路线图（图2）

点等微空间、微场景设计，展示小城镇特有的风情气质（图2）。

3　项目特色

3.1　发展特色产业，激发内生发展活力

通过综合分析区域统筹发展、自身资源特点以及对周边乡村发展的带动要求，确定新市镇的功能定位为"牛首山风景区配套产业区、谷里现代农业及乡村旅游的综合服务区、独具田园风光的生态宜居新市镇和特色旅游小镇"，以"生态、游逸、栖居"为发展目标，通过"大区小镇"的模式融入区域旅游和美丽乡村建设的大格局，并形成自身独特的吸引力（图3）。

3.2　凸显生态本底，强化自然共生的形态格局

（1）生态开敞的空间结构

谷里新市镇未来空间拓展主要向东，金牛河成为斜向穿越镇区的一条生态景观走廊，规划重点加强与东侧生态走廊的空间联系，强化田园渗透的空间格局，结合自然地貌设计路网体系，创造变化丰富的视觉景观。以此对原有控规进行优化，最终形成"廊带衔接、两轴串联、一心多组团"的空间结构。通过化整为零的手法，将山水环境要素有机组织到城镇空间里，突出与周边自然空间的相连相融，强化新市镇的形态可感知性（图4、5）。

（2）凸显资源价值的功能布局

规划注重挖掘特色资源，强化策划，合理利用。利用联系牛首山风景区的门户道路——牛首大道发展公共服务功能，展示谷里现代城镇风貌；结合金牛河水岸布局特色商业、文化休闲、精品集市、酒店客栈等复合性服务功能，形成滨水风情游憩带；老镇中心地区利用具有传统记忆的载体如老街、粮仓等，发展传统

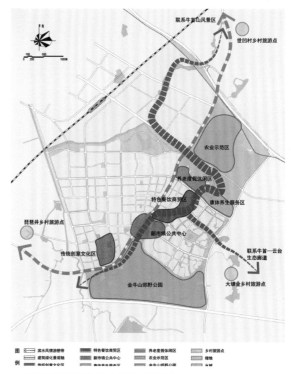

▲ 新市镇功能策划分析图（图3）

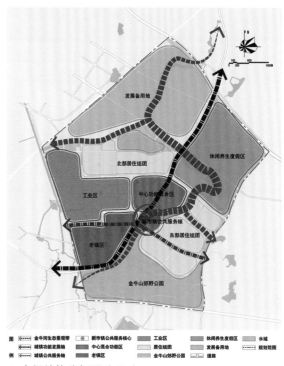

▲ 空间结构分析图（图4）

原控规用地规划图

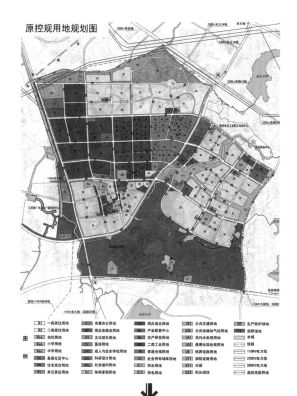

本次调整用地规划

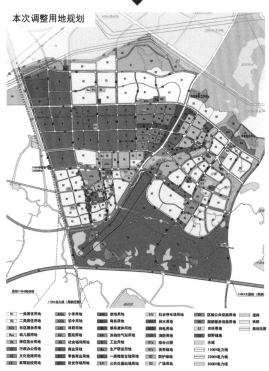

▲ 用地调整优化图（图5）

▲ 总平面设计图（图6）

▲ 整体形态意象图（图7）

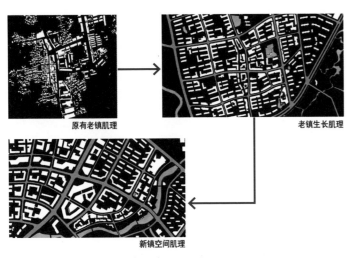

原有老镇肌理　老镇生长肌理

新镇空间肌理

▲ 新老镇区肌理分析图（图8）

▲ 生活型街道空间设计意象图（图9）

商业、文化公园、创意工坊等功能，形成特色文化休闲区。通过公共功能与特色资源的结合以及对存量资源的创新使用，创造有活力、有记忆、有个性的场所空间（图6）。

（3）融入田园环境的整体风貌

规划从保持城镇空间与外围自然空间的协调过渡的角度出发，同时考虑空间紧凑、集约发展的要求，合理控制建筑高度，通过滨河低、沿山低、核心高的层次梯度控制，总体营造建筑掩映于绿化之中的自然意境。建筑风貌则呼应牛首山景区和周边美丽乡村大环境，强调传承江南民居的中式风格，以"黑白意境、诗意小镇"的风貌特色融入大自然（图7）。

3.3　基于小城镇居民生活特点，注重"微空间"设计

（1）人性化的小尺度空间体系

基于小城镇居民行为活动特征，谷里新市镇从街区、街道、公共设施布局和节点空间等方面构筑以人为本的"微空间"体系。老镇区尽量保留传统街巷，保持原有宜人尺度，整合优化步行、车行路径，改善微循环交通；新镇区则基于老镇街区尺度和交通流量分析，合理控制间距（150~250米）、街区规模（2~5公顷）、道路宽度（12~24米），路权分配保证慢行空间，单侧人行道宽度一般不小于3~5米，以提供足够的街道美化和公共活动空间。街区建筑布局适当强化围合型的院落模式，由此形成的街道空间、街区形态体现了传统空间肌理的延续及其与现代生活功能的融合（图8）。

（2）基于功能混合的空间多样性

"微空间"不仅体现在尺度方面，还包括功能混合带来的紧凑感和多样性。规划改变原先控规商业设施集中布局模式，从小城镇居民生活特点和消费行为习惯出发，采取沿街道、滨水等线型空间组织为主的方式，以上宅下店、底商铺面形式为主，并有意识地培育若干特色生活街，从功能业态、建筑风貌、绿化环境等方面加以引导。通过这种以小型化设施为主的、线型布局的模式，既能为当地居民提供更多的就业机会，也有利于形成多样性的街道景观和丰富的街道生活（图9）。

3.4　传承地方文化，塑造具有乡土风情的特色场所

（1）延续记忆，再创活力空间

谷里新市镇通过挖掘当地历史的、自然的、生活的文化和环境，形成由生态廊道、生活街、特色街区组成的特色空间系统，将谷里传统文化、自然环境与现代生活相结合。

老镇区保留一条传统老街的走向、尺度和空间围合感，通过整治沿线建筑，增设小型主题广场，形成具有传统风貌特色的步

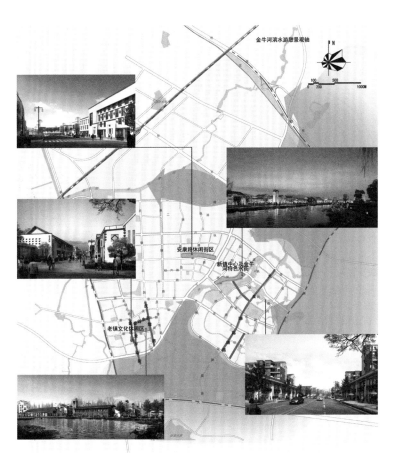

图例
特色空间
特色街道
水域
规划范围

▲ **特色空间系统规划图**（图10）

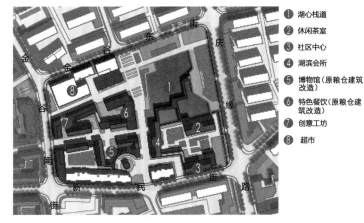

❶ 湖心栈道
❷ 休闲茶室
❸ 社区中心
❹ 湖滨会所
❺ 博物馆（原粮仓建筑改造）
❻ 特色餐饮（原粮仓建筑改造）
❼ 创意工坊
❽ 超市

▲ **老镇中心空间改造设计图**（图11）

▲ **老镇金牛老街空间改造设计意象图**（图12）

行商业街，老街东侧整合粮仓、老厂房、水塘等特色资源要素，建设文化休闲中心，二者共同形成一处凝聚老镇传统记忆的公共中心空间（图10～12）。

新镇区利用金牛河滨水空间，将生态保护、防洪与休闲、健身、亲水等功能相结合，结合分段功能，以"生态、乡土、野趣"为主题，形成以商业休闲、文化博览、农产品集市等功能为主，生态与人文相融合的游逸之河（图13、14）。

（2）注重文化培育，建设展陈游览体系

通过以上特色空间的建设，将谷里的传统文化、乡土文化落实到各类空间载体，以保护与开发相结合的手段和故事化的形式对地方文化加以组织、展示，并通过水岸、慢行道路等线型系统将以上空间串联起来，形成衔接区域、连续完整的游憩系统，满足"游、赏、探"的多样化需求（图15、16）。

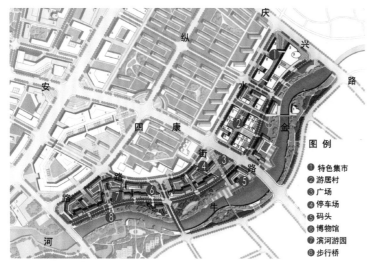

图 例
① 特色集市
② 游居村
③ 广场
④ 停车场
⑤ 码头
⑥ 博物馆
⑦ 滨河游园
⑧ 步行桥

▲ 新镇金牛河特色水街设计平面图（图13）

▲ 新镇金牛河特色水街设计意象图（图14）

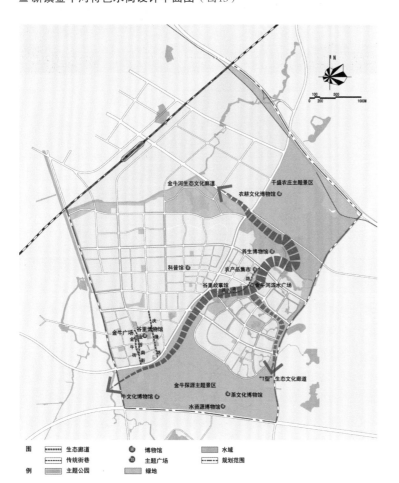

▲ 文化载体规划图（图15）

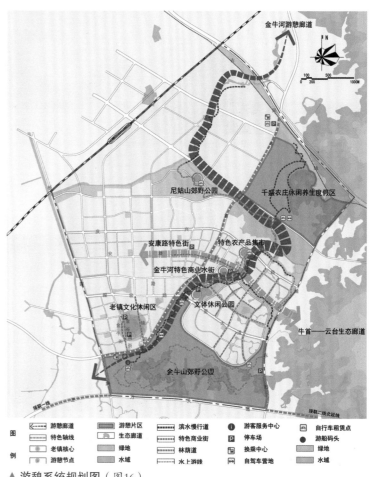

▲ 游憩系统规划图（图16）

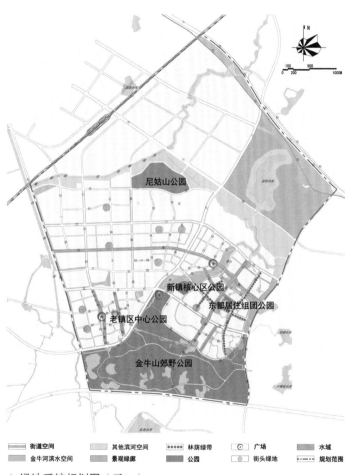

▲ 绿地系统规划图（图17）

图例：街道空间　其他滨河空间　林荫绿带　广场　水域
金牛河滨水空间　景观绿廊　公园　街头绿地　规划范围

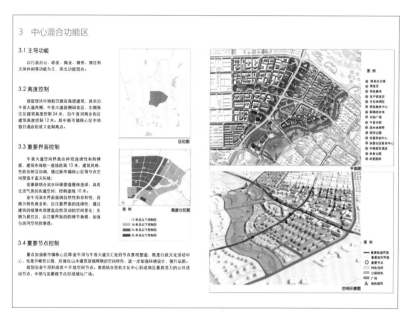

3 中心混合功能区

3.1 主导功能

以行政办公、研发、商业、商务、商住和文体休闲等功能为主，突出功能混合。

3.2 高度控制

保留现状中埃假日酒店高层建筑，其余沿牛首大道两侧，牛首大道西侧研发区、东侧商住区建筑高度控制24米，沿牛首河商业地区建筑高度控制12米，其中新市镇核心区中埃假日酒店形成2处制高点。

3.3 重要界面控制

牛首大道空间界面应体现连续性和韵律感，建筑布局统一退线距离10米，建筑风格、色彩应相互协调，通过新市镇核心区等节点空间型凸显丰富水际感。
安康路结合滨水环境塑造整体连续、具有生活气息的街道空间，控制退线10米。
金牛河滨水界面强调自然性和泉水性，西侧为特色商业街，应注重界面的连续性；东侧为居住区，应注重界面的韵律节奏感，加强与滨河空间的渗透。

3.4 重要节点控制

重点加强新市镇核心区即金牛河与牛首大道交汇处的节点景观塑造，既是行政文化活动中心，也是开敞性公园。应强化山水建筑穿插辉映的空间特色，进一步强化环境设计，提升品质。规划沿金牛河形成若干开放空间节点。南部结合现有文化中心地区形成地区最具活力的公共活动节点，中部与安康路节点形成绿化广场。

▲ 片区设计导则图（图18）

3.5 坚持原生态环境营造，构建便民可达的开放空间网络

规划秉承追求原生态和自然美的原则，一方面通过生态廊道构建，使得周边的农田、山野都成为居民郊野休闲的绿色空间；一方面尽量保留山丘、水塘、湿地等自然地貌，形成各类不同尺度的公园绿地；针对小镇居民活动特点，特别重视街头巷尾、水岸桥头等小尺度、便民型开放空间的设置，并利用水系、林荫道进行串联，形成与外围自然空间相联通的水绿生态系统（图17）。

223

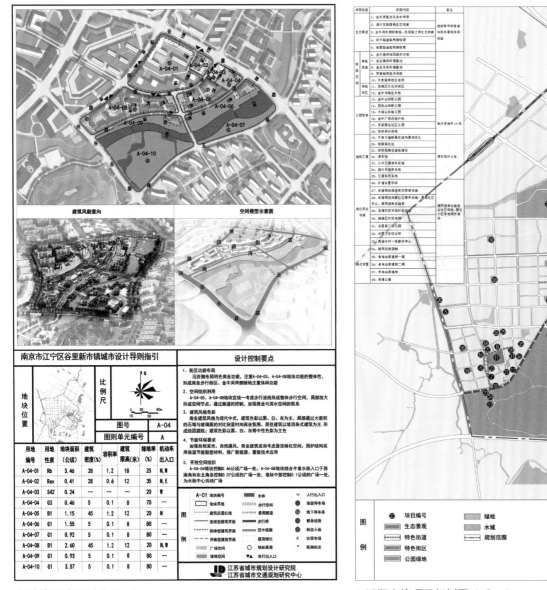

▲ 地块设计图则（图19）

▲ 近期实施项目规划图（图20）

3.6 立足行动，建立可操作的管控体系

为了加强规划管理和可操作性，本次城市设计成果形成了片区——近期建设地段地块两个层次的控制引导体系，与控规共同作用指导新市镇开发建设。同时将城市设计内容转化为行动计划，建立项目库，结合政府年度计划有序推进实施（图18～20）。

▲ 区位图（图1）

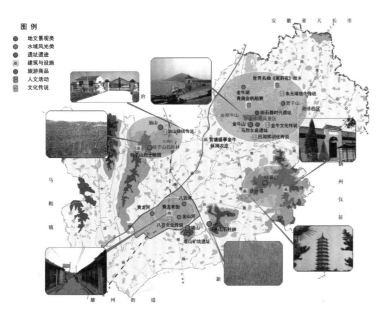

▲ 资源综合评价图（图2）

南京市六合区金牛湖新市镇城市设计

1 项目背景

2012年南京市基于城乡统筹发展，加快建设"都市美丽乡村、农村幸福家园"的背景，制定了《全面提升新市镇规划设计水平行动方案》，确定了包括金牛湖街道在内的全市11个统筹城乡发展试点镇街开展城市设计研究，加强城市设计引导，提高新市镇建设品质。

金牛湖街道位于南京市北部六合镇，规划范围为镇区范围，面积约7平方公里（图1）。

作为2014年南京青奥会帆船比赛的举办地，南京市投入巨资建成轻轨11号线（宁天城际线），串联起金牛湖风景区、金牛湖新市镇、六合城区以及浦口桥北地区，使之整体融入南京主城区发展。

2 总体定位与设计理念

规划基于金牛湖的区位、资源环境（茉莉花故乡）等分析，立足区域统筹的视角，从南京、六合以及金牛湖街道三个层面，研究金牛湖未来在区域发展中的地位和承担的职能，提出"田园新市镇，宜居乐居城"的目标定位。一方面强调与区域山、水、田、林、城环境的有机融合，营造生态宜居、特色宜游、活力现代的金牛湖新城；一方面借助其青山清水的地域环境，彰显现代城乡形态和地域特色风貌，促进乡村旅游发展（图2~5）。

金牛湖新市镇城市设计聚焦于特色、生态、精致、活力空间的营造，主要体现以下四方面：

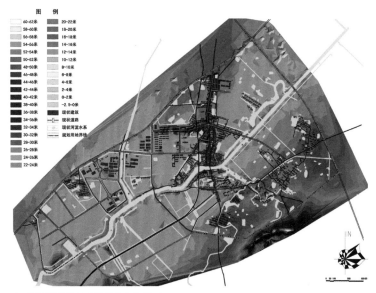

▲ 现状地形地貌分析图（图3）

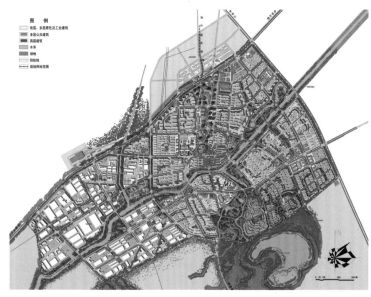

▲ 总平面设计图（图4）

▲ 总体鸟瞰图（图5）

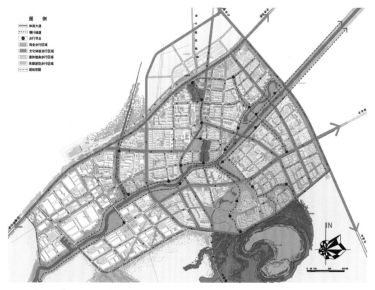

▲ 慢行系统规划图（图6）

（1）凸显文化

挖掘文化元素，注入城镇公共空间、建筑与景观设计中，构建文化载体与新市镇地标，打破金牛湖"有传说无实物、有文化无载体"的现实窘况。

（2）彰显时代

贯彻低碳生态发展理念，塑造蓝绿交织的绿廊水网，构建绿色交通体系，引导形成依山傍水的新城格局。

（3）融入自然

利用区域田园、水系、山体等自然环境要素，通过宜人的空间尺度、多样化的景观塑造、人性化的步行系统，建设精致雅致田园型新市镇。

（4）关注民生

从居民需求角度出发，促进现有公共设施的提档升级，营造服务便捷、环境优美的生活空间，全面提升新市镇综合服务职能。

3 项目特色

3.1 整合资源，确立空间营造路径

（1）蓝绿交织，自然融合

规划以八百河、青龙河、金山河三条骨干河流为轴，以道路、滨河绿地为脉，形成蓝绿交织、贯穿镇区的总体景观骨架，并结合主要节点策划不同的主题景观。

（2）站点引导，都市风情

遵循TOD开发模式，结合镇区北部轻轨站点形成镇区新中心，通过开阔有序的空间组织和建筑布局，塑造特色鲜明的门户形象。

（3）路景相合，微轴线引领

强化主要道路界面和景观设计，形成林荫大道与慢行林荫步道两种道路景观，与各类生态廊道共同构成完整的景观体系。结合主要公共活动节点构筑局部空间的微轴线，强化点轴布局、网络复合的景观框架，营造小城镇独特的空间体系（图6）。

3.2 完善功能，优化布局与形态

规划基于"强化中心、提升环境、展望南部、优化交通"的导向，优化镇区空间结构和用地布局。重点包括进一步完善民生服务设施，增加绿地广场等开放空间的布局，适度降低商业服务业用地比例等，并反馈于控规（图7、8）。

3.3 山水链接，强化特色与景观

（1）总体景观框架

总体形成"南望青山小城透绿、北依城轨都市风情、青龙老街彰显遗韵、八百河畔蓝绿新貌"的景观意向，重点打造一条"八百河滨水景观带"、两条"十字"公共服务轴、"青龙老街—文化中心"特色意图区、"新市镇中心区"特色意图区及"八百故道"特色意图区等三个特色片区；通过滨水开放空间、特色建筑、景观微轴线、活动广场、重要出入口等多种类的节点打造，展示新市镇各具特色的自然、人文景观（图9、10）。

（2）开放空间体系

规划以八百河为主轴，以金山河、青龙河为次轴建设滨河景观带，形成城市公园、郊野公园、组团绿地、街头绿地组成的四级开敞空间体系，通过"沿河+沿路"的带状绿地予以串联，为新市镇居民提供便捷可达、丰富多样的户外活动场所。

（3）水岸空间特色

充分利用滨水资源，打通山水之间的渗透联系，塑造亲近可达、功能丰富、拥有美丽天际线的水岸空间，打造"新水岸、新生活、新名片"。

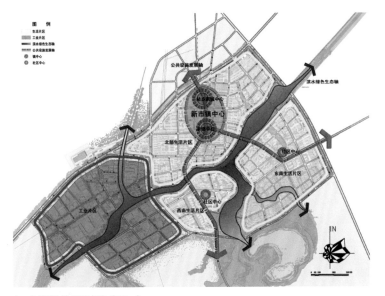

▲ 功能结构规划图（图7）

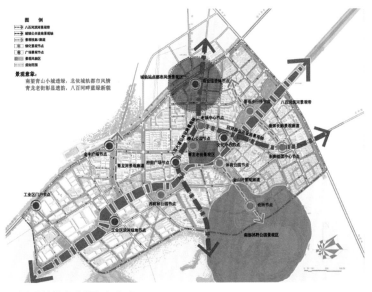

▲ 景观结构规划图（图9）

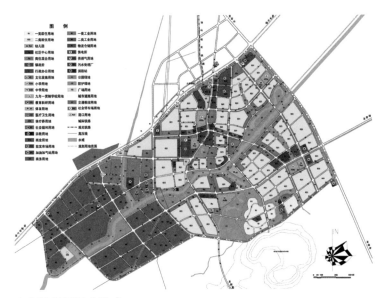

▲ 用地规划图（图8）

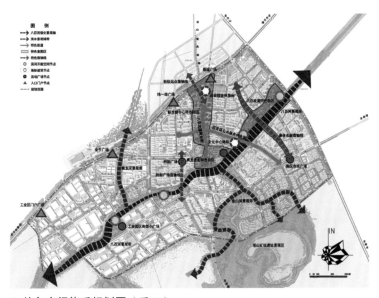

▲ 特色空间体系规划图（图10）

　　八百河东段保留八百河故道，建设八百河故道湿地公园，并构建融入南北居住社区内部的带状康体绿色长廊，形成"共享阳台"景观区。八百河中段以"新旧融合、民俗体验"为主题，建设浓缩本地文化精髓的文化中心，打造具有历史文化特色的"青龙觅古"风光带。八百河西段以生态岸线为主，侧重生态保护功

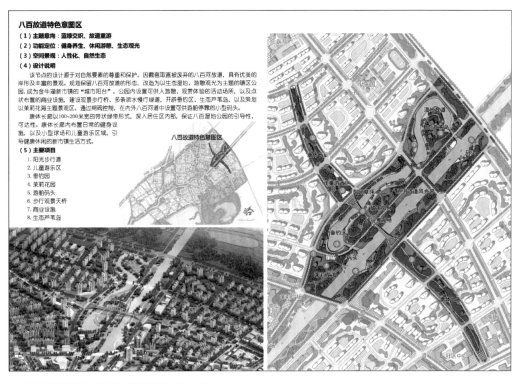

▲ 八百故道特色意图区设计引导图（图11）

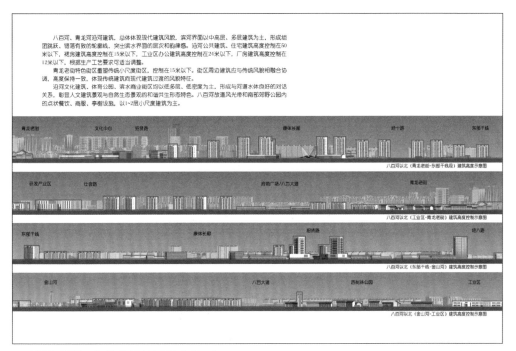

▲ 八百河沿岸天际轮廓线控制图（图12）

能，设置滨河慢行道，使之与八百河区域绿道连接（图11、12）。

（4）特色意图区

新市镇中心区：依托轻轨站点，以"都市风情"为主题，展现金牛湖新市镇的时代特色（图13、14）。

青龙老街—文化中心特色街区：保护青龙老街的现状空间尺度和肌理，通过整治改造，融入民俗文化、餐饮美食功能，形成代表地区历史文化的民俗文化街区。老街东侧建设新市镇文化中心，共同形成古今辉映的景观空间。

八百故道：保留八百河故道，改造为以生态湿地、游憩观光为主题的休闲公园，成为展示金牛湖新市镇历史人文、自然生态的"共享阳台"。

▲ 新市镇中心区特色意图区设计引导图（图13）

▲ 新市镇中心区鸟瞰图（图14）

▶ 苏州东山陆巷村古村落保护与村庄建设规划

1 项目背景

为推进社会主义新农村建设，江苏省于2005年开展镇村布局规划编制工作。在此基础上，2006年开展全省村庄建设整治工作，从规划确定保留的村庄中，选择不同类型、具有代表性的200个村编制村庄建设规划，并确定了首批24个村庄建设规划的编制工作，苏州市东山镇陆巷村村庄建设规划即为其中之一。

东山镇陆巷村地处太湖之滨，依山傍水，风景秀丽。村落位于山坞之中，背靠莫厘峰，面向太湖，是自然形成的原生村落（图1、2）。其特征形成受以下三方面影响：

（1）风水理念：陆巷的村落呈指状分布，各组团都位于山坞中狭长的盆地中，通过山脚下的环状道路将各个组团串联，形成一片聚居地。

（2）村落传统：包括非物质传统和物质传统两方面。非物质传统包括传统经济、传统劳作方式、传统文化习俗、村落建筑营建方式等内容；物质传统包括村落空间形态、自然地脉特征、街巷、建筑、植被绿化等内容。

（3）村民生活、生产方式：通过现场调研，对当地居民生活方式进行解读，理解村民对住宅、生产建筑空间的需求特点，引导新的生活方式和现代生产方式，并对由此产生的新建筑空间需求进行设计。

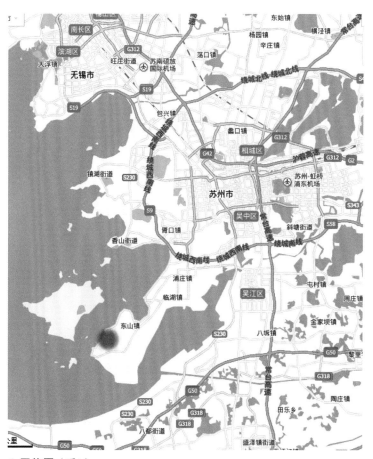

▲ 区位图（图1）

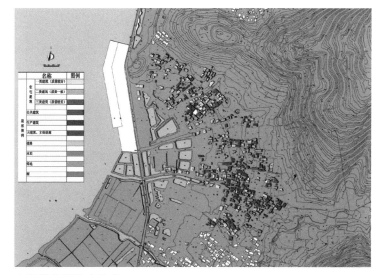

▲ 现状分析图（图2）

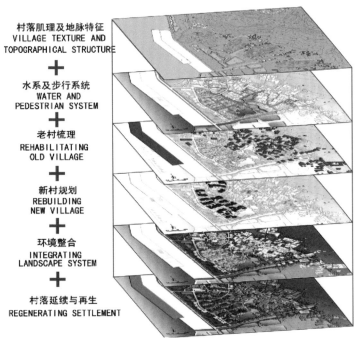

村落肌理及地脉特征
VILLAGE TEXTURE AND
TOPOGRAPHICAL STRUCTURE
+
水系及步行系统
WATER AND
PEDESTRIAN SYSTEM
+
老村梳理
REHABILITATING
OLD VILLAGE
+
新村规划
REBUILDING
NEW VILLAGE
+
环境整合
INTEGRATING
LANDSCAPE SYSTEM
+
村落延续与再生
REGENERATING SETTLEMENT

▲ 村落延续与再生分析图（图3）

▲ 鸟瞰图1（图4）

▲ 鸟瞰图2（图5）

▲ 总平面设计图（图6）

2 新农村建设理念与思路

规划试图探索一种保护与延续地域特征的社会主义新农村建设模式。新农村建设的根本目的是促进农村经济发展，提高农民收入和生活水平，改善村庄环境面貌。规划充分利用村落各类资源，进行村落空间的资源化设计，对村落空间格局进行延续与再生，结合太湖和莫厘峰山水环境资源以及陆巷古村的保护与整治，建设"山水型旅游新农村"，打造"陆巷古村"的旅游品牌，使其成为东山旅游业发展的一张"新名片"（图3~5）。

3 项目特色与创新

3.1 新村与旧村的融合

规划总体形成新村与旧村两大片区，新村选址在旧村西侧的空地，与旧村相邻，公共基础设施建设的成本较低，通过相似的布局、尺度和肌理，实现村落空间格局的自然生长（图6）。

3.2 组群关系的协调

采用组群化布局，新村借鉴江南传统村落形态的以宗祠为中心的空间布局形态，结合村口开阔的水面，布置公共服务中心，形成新村的核心空间（图7）。

3.3 院落组合的多样

住宅院落延续传统建筑的院落空间围合手法，包括公共、半公共、私密院落等多种功能，通过建筑之间的拼接、错位，结合辅房，形成前院式、后院式、侧院式、内院式、前后院式等多种形式的院落组合，串联出丰富有序的建筑空间，增添院落空间的层次感和领域感（图8）。

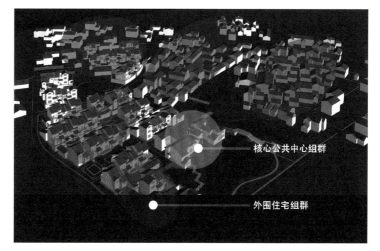

核心公共中心组群

外围住宅组群

▲ 组群关系示意图（图7）

半公共院落与私密院落

街巷与院落空间关系

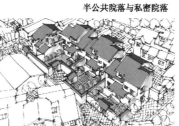
院落水平组合形式

院落垂直组合形式

▲ 院落空间组合设计图（图8）

3.4 街巷空间的组织

村落的街巷空间是村民生活的重要活动场所，也是村落空间格局的骨架，规划以保持江南村落的传统形态与宜人尺度为原则进行交通组织，保留和修复现状中富有特色的石板路、青砖路。各组团间组织贯通式、尽端式、转折式巷弄形成商业街巷、水巷等多种形式的特色街巷，展示丰富精致的街巷空间和浓郁的乡土生活气息（图9、10）。

3.5 水系形态的梳理

"山为骨架，水为血脉"是传统村落环境构成的基本形式。规划采用传统村落理水理念，通过围水、临水、沿水、跨水等多种手法，对村落水系进行梳理，形成"东依山脉，西引太湖"的村落水系。

▲ 交通组织规划图（图9）

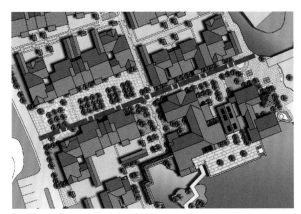

贯通式街巷

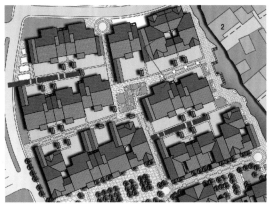

尽端式街巷

转折式街巷

▲ 街巷空间分析图（图10）

3.6 村落景观的营造

村落整体景观营造以当地植物植被为主，体现地域特征和茶香果绿的乡野特色。

3.7 建筑设计的引导

建筑群体组织顺应地脉，错落有致，建筑设计保持地域传统特色，继承传统文化精髓，研究村民的生活习惯和农业生产需求，以及功能、环境、社会、美学价值，就地取材，充分利用当地传统材料和工艺，保持村落粉墙黛瓦的原有特征（图11、12）。

▲ 住宅风貌示意图（图11）

一层平面 1:100　　二层平面 1:100　　屋顶平面 1:100

南立面 1:100　　北立面 1:100　　西立面 1:100

▲ 公共服务中心设计图（图12）

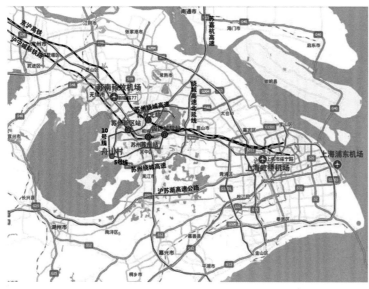

▲ 区位图（图1）

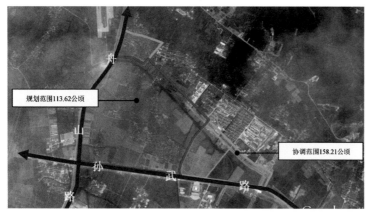

规划范围113.62公顷

协调范围158.21公顷

▲ 规划范围图（图2）

▶ 苏州太湖核雕文化旅游区及舟山村特色村庄规划

1 项目背景

苏州西部太湖流域自古以来形成了以"苏作"工艺为代表、具有极高文化品级和文化相似性的传统手工业集中、且繁荣发达的地域性文化品牌"香山圈里"。舟山村隶属"香山圈里"核心地域，并依附于"核雕"传统手工业而久负盛名，成为具有代表意义的传统文化和山水资源富集的特色村落（图1）。

随着旅游度假产业的发展，舟山村迎来新的发展契机，但现实的发展呈现传统产业升级乏力、旅游拓展不利、景观环境不佳、民生补给不足等诸多"瓶颈"性问题。由此，舟山村积极响应度假区整体功能提升需求，开展村庄规划研究，科学指导村庄发展。本次规划范围包括舟山村本体保护区域及外围拓展、协调区域，总面积约1.14平方公里（图2、3）。

2 发展目标与功能定位

规划致力于以舟山村本体为核心的"苏州太湖核雕文化旅游区"的整体性目标构建，提出打造"传统文化产业基地、村落型旅游目的地、村庄建设示范基地"的多级目标。充分挖掘村落的历史文化内涵和传统手工艺资源，建设融山水游赏、文化体验、民宿休闲、禅修度假于一体的独具特色的旅游度假型村落（图4）。

3 设计理念

（1）转型发展，旅游突破

积极探索传统手工业与旅游融合的发展路径，依托传统手工业的文化效应，开发主题型的度假休闲内容，推动传统手工业转型发展和层次升级。

（2）保护资源，文化传承

尊重现有的山水景观资源和既有的传统手工业文化氛围，结合村庄功能拓展，延续原有的空间脉络和文化内涵，避免过度商业化的开发。

（3）优化景观，空间重构

基于江南水乡传统风貌肌理，通过山水格局优化和绿化、街巷、节点等景观的综合整治，实现村落环境的整体性重构。

（4）完善交通，慢行主导

考虑未来的功能布局，组织内外有别、快慢分离的交通方式，通过外部交通转换，促进内部慢行系统发挥作用。

4 项目特色

4.1 推进传统手工业转型，实现"香山圈里"地域文化品牌的复兴

保护"核雕"传统手工艺及其"原生态"的生产、生活功能的互动方式，延续"家庭作坊——前店后坊——特色街——工艺村"的格局层次，总结其在"功能形态""产业组织""旅游参与""空间模式"等方面的特色与不足，引导"核雕"产业的转型与升级。同时着眼于"香山圈里"地域品牌的整体价值，积极吸纳相关传统手工业，植入村落载体，完善其与村落共生的空间发展模型（图5）。

▲ 用地现状图（图3）

▲ 总体效果图（图4）

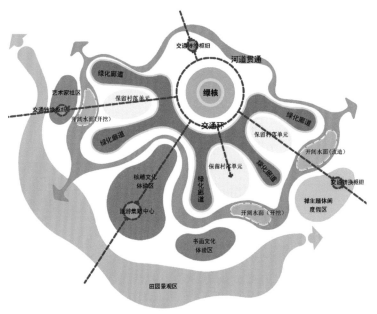

▲ 空间组织模型示意图（图5）

▲ 用地规划图（图7）

▲ 布局结构图（图6）

▲ 总平面设计图（图8）

4.2 提升风貌环境层次，进行空间景观的整体性重构

（1）运用传统"风水术"，提升、优化山水景观格局

规划遵从《管子》"自由城"理念，推崇山水"驻"村，尊重"田园环绕、三村盘踞"的基本格局，保护"山、水、田、林"的自然景观要素和原有景观基质，通过现状水系的梳理、勾连，形成环绕三个村落单元的线状水系景观带。在三个主要功能拓展区域的门户地段，改造、开挖面状水域，形成各区域风水景观"气眼"，与周边山体形成山水呼应关系，构筑各村落单元完整的风水景观序列，提升整体景观层次（图6）。

（2）强调"无痕"规划，反"城市化"的"轻"设计手法

控制边界：保持村落环山区域的原始边界，保留林地构建生态绿化边界，依据产业、功能发展需求适度生长，维护外部田园的缓冲景观（图7）。

延续肌理：各村落单元与功能拓展区之间采用"软性"基质过渡，在拓展地段延续村落原有生长肌理，避免"城市化"街区建设模式（图8）。

协调风貌：总体延续"江南水乡、粉墙黛瓦"的地域风貌特征，控制"水巷""水街"等重要的空间轴线及两侧建筑界面，以及鹅池、画池、莲心池等村口、门户景观节点的空间形态（图9）。

4.3 发挥传统文化的扩散效应，构建"村落型"旅游目的地

规划基于传统手工业的文化效应，积极促进其与旅游业的融合，融入展示、体验、节庆活动等体验性内容，构筑连续的游憩空间（图10～13）。

▲ "鹅池—舟山"山水视廊效果图（图9）

▲ "核雕走廊"滨水街巷效果图（图10）

▲ "三观堂"水巷河口节点效果图（图11）

239

▲ 水街断面设计图（图12）

▲ 水巷断面设计图（图13）

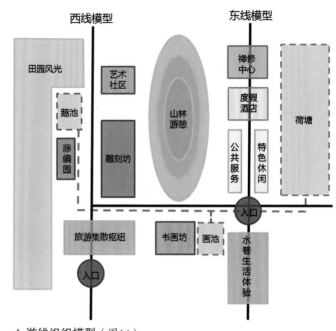

▲ 游线组织模型（图14）

西部、南部通过"老街"整治和"水街"延伸，集中展现核雕、藤编等传统手工业的文化内涵；结合旧厂房改造，实现郁舍书画、香山裱画等传统手工业的空间重置；结合村口"鹅池"景观重塑，营建未来艺术家社区。

东部结合"同安寺"扩建和"莲心池"荷塘改造，拓展"禅"主题休闲度假区，通过"水巷"融入原著民慢生活氛围。

由此构建两条主题鲜明、动静明确的游憩线路，并依托水系勾连，形成一条连续的滨水型文化游憩功能带。另外，结合中部山体的植被、林相改造及山宕口的生态修复工程，营建山林生态休闲核，深化农业体验产品的开发（图14～16）。

规划还基于内外有别、快慢分离的交通组织需求，通过一个旅游集散中心和三个交通转换节点，实行外部机动交通有效阻截；内部则主要通过电瓶车通道和慢行主街、巷道系统，营造慢交通环境（图17）。

4.4 研究旅游社区一体化共建模式，探索实施机制

规划基于旅游社区一体化共建，研究四个阶段的实施机制，重点关注不同利益群体的阶段性角色转换和利益分配，对舟山村传统手工业发展、保护与建设、运营与管理、环境整治、旅游拓展等规划建设内容提出具体措施与建议，并指导分期建设与近期重点项目内容（图18）。

规划以江苏省美丽乡村建设为契机，以苏州太湖国家旅游度假区为依托，积极促进村落型文化旅游区建设，探索集文化产业复兴、空间风貌提升、旅游目的地构建于一体的村庄复兴模式，对同类村庄的规划建设具有一定的借鉴意义。依据规划，核雕风情街、文化展示馆、核雕工坊、聚贤庄，以及村庄入口景观工程等多项重点项目已顺利开展建设。村落整体景观风貌逐步提升，外围河道、村口绿化及名人巷等重要空间街巷的环境正在更新、改造，村落环境得到整体性改善（图19、20）。

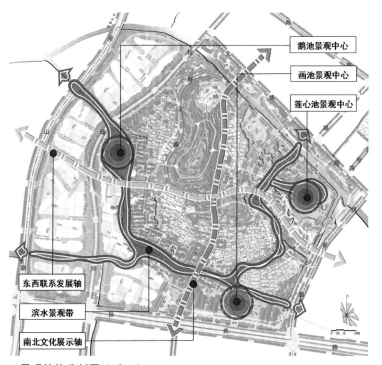

▲ 景观结构分析图（图15）

▲ 交通系统分析图（图17）

▲ 旅游系统规划图（图16）

▲ 分期建设规划图（图18）

▲ 村落风貌意象图（图19）

▲ 村落景观意象图（图20）

第四章

4 城市设计发展趋势思考

一、伴随城市快速发展的突出问题

自改革开放以来，我国步入快速城市化通道，随着20世纪90年代的土地制度改革和住房制度改革，中国城市进入超常规的发展阶段，城市规模迅速扩张，城市空间呈现断裂式的变化特征，主要体现在新城新区开发和老城更新改造两个方面。

我国的新城新区开发始于20世纪80年代的开发区建设，以解决产业发展空间为目标。之后随着土地制度改革，新区扩张突飞猛进，各地的各类新区、园区、新城开发如火如荼，对于吸引投资、推动城市化进程、拉动经济增长发挥了十分显著的作用。在当时背景下，新城区由于建设土地限制因素少、操作便利以及城市决策机制、规划理念局限等因素，普遍以追求现代化为导向，崇尚功能分区和宏大场景塑造。各地新区格局、面貌几乎呈现一套程式化的模式："工业区+生活区+中心区"泾渭分明的功能结构；宽马路、大轴线、大广场构成的巨形空间尺度；低密度、花园式的工厂区、封闭式的住宅区以及由若干高层建筑组成的中心区。这种模式由于脱离了地域环境以致可以在大中小、东中西部城市中广为流行。

伴随新区扩张，老城区拥挤的功能、人口得以疏解，城市更新改造的力度亦不断加大，很多城市的中心城区都经历过"大拆大建"的改造历程。由于受到经济、体制等多重因素以及"快速提升城市形象"的执政者的指导思想的影响，城市更新普遍采取房地产主导的成片推倒重建、类似于新区开发的模式。这种模式带来的结果是，很多具有传统特色的街区和文化遗存，变身为高端、气派的商务街区或高档住宅区，细腻的传统肌理也被拓宽的道路、由几十个地块合并开发的大型街区、巨构综合体所取代；

原有空间尺度、人文环境逐渐消失，传统邻里结构解体，文化多样性丧失，老城基于自然演进形成的连续有机的空间肌理因"现代化的植入"，而变得支离破碎。由此可说，在城市快速发展的阶段过程，无论新区建设还是旧城更新，更多的是将其视为走向现代化的一种手段或必须的步骤，却忽视了城市价值——宜居性的思考。

1 人文情怀缺失

城市的诞生和发展源于为人们提供良好的人居环境。然而，在我国快速城市化的过程中，城市建设作为助推国家走向国际舞台和提升国力的重要手段被过度放大，导致城市建设片面追求速度效率、追求表面现代化形象而忽视了人的生活需求。

机动车主导的发展模式首当其冲。我国近十年汽车年均增加超千万辆，国人追赶汽车梦的速度超出了最大胆的想象，汽车已经成为人们出行的日常代步工具。与此同时，城市化伴随着机动化，从城市形态、空间规模到街区尺度，无不体现一种小汽车主导的潮流生活方式。无论新区建设还是旧城更新，都十分强调机动车交通，可以从越建越宽的城市道路、越来越复杂的巨型立交窥见一斑。其主要原因包括：首先，城市规划崇尚功能主义，严格的功能分区使得日常生活中的各类行为活动被分离，宽马路、大街区的巨构尺度则让人们更加依赖机动车，增加机动车出行的比例。其次，城市公共交通的建设和发展一直滞后于社会经济和居民生活的需要，普遍存在设施落后、换乘不便、服务水平低的问题，公交吸引力难以提高，很多大城市的公交出行比例仅占10%~20%，与公交主导的模式（公交出行比例在40%以上）差距明显。与此同时，慢行交通却在持续衰落，城市道路越拓越宽，自行车和人行道却越来越窄甚至完全被侵占。伴随机动化、城市化进程的交通拥堵、环境污染、人车冲突进一步导致城市慢行出行比例急剧下降，城市街道只剩下"路"的功能，街道生活几近消失。而从出行效率方面分析，研究显示机动车的速度优势基本被出行距离的增长抵消甚至超越。可以说，机动化更大的作用在于服务了城市扩张，刺激了低密度的城市蔓延和依赖于小汽车的生活方式，并由此对土地资源、生态环境产生巨大压力，进而引发社会公平等一系列问题。

此外，受现代主义城市与建筑思潮影响，城市建设片面追求秩序、形式而忽视了人类天性中对于多样性、紧凑感的心理认同，导致城市空间更多地被赋予了展示的功能而不是真实生活的反映。随着现代化发展和科技进步，具有时代气息的城市形象、顺应现代建造技术、交通方式的城市尺度和道路格局不可抵抗，但是否一定要以"远离人的生活"的方式来实现？如果能在城市快速成长、面貌迅速改变的过程中，尽可能多地保留一些传统空间，充分尊重步行者、骑行者的路权需求，适当地控制道路宽度，让街道少一些车流多一些人流，让城市回归到普通百姓生活的城市，回归到有利公共交往的城市，也许是今后城市发展最重要的议题之一。

2　城市特色危机

任何一座城市都有自己独特的地理、历史、文化和传统，如同人的DNA，伴随城市的成长逐步演变为城市的特色。中国城市有着悠久的历史和深厚的文化底蕴，近代历史过程又为我们的城市遗产增添了很多外来文化的因素，呈现出多元而丰富多彩的格局和风貌。同时中国幅员辽阔，民族众多，不同地域之间风土人情差异很大，因此中国传统城市既有共同的文化渊源，又因地域差别呈现鲜明的个性风格。

随着城市化的快速推进，在"经营城市"理念、"土地财政"的政策引导下，资本日益强势地介入到城市开发和改造中，城市被一个个大型项目所割据，原有的地方特色和生活气息正在被千篇一律的新建筑和膨胀的"现代化"淹没和摧毁，当代城市在急剧变化的社会、经济、文化等多种因素综合作用下产生了特色危机——"千城一面"的景象似乎已变成我们的视觉灾难。究其原因，可概括为五方面：一是基于效率优先的标准化的城市发展模式。改革开放以来我国城市建设的量和速度惊人，从规划编制到开发建设的时间周期非常紧张，基于一般性的规划模式和规范标准最能满足速度效率的要求，也不可避免地创造了同质化的空间与景观。二是公众参与的缺失。城市特色的形成与百姓的生活息息相关，传统城市特色都是基于民众的自发参与和创造形成的，而当代由于规划程序机制的不完善导致的公众参与缺失使得城市失去了多样性发展的环境。三是各类规范标准阻碍了传统城市特色的创新。各类规范标准基于功能角度制定，无法全面考虑不同城市、不同地区的差异性，如道路设计规范强调机动车通行要求却扼杀了街道多样性，建筑后退道路红线因高度而不同导致街墙难以形成，统一化的规范标准也是造成城市面貌趋同的重要原因。四是文化导向模糊。伴随改革开放下的文化冲击，城市空间范型逐渐弥失，出现了国内城市学国外城市，小城市学大城市的风潮，不加扬弃、相互抄袭的结果只能使城市越来越同质化。五是城市管理者的英雄主义情结。部分城市决策者为了任期内可见的短期利益，大搞政绩工程，以个人偏好左右城市规划和建设，使得追寻城市特色的道路充满坎坷。

伴随城市特色危机的一个重要表象就是建筑乱象。在外来文化的冲击下，中国社会似乎正在失去对什么是"好建筑"的判断能力，任何建筑形态都找到了合理存在的理由。传统建筑美学是建立在真善美基础上的，缺乏环境意识和文化意识，只是从简单的概念出发，必然出现克隆、盗版，或者复古、欧风，以及怪诞、夸张等现象，而背离了其所应该承载的物质与文化价值。城市的个性特色是由大多数背景建筑决定的，建筑表达越来越追求商品化、广告化的趋势，使得城市逐渐丢掉了整体性特征和文化自信，城市空间渐渐演变为无地域感和场所感的视觉拼贴。

3 可持续发展面临挑战

进入21世纪，中国城市不可避免地遭遇到环境与发展的巨大挑战：人口三大高峰（人口总量、就业人口总量、老年人口总量）相继来临、自然资源超常规使用、生态环境日益恶化、区域发展不平衡等，都将成为未来城市发展的瓶颈制约。其中资源短缺和环境问题尤为突出，耕地减少、水资源匮乏、生态环境破坏日益严重，部分城市的空气污染和水质污染已经影响到居民的健康水平，传统的高速增长难以为继。也正因此，国家新型城镇化战略提出要转变经济增长方式，从注重速度的粗放增长转向注重质量的集约增长，全面提高城镇化的质量。城市建设方面，随着产业结构转型升级和绿色低碳理念推进，如何做到集约发展、降低能耗、改善生态，需要基于城市整体系统的运行进行探讨，从产业发展、功能布局、交通组织、形态构建、文化保护、资源利用等方方面面落实节能减排。这里不仅城市规划需要应对，城市设计亦大有可为。

二、城市转型发展的目标导向

中国城市正在面临新一轮转变——产业结构由低端制造业向信息技术等高端产业转移、增长方式由粗放扩张、增量发展向存量优化、集约发展转变。伴随产业和城市转型的同时，市民意识也在觉醒，越来越关注城市环境、生活品质和社会公平。这种产业和意识的转变逐渐引发了在文明和文化层面对城市价值和竞争力的重新认识。

关于城市价值和城市竞争力，处于不同发展阶段，认识理解亦不相同。经济快速增长阶段，城市更多的功能是承载国家经济发展的物质载体，为产业发展提供完备的基础设施和功能配套，因此一个城市是否具有能够更多、更快地创造财富的能力是衡量城市竞争力的主要标准。但是当经济增长达到相对稳定状态，国家和人民有了一定财富积累之后，则会更多地关注城市的综合吸引力，特别是对不同人群的吸引力。因此，从人和生活的角度去认识和理解什么是"好城市"，并以此指导城市建设与发展，当是城市转型走向可持续发展的一种思路。摒弃规模扩张、大拆大建的建设方式，追求更优质的环境和更高的生活质量，朝向人与自然和谐共处、传统与历史得以延续的文化城市方向转变，不仅是当前中国城市发展的内在因素所致，也是顺应全球化发展趋势的外力作用结果。

面对全球城市之间的激烈竞争，城市未来的竞争力和吸引力很大程度上取决于它的环境和文化，自然和历史赋予城市的遗产成为未来城市品质和吸引力的源泉。发掘、保护并利用城市的特色资源，保护历史环境和文化，已在很多城市开展了极有成效的实践。例如很多城市开展的滨水空间整治、历史街区的保护性开发、工业遗产的再利用等，都体现了以人为本的环境保护意识和文化复兴意识。这些实践不仅仅是单纯的项目开发，也是对于以往城市粗放发展方式的一种纠正，是城市走向文化复兴、绿色环保的有益探索。以下方面在城市转型发展建设中需要更多地考虑。

（1）回归人的尺度，创造相连相通的城市场所

量化主导的发展阶段，由于片面追求速度效率，城市建设偏好大型项目，动辄几十公顷的超大街区、巨型建筑轻易地就能改变一个地区的肌理和形象，这种自我中心、独立封闭的空间模式割断了原本连续的街道空间，城市生活日渐消失；另外缘于日常卫生等因素的各种退界成为强制规范，城市道路"红线+绿线+退界"造就了很多空旷乏味的街道空间，也给人们的生活带来不便。人是城市空间的使用者，人性化的城市体验是由密集、紧凑、具有连续性的城市空间创造的。对于普通市民或者来访者而言，小街小巷的舒适性、连续性和神秘感相较于宏伟的城市地标更具吸引力，因为它们反映了城市真实的生活。事实上街道、广场等公共空间以人为本的设计，对于提升城市魅力意义非凡。

（2）体现对"人"的尊重，营造慢行友好的城市环境

为应对机动车激增而不断扩路的做法已经被认识到是不可持续的，因为总有极限的问题，机动车主导的交通模式必须转向公交主导、慢行友好的交通模式，将城市空间的主角重新定位为"人"而不是"车"。创建步行化城市，营造慢行友好的环境需要多管齐下，比如紧凑混合的功能布局、较高的路网密度、较窄的道路宽度、较小的缘石半径、足够的人行空间等，通过这些措施将街道空间还给市民，吸引市民户外活动和交流，提升城市活力的同时也会激发更多的商业机会，带动就业和经济发展。

（3）尊重历史环境，走向城市复兴

国际化的城市并不排斥地域性和传统文化，城市建设应当尊重地域自然条件、气候特点和社会传统，反映不同地区、民族的生活需求和公共生活方式。城市更新应当坚持尊重历史、文化、生活和环境的价值观，不仅要保护传统建筑，更要重视传统肌理、整体脉络的保护。应当改变那种将构成城市传统脉络的小街巷、小地块整合起来的整体开发方式，重视小地块再开发项目，如以传统街区、院落为单位进行更新改造，通过小地块定制型改造保持地段历史特征，延续历史价值。同时城市发展还应更加在意它的"非正式性"和"市民性"，有时"反设计"更能体现人情味和包容性，这也许是最值得当代城市反思的方面。

三、进一步发挥城市设计的作用

我国的城市建设总体上遵循"总体规划—分区规划—详细规划—项目设计"的纵向过程，法定规划是城市进行各项建设的基本依据。其中控制性详细规划是与城市建设管理联系最为紧密的规划层次，是土地开发建设的直接依据。但是当前控制性详细规划仍然侧重于二维空间的土地利用与控制研究，虽然具有与空间形态相关的开发强度、建筑密度、高度等控制意图，但其方法逻辑仍偏重功能性控制，缺乏对城市特色方面的控制要素与控制方法设定，尤其是在建筑空间、体量、体型三方面的研究深度较浅，不足以对控制性详细规划的指标体系形成有效的反馈。同时控制性详细规划在建筑色彩、风格等城市形象方面的引导内容一般也过于原则，缺乏针对性，难以满足规划管理的需要。另外，控制性详细规划侧重于单个地块的控制，难以保障城市整体空间环境的形成。因此现行的控制性详细规划在城市空间形态、风貌特色、景观环境控制等方面的局限性越来越突出，当前的城市建设方面存在的诸如特色危机、建筑乱象等问题即是这种局限性的反映。

从国际经验看，城市设计作为一种引导、策划的手段和方法对于空间形态的建构、优化具有实质性的技术作用。一方面城

市设计是以包含人和社会经济文化在内的城市三维空间为研究对象,关注城市形态、视觉形象、行为活动、文化特色等,涉及改善城市空间品质的各类研究;另一方面城市设计试图通过打破城市规划、建筑设计、环境设计等不同领域之间的界线,对城市空间环境进行跨界整合,以求营造出具有整体感的高质量空间环境。这些手段和措施恰恰可以与法定规划相互补充,改善法定规划在城市空间营造方面的局限性。加强城市设计研究,可以有效地促进"总规—控规"各层级规划的自我完善,通过构建"功能—容量—形态"一体化的规划控制体系,强化三维空间控制。

现代城市设计作为一个系统的学科传入我国,并与我国的城市规划、建筑设计等专业相结合,形成相对独立的"本土化"城市设计学科,至今已经历了30多年的时间,逐步形成系统化的、较为全面的城市设计体系,总体上呈现健康、有序的发展状态,对塑造富有特色的城市风貌、提升公共空间品质发挥了积极作用。当然也存在着不少问题:传统的终极蓝图式的城市设计难以适应快速城市化和市场环境的要求;城市设计的理念、价值导向需要反思(比如追求宏大场景、表面美化等形式主义);缺乏明确的技术约束和法规保障,影响了城市设计的权威性;等等。对于处于转型发展期的我国城市而言,回应市民对于城市环境、生活品质和城市精神的追求,加强城市设计研究,运用城市设计的方法研究社区、城市、区域,寻找新的观察和思考的视角,突出以人为本的观点,发挥城市设计对城市建设的积极引导作用必要而且紧迫。2014年12月召开的全国城市规划建设工作座谈会上,张高丽副总理提出要加强城市设计,提高城市建筑整体水平,要注重保护历史文化建筑,把握地域、民族和时代三个核心要素,打造城市靓丽名片,留住城市的人文特色和历史记忆。全国住房城乡建设部亦高度强调城市设计工作的重要性,正在着手研究制定相关的政策措施,增强城市设计的法定地位。

分析美国20世纪50年代后期开始的城市设计思潮,可以发现城市设计的起源和发展都是源于对人文思想的追求。当前中国的城市规划、城市建设在很大程度上还只是停留在物质空间塑造本身,相对忽视了伴随物质空间其中的社会和文化行为。城市设计作为传统二维用地规划向三维空间层面的延伸和拓展,不仅关注经济功能和空间形态,其最大的价值更在于对人的关注,追求符合人的行为特点和社会心理的空间安排、富有文化内涵的城市氛围以及人与自然共生的城市环境,并通过空间设计来组织和影响人的行为,通过场所营造来反映城市的文化追求,这些正是当下城市转型发展、培育新价值观应当思考的重要问题。

四、城市设计的发展趋势

随着城市与经济结构转型,城市设计理论与实践也在朝向多元化的发展方向,其中最为核心的内容聚焦于两个方面,即城市设计的价值导向与城市设计的实施机制。

1 重塑城市设计的价值导向

城市设计自20世纪80年代引入我国,正是快速城市化发展阶段,基于城市竞争需要,城市设计的重要性被各地政府认可,纷纷通过举办设计竞赛等方式编制城市设计,希望以此提升城市形象,促进经济发展。反思城市设计30多年的发展历程,城市设计逐渐成为基于公共利益角度,通过理性方式解决城市问题、塑造品质空间的重要工具，但也不可避免地受到精英资本、政治权力乃至规划师表现欲的左右和影响，导致城市设计的价值追求发生偏差，主要表现有：脱离生活美学衡量标准，崇尚功能主义、技术主义，追求恢弘气势和表面形象；片面追求现代化，轻视历史文化资源的价值，城市的传统肌理、记忆与特色随着大拆大建日益湮灭；精英思想主导，优质资源精英化、保障住房边缘化等现象背离了以普通百姓需求为出发点的社会公平，没有体现决策者、建造者、设计者应有的社会责任感。

改革开放30年的高速发展，走的是经济发展凌驾于生活空间之上的发展模式，虽然创造了巨大财富，同时也为很多城市带来了难以愈合的副作用。"城市让生活更美好"需要我们反思城市的价值到底是什么，城市设计的价值追求应该是什么。正如韩国学者金度年所言："从城市进化的角度分析，城市可以看做由'不可改变的'（发展和传承）和'必须改变的'（应对时代变迁的灵活性）两方面组成。作为人类生活的场所，城市的意义和永恒价值在于'不可改变的'部分。"面对未来发展，我们所应追求的城市价值不仅仅是现代化，还应追求作为一个宜居城市恒久不变的价值。城市设计作为一项城市实践活动，其价值导向必然会对城市发展产生深刻和长远的影响。不同时代的城市设计有着不同的价值导向，在当代环境下，城市设计的价值导向可以多元化，但目标应当回归城市的本真——宜人的生活环境。

（1）回归生活本源

人是城市的主体，城市设计作为创造人类美好生活空间的工具手段，其最大价值也在于对人的关注。伴随城市快速量化扩张的过程，城市设计的价值导向经历了"追求壮观场景""崇尚技术万能""空间精英主义"，今天应该回归人性、回归生活。

在以人为本的目标下，城市设计应服务于民众真实的生活需求，要从关注"宏大场景"转向关注"平民叙事"的日常生活空间改善，重视研究与百姓生活密切相关的公共服务、交通出行、休闲游憩、社区环境等问题，比如不要攀比建设集中的文化中心、体育中心，而应更多地关注服务社区的文体活动设施；城市设计应为步行和公共交通服务，从步行者的角度研究城市尺度、街区规模、建筑空间，建构人性化的出行系统，将一些不应被机动交通充斥的街巷空间还给市民；反思公共空间的建设模式，注重场所营造，通过建筑与街道、广场建立紧密联系，创造相连相通的城市场所，特别应当重视街道空间的人性化设计，形成友好的街道环境，使街道成为吸引人们休闲、交往的公共空间，再现街道生活及其活力、魅力；城市设计除注重物质空间形态和经济功能外，还应更多地关注空间的社会价值和教育意义，强调激发社区活力、民生改善和文化传承的导向。总之，城市设计的本质是为了实现人们对美好生活环境的追求，因而需从人的生活需要、人的行为活动、人的空间感受出发，充满人文情怀和社会责任地去指导城市设计对宜人空间的创造，并以市民生活品质提升为依托，传递城市自身的内在精神。

（2）尊重历史和文化环境

一个城市的可持续发展，并不能完全依赖所谓的科技抑或智能技术。国内外城市发展经验告诉我们，也许长期坚持推行尺度可控的有机更新开发并重视存量土地的可持续利用，比起一蹴而就的新城建设，是更有效的长久之计。中国城市过去受速度和效率价值影响的大拆大建的发展模式正在转向尊重自然环境、历史文化，追求城市复兴的新模式，尊重历史环境和传统生活，延续城市文脉和风貌特色将成为推动城市复兴的重要价值导向。城市设计应当从每一座城市的独特历史文化环境出发，去认识城市的形态特征与发展方向，把握地域文化与环境意识、民族意识、生活习性等的有机联系，从而创造富有鲜明特色的城市。以下三方面的手段方法值得探索：

提倡尺度可控的街区开发。小地块定制型再开发可以通过保持传统街巷和地块形态实现保留历史特征和环境特色的意图，对于保护地域内的小文化、小环境、延续历史价值具有很好的作用。在欧洲，很多历史城市为了保持城市形态和肌理，要求新建和改造项目延续原有街道格局，并控制单个项目不能过大。还会要求将较大的地块按传统城市尺度进行分割，由不同的主体建设，目的是为延续城市肌理和风貌的多样化。小地块定制型的城市设计需要深入研究街区历史特征及其背后的演变逻辑，加以创造性地保护与传承，除了注重街巷、广场等公共空间的尺度与围合感，保持较高的建筑密度是传承传统肌理的前提，而这方面也是当前我国城市建设需要反思的，为追求所谓的花园式环境采取较低的建筑密度，既浪费了土地，也造成了很多消极的、不友善的城市空间。

历史资源的消极保护转为积极利用。每个存在的城市必有其深厚的历史和自然的缘由，重视挖掘和激发城市环境中的人文历史、自然景观等资源价值，作为优势条件加以保护并充分利用，通过与城市功能和公共空间的有机整合，使其能有充分潜力满足当代城市的各种使用需要，是一种积极保护的思路。通过对历史文化资源进行保护与更新并举的开发，一方面可以促进这些文化特色地区的合理发展，保持并强化区域特征和场所感，带动文化旅游、创意等新兴产业发展；另一方面通过与现代城市空间的混搭共处、相得益彰，呈现出的丰富的多样性也是城市活力和吸引力的源泉。

坚持多元混合的风貌特色。具有地方特色的建筑是传统城市区别于现代城市的重要特征，但维护风貌绝不是简单地将风貌定格或回归到某一时代。一些城市的历史街区保护简单采用全盘仿古模式，既破坏了历史环境的原真性，单调的建筑风貌也使原本鲜活的空间变得索然无味。城市是发展沉淀的结果，这也决定了城市建筑风貌的多元性。尊重历史环境，首先需要深入研究城市空间和建筑的演变特点，通过多种手段传承风貌与特色，特别应当避免以某一特定历史时期的风貌替代城市不同历史发展过程中形成的多元建筑特色与风貌。城市的建筑风貌应当是由真实的历史遗存和新建建筑、环境结合而成，呈现新旧混搭、历史与现代相辉映的特征，这正是城市多样性的魅力所在。

（3）助推城市绿色发展

随着可持续发展理念的深入人心，以绿色理念指导城市规划建设已经成为全球共同的行动目标。绿色理念根本上是强调人与自然的和谐与平衡关系，包括以城市经济、生态、交通、历史保护和文化传承为核心的综合内容。城市设计引入绿色生态理念，主要体现两个方面：一方面，城市设计应当充分尊重城市、场地的自然环境、气候特点、地形地貌，因地制宜，使物质空间规划与自然环境能够实现有机融合，通过设计减少资源消耗，促进资源循环利用，修复并积极营造城市生态系统。另一方面，人性化也是绿色设计的重要内容，旨在不断提高城市的宜居度。我国的土地资源约束日益紧张，从"节流"的角度出发，城市密度需要引起足够重视，纽约、东京、香港等城市在高密度、高效率和城市品质之间相对均衡的发展思路值得中国城市学习。上述城市中心地区的建筑容积率高达10~20，而我国城市中心区的容积率一般为2~3，过低的城市密度不利于高效利用土地和基础设施，而且会造成城市空间界定不清晰、出行距离增加等问题，难以创造适合行人的城市体验。与城市密度相关联的，绿色设计还体现在功能混合、紧凑的空间结构，多样性协调的景观特色，多元文化与就业、居住适度均衡的社区，丰富多彩的交往空间等方面。在中国城镇化步入中后期的阶段，城市由"增量扩张"转向"存量发展"的背景下，"微时代"成为一种新的趋势，摒弃早期广为流行的疾风暴雨式的大开大发、大拆大建模式，推行小尺度、微更新、步行化、多元性的建设模式，将成为城市转型、助推城市绿色发展的新原则。

2　提高城市设计的实施性

在我国，城市设计目前尚没有明确的法定地位，城市设计的作用更多的是突出其作为一种理念或方法应用于城市规划的各个阶段。由于缺乏相关法律、法规的支撑，城市设计一直以来都未能纳入法定规划管理体系，只能作为规划管理的参考性文件。而现实工作中，目前学术界、设计界对于城市设计的内涵、功能定位等实质性的内容也没有形成完全统一的认识。这就使得城市设计不像城市规划那样具有较高的权威性，面对实施主体多元化的市场环境，在涉及利益博弈的情况下，仅仅凭借规划管理部门的协调力量往往很难奏效。同时由于缺乏明确的规范依据和技术指导，城市设计的成果表达过于形式化，不符合我国现有的规划管理语言，也导致了实际应用上的困难。

随着城市设计活动日益活跃，无论规划管理者还是技术工作者都期望能通过规范化的制度建设来保证城市设计编制的科学性和城市设计管理实施的有效性。江苏省结合省情制定了《江苏省城市设计编制导则（试行）》，明确了城市设计的层次划分（三个层次：总体规划阶段的城市设计、控制性详细规划阶段的城市设计和针对特定地段或节点地区的单项城市设计）及其与法定规划的关系，借助法定规划平台来促进城市设计的实施。南京

市也在省导则基础上，结合城市实际制定了《南京市城市设计导则》，规范城市设计编制要求。总体上在现行的城市规划体系下，目前比较通常的做法是将城市设计与法定规划的某些内容进行整合，最突出的做法是在控制性详细规划中，将城市空间形态的管控措施以相对量化的方式进行描述，借助控规的法定地位推动城市设计实施。但是由于城市快速发展以及各种不确定性，城市设计转化为控制性详细规划的过程缺乏协调机制，城市设计往往面临难以实施或实施走样。可以说，"实施"已经成为困扰我国城市设计发展的门槛性难题，也是近年来城市设计领域研究的重要议题。

我国正处于市场经济的转型阶段，城市系统越来越复杂，微观要素如地块开发对城市系统的关联作用及能动特征越发明显，传统的基于自上而下思路的"重产品、轻过程"的城市设计模式越来越难以适应时代要求，需要转向"自上而下"与"自下而上"相结合、对城市生长过程的管理和对市民生活及社会需求的引导和诱导，既要重视"产品"控制，更要突出"过程"控制，完整的城市设计应当是与实施管理过程融为一体并相互贯穿始终。

（1）城市设计的编制和实施需要加强开放性

目前城市公共空间规划的实施多是政府主导、"自上而下"的模式，未能有效调动社会资源和市民力量。未来城市设计变革需要增强公众参与的地位，进一步明确程序以及多元化的方法，面向社会吸收各方意见，争取大众支持，促进社会多元对话。有效的公众参与不仅能够提高城市设计编制的科学性、合理性，更重要的是能为项目顺利实施奠定坚实的基础，发挥有效的监督作用。

（2）强化城市设计的"过程控制"理念

城市设计编制和管理整合的一个契合点就是都应当突出"过

程控制"，任何规划的稳定性和目标性都是相对的，而变动性和过程性则是绝对的，强调对过程的控制是一种务实的理念，因为目标的实现是由若干"过程"阶段组成的。可操作的城市设计应当淡化"蓝图"设计，强调过程控制，动态完善，侧重于研究制定开发控制以及设计控制的各种依据，与规划管理紧密结合，将城市设计成果有效转化为规划管理语言，形成规范化、精细化的设计导则，使城市设计真正成为协调开发建设、保障公共利益的长效政策工具。"过程控制"的一个重要手段就是建立"诱导"机制，即通过合理的制度设计，如容积率奖励、开发权转移等，鼓励城市建设者、参与者自发地去实现某种被鼓励的做法。随着市场经济的日益完善，建立城市设计管理的"诱导"机制，对于实施城市设计意图、优化城市空间具有积极作用。这方面的管理经验已在西方国家开展了很多积极的探索，是我们可以重点借鉴和研究的对象。

（3）城市设计需要突出行动导向

城市设计既然是一种城市实践活动，引入行动规划理念非常重要。最有效的途径之一就是结合政府工作，将城市设计内容项目化，形成项目库，纳入政府年度行动计划，可有效推动项目实施。同时，针对不同阶段还可开展滚动编制，动态更新项目库，形成空间设计、项目落实、阶段推进相结合的实施管理手段，建立城市空间改善和提升的长效机制。

附录：代表性论文

1. 陈沧杰，刘宇红．南通市南大街改建的思索．城市规划，1988（2）．

2. 陈沧杰．购物中心建筑规划布局探讨．城市规划汇刊，1989（3）．

3. 陈沧杰．创建高质量的步行空间环境．城市规划汇刊，1992（5）．
   1990年全国青年规划论文竞赛佳作奖．

4. 陈沧杰．英国城市中心区步行化实践刍议．江苏城市规划，1994（1）．

5. 陈沧杰．城市设计若干问题探析．江苏城市规划，1997（1）《新华日报》1997-9. 25节选，南京市科协优秀论文一等奖（1993—1995年度）．

6. 陈沧杰．重视城镇设计．名镇世界，1997（6）．

7. 陈沧杰．城市街心广场与环境小品．江苏城市规划，1998（3）．

8. 王承华，胡海波．重视居住区的环境设计．现代城市研究，1999（3）．

9. 陈沧杰，王承华．塑造具有场所感的"多元"空间环境．城市规划，1999（8）．

10. 陈沧杰，王承华．江阴市市政广场规划设计构思//中国城市设计精品集．北京：中国建筑工业出版社，2000.

11. 陈沧杰．关于城市广场建设的若干思考．城市规划，2002（2）．

12. 王承华．生态、网络、交流——东南大学国家大学科技园规划设计．江苏城市规划，2003（1）．

13. 陈沧杰，王承华，姜劲松．基于理性思维与感性构思的新城规划与设计——以宿迁市湖滨新城概念规划国际征集为例．城市规划，2007（6）．

14. 宋敏，梅耀林，张琳．新兴城市中心区的城市设计方法探讨——以济南市泺口片区为例．华中建筑，2009（6）．

15. 陈沧杰，王治福．基于城市再生理念的历史街区保护与更新——无锡"南长古运河片区"概念规划的探索．城市建筑，2010（2）．

16. 郑钢涛，吴新纪，姜劲松．生态、形象、活力三位一体的城市滨水地区规划设计——以常州市武进西太湖生态休闲区环湖地区为例．华中建筑，2012（2）．

17. 王承华，周立．基于综合策划思想的城市设计探析——以张家港市沙洲湖周边地区城市设计为例．规划师，2011（6）．

18. 顾洁．山水古城的历史传承与空间塑造——以湖北南漳县为例．华中建筑，2011（11）．

19. 萧明．滨水地区复兴中的城市空间特色塑造——以盐城东台何垛河城市设计为例．江苏城市规划，2011（6）．

20. 尹超，姜劲松．城市河谷景观规划设计探析——以拉萨河河谷景观设计为例．规划师，2011（2）．

21. 汤浩，刘志超．中小尺度总体城市设计的探索——以戴南镇总体城市设计为例．华中建筑，2012（2）．

22. 王承华，周立．基于资源特色价值的滨水地区再开发探索．现代城市研究，2012（12）．

23. 周立，姜劲松，宋金萍．基于产业与空间策划的科技产业园城市设计探索．规划师，2012（增刊）．

24. 王承华，杜娟．创意引领、理性设计、管理结合——以无锡太湖新城贡湖大道北段城市设计为例．规划师，2012（增刊）．

25. 宋金萍. 城市敏感地段的修复式更新——以南京越城遗址周边地块规划设计为例. 规划师，2012（增刊）.

26. 李琳琳. 城市门户地区的城市设计探索. 华中建筑，2012（1）.

27. 贺小飞. 基于五觉设计理念的城市特色规划探索：以拉萨东城新区为例. 现代城市研究，2013（4）.

28. 陈沧杰，王承华，宋金萍. 存量型城市设计路径探索：宏大场景VS平民叙事——以南京市鼓楼区河西片区城市设计为例. 规划师，2013（5）.

29. 顾洁，刘晖. 山水地段的生态适应性城市设计——以南京海峡两岸科技工业园城市设计为例. 华中建筑，2013（8）.

30. 黄伟，刘宇红，谭伟，陆天. 交通干道沿线村庄环境整治规划研究——以沪宁高速公路（南京段）沿线村庄环境整治规划为例. 上海城市规划，2014（3）.

31. 王承华，杜娟. 特色演绎、小城故事——谷里新市镇空间营造之理念与路径探索. 江苏城市规划，2014（11）.

32. 王承华，杜娟. 小城镇空间特色塑造探讨——以南京市谷里新市镇城市设计为例. 小城镇建设，2015（5）.

参考文献

1. ［日］海道清信；苏利英，译. 紧凑型城市的规划与设计. 北京：中国建筑工业出版社，2011.

2. ［加］帕特里克·M. 康顿；李翅，等译. 后碳城市设计方法：可持续发展社区的七项法则. 北京：中国建筑工业出版社，2015.

3. ［英］罗宾斯，埃尔-库利；熊国平，曹康，王晖，译. 塑造城市——历史·理论·城市设计. 北京：中国建筑工业出版社，2010.

4. ［美］雅各布斯；高杨，译. 美好城市：沉思与遐想. 北京：电子工业出版社，2013.

5. ［美］雅各布斯；金衡山，译. 美国大城市的死与生. 南京：译林出版社，2005.

6. ［美］埃德蒙·N. 培根；黄富厢，朱琪，译. 城市设计. 北京：中国建筑工业出版社，2008.

7. 王建国. 城市设计. 3版. 南京：东南大学出版社，2011.

8. 王建国. 现代城市设计理论和方法. 南京：东南大学出版社，2004.

9. 段进. 城市空间发展论. 2版. 南京：江苏科学技术出版社，2006.

10. 刘宛. 城市设计实践论. 北京：中国建筑工业出版社，2006.

11. 孙施文. 现代城市规划理论. 北京：中国建筑工业出版社，2007.

12. 曹杰勇. 新城市主义理论——中国城市设计新视角. 南京：东南大学出版社，2011.

13. 沙永杰. 中国城市的新天地：瑞安天地项目城市设计理念研究. 北京：中国建筑工业出版社，2010.

14. 吴恩融. 高密度城市设计——实现社会与环境的可持续发展. 北京：中国建筑工业出版社，2014.

15. 江苏省城市规划设计研究院. 高铁效应下的城市总体规划编制技术研究. 北京：中华人民共和国住房和城乡建设部，2014.

16. 江苏省城市规划设计研究院. 江苏省城市设计编制导则研究报告. 南京：江苏省住房与城乡建设厅，2010.

17. 王建国. 21世纪初中国城市设计发展再探. 城市规划学刊，2012（1）：1-8.

18. 王建国，王兴平. 绿色城市设计与低碳城市规划——新型城市化下的趋势. 城市规划，2011（2）：20-21.

19. 金度年. 首尔：转变飞速量化的成长模式，培育新价值观的城市进化. 上海城市规划，2012（5）：102-109.

20. 陈沧杰，王承华，宋金萍. 存量型城市设计路径探索：宏大场景VS平民叙事——以南京市鼓楼区河西片区城市设计为例. 规划师，2013（5）：29-35.

21. 杨保军，朱子瑜，蒋朝晖，等. 城市特色空间刍议. 城市规划，2013（3）：11-20.

22. 张杰，张弓，张冲，等. 向传统城市学习——以创造城市生活为主旨的城市设计方法研究. 城市规划，2013（3）：26-30.

23. 杨震，徐苗. 城市设计在城市复兴中的实践思考. 国际城市规划，2007（4）：27-32.

24. 苏平. 空间经营的困局——市场经济转型中的城市设计解读. 城市规划学刊，2013（3）：106-112.

25. 申明锐，张京祥. 新型城镇化背景下的中国乡村转型与复兴.

城市规划，2015（1）：30-34.

26. 贺勇，孙佩文，柴舟跃. 基于"产、村、景"一体化的乡村
规划实践. 城市规划，2012（10）：58-62.

27. 宋京华. 新型城镇化进程中的美丽乡村规划设计. 小城镇建
设，2013（2）：57-62.

28. 王承华，杜娟. 小城镇空间特色塑造探讨——以南京谷里新
市镇城市设计为例. 小城镇建设，2015（5）：64-69.

29. 王雷，张尧. 苏南地区村民参与乡村规划的认知与意愿分
析——以江苏省常熟市为例. 城市规划，2012（2）：
66-72.

30. 蔡震. 关于实施型城市设计的几点思考. 城市规划学刊，
2012（7）：117-123.

31. 李少云. 城市设计的本土化研究——以现代城市设计在中国
的发展为例. 上海：同济大学建筑与城市规划学院博士论
文，2004.

后记

我们正经历一个深刻变迁的时代，我国的城市与乡村都在发生着巨变。近年来，随着我国经济社会发展进入新常态，全面深化改革、提高社会治理水平、新型城镇化又对我们提出越来越多的课题，城乡规划转型势在必然。有幸参与其中的每一个规划机构和每一位规划师，都挥洒和展现了自己的团队精神、职业能力和专业素养，深深地在中国城乡的每一个地方刻下了历史的印记，并留待后人的检验。

"筚路蓝缕，以启山林"，从1978年成立至今，我院同仁齐心协力，不辞万苦，积极探索与时代脉搏相符、与地方发展实际相契的城乡规划编制理论与方法体系，逐步掌握了一批涉及城市规划、交通规划、市政工程、建筑设计、园林设计等多领域的优势技术，并成为国内首家以规划设计为核心技术的高新技术企业，为江苏乃至全国的城乡规划事业贡献了自己的绵薄之力。"功崇惟志，业广惟勤"，正是我院坚持"专心务本，追求卓越"的发展理念，以及全体员工的不懈努力，才造就了我院今日的行业优势和社会地位。

本丛书编写之要义，在于抚今追昔、改往修来，分别从区域规划、城市总体规划、控制性详细规划、城市设计、城市交通规划、村庄规划、建筑设计等行业领域，以及区域供水规划、苏州工业园区规划、江苏园博园规划设计等规划主题切入撰写，主要资料均来源于我院的规划实践项目、课题咨询研究和行业标准成果。如此一是对我院以往的优秀规划实践和研究的系统梳理总结，与规划界同仁分享我们的成果；二是对为我院发展作出贡献的新老同事表达崇高的敬意，以将他们的创新精神传承下来。

本丛书的编写工作任务十分繁重，时间也较为紧迫，在此特向参与编写工作的同事们表示衷心的感谢。

真诚希望各位规划界的同仁不吝赐教，鼓舞我们对规划事业的热爱，继续我们对规划转型的责任。

江苏省城市规划设计研究院院长
邹　军
2015年12月3日